软件简史

（上）

张银奎 著

华中科技大学出版社
http://press.hust.edu.cn
中国·武汉

内容简介

伟大的软件不是一朝一夕发明出来的，而是人类文明长期积累的结果。从某种程度上来说，软件文明就是人类文明在电气化时代的延续。本书按照时间顺序，详细记述了人类探索和发明软件的艰难曲折过程，记录了具有里程碑意义的重大事件和事件背后的关键人物。

图书在版编目(CIP)数据

软件简史：上下册 / 张银奎著. -- 武汉：华中科技大学出版社，2023.10
ISBN 978-7-5772-0159-7

Ⅰ.①软… Ⅱ.①张… Ⅲ.①软件开发－技术史 Ⅳ.①TP311.52-091

中国国家版本馆CIP数据核字(2023)第201944号

书　　名	**软件简史（上下册）**	
	Ruanjian Jianshi（Shang Xia Ce）	
作　　者	张银奎	

策划编辑　徐定翔
责任编辑　徐定翔
责任监印　周治超

出版发行	华中科技大学出版社（中国·武汉）	电话	027-81321913
	武汉市东湖新技术开发区华工科技园	邮编	430223
录　　排	武汉东橙品牌策划设计有限公司		
印　　刷	湖北新华印务有限公司		
开　　本	787mm x 1092mm　1/16		
印　　张	48		
字　　数	800千字		
版　　次	2023年10月第1版第1次印刷		
定　　价	169.90元（全2册）		

序

大约 700 万年前，有一群人生活在东非大峡谷西侧的广袤原野上。我们对他们知之甚少，不知道他们来自哪里，如何生活，忙碌之余想些什么。我们只知道他们中的一位死后，头骨变成了一块化石。2001 年，法国和乍得古人类学联合考古队的队员阿温塔·蒂姆都玛贝（Ahounta Djimdoumalbaye）在乍得北部的朱布拉沙漠（Djurab Desert）发现了这块化石。2002 年 7 月 10 日，在关于这块化石的论文即将在《自然》杂志上发表的前一天，乍得总统将这块化石取名为图迈（Toumaï）——出自当地戈兰游牧部落的语言，意思是"生命的希望"。

如果将这颗头骨化石正对前方，面部垂直，那么它的大脑颅底与脊髓衔接的枕骨大孔刚好垂直向下，这表明头垂直位于脊柱上，古生物学家据此判断它的主人已经习惯两腿直立行走。这是区别人和猿的关键特征。

在图迈生活的年代过去 600 多万年之后，距今大约 7000 多年前，在长江和黄河之间的中原大地上，生活着另一群人。他们将丹顶鹤的翅骨做成笛子，起初可能是为了发出声音吸引猎物，后来逐渐当作乐器，吹出各种旋律。1984 年，在河南舞阳的贾湖遗址中，河南省文物考古研究所考古研究员张居中发现了一支骨笛，在之后的几年中，考古人员又发现了几十支骨笛。同样是在贾湖遗址中，考古人员还发现一些刻有符号的龟甲和骨头，这些符号看起来是象形文字，有的看似眼睛的"目"字，有的与"日"字很像。

公元前 3500 年左右，在两河流域的美索不达米亚地区（今伊拉克南部），生活着一群黑头发的人，他们称自己为"黑头人"。他们发明了楔形文字，写在黏土片上。他们用丰富的词汇来表达运河、堤坝、水库这些对他们生活很重要的概念。他们还用文字记录生活、传递思想。他们被称为苏美尔人，至今已发现的苏美尔文文献已有数万篇，内容有信件、法律文献、赞美歌等。

大约在公元前 3400 年，古埃及也有了完整的象形文字系统。

公元前约 1400 年，中国的文字逐渐系统化。人们有时把文字刻在龟甲或兽骨上，有时把文字铭刻或铸造在青铜器上，它们后来分别被称为甲骨文和金文。

文字的力量是巨大的。有了文字后，人类可以书写自己的思想，人与人之间可以通过文字进行跨越时空的交流，先进的技术和伟大的思想可以得到更广泛的传播。可以说，文字是第一种可以清晰记录和广泛传播人类思想的载体。

文字出现后，人类文明的发展速度大大加快，人口的数量也随之增长，人与人之间的矛盾和纷争也日益复杂化。

文字的进步意义不容置疑，但文字作为人类语言的一种书面形式，也有着与生俱来的不足，那就是可能有歧义，特别是当出现纠纷时，不同人出于不同的目的，可能做出不同的解释。被称为"通才"的德国哲学家和数学家莱布尼茨（1646—1716）曾反复思考这个问题。虽然有很多头衔，但莱布尼茨的主要职业是律师。1661 年，15 岁的莱布尼茨进入莱比锡大学学习法律专业，两年后便获得学士学位。1666 年，获得博士学位的莱布尼茨放弃学校的教职，到美茵茨（德国莱茵兰-普法尔茨州的首府和最大城市）的高等法庭工作。从此，莱布尼茨一边从事律师工作，一边钻研自己喜爱的数学和哲学问题。莱布尼茨持续努力的一个重要方向是开发一套更好的表达方法。为此，莱布尼茨在 1677 年发现了微积分基本定理。但他仍继续寻找，莱布尼茨说："如果能找到合适的字符或符号清晰且准确地表达我们的思想，就像算术里表达数字、几何里表达直线那样，那么很明显，我们就可以用算术和几何领域的方法来处理所有事情。"

1679 年，莱布尼茨发明了二进制算术。在深入思索二进制表达方法后，莱布尼茨惊喜万分，他认为自己找到一种可以完美表达一切的简单方式，并且这种方式是可以计算的，便于使用机械来实现。莱布尼茨写信给在中国的法国传教士白晋，希望白晋把自己的发明介绍给中国的皇帝。1701 年 11 月 14 日，白晋回信给莱布尼茨，告诉莱布尼茨中国已经有一套二进制系统，称为"八卦"，白晋还在回信中详细介绍了《周易》。

1703 年，莱布尼茨把自己关于二进制算术的思考以及对《周易》的理解写成一篇论文，提交给了巴黎科学院（Paris Academy of Sciences），这篇论文的主标题是"二进制算术解说"，副标题是"关于仅使用字符 0 和 1 的二进制算术的阐释，并说明其对理解中国古代神话人物伏羲的意义"。

莱布尼茨认为二进制数是一种可以表达世界的万能方式，有了这种精确的表达方式后，在面对纠纷时，便可以通过计算来消除分歧。在写于 1685 年的《发现的艺术》（The Art of Discovery）一文中，莱布尼茨说："精炼我们推理的唯一方式是使它们同数学一样切实，这样我们就能一眼找出我们的错误，并且在有争议时，我们就可以简单地说，让我们来计算吧，不需要无谓地纠缠，就能看出谁是正确的。"

在莱布尼茨去世 100 多年后，英国数学家巴贝奇（1791—1871）设计出一种机器，称为分析引擎。巴贝奇用穿孔卡片记录由 0 和 1 组成的二进制数，并专门设计了一类卡片，用来表达指令，通过组合不同的指令即可实现不同的计算任务。有了这种方法，人们就可以用一串串的指令表达自己的思想和智慧。如今，我们把这种表达方式称为"软件"。

在巴贝奇去世 60 多年后，另一位英国人图灵（1912—1954）发表了一篇伟大的论文。在这篇论文中，图灵设计了一台通用的机器。一条长长的纸带穿过这台机器，纸带上有要计算的二进制数。这台机器可以从指令表中获取指令，然后执行。这台机器后来被称为"图灵机"。

在图灵的这篇伟大论文发表后的第 10 年，匈牙利裔美国数学家冯·诺依曼设计了一套实现图灵机的方案，他将图灵机分解为中央算术（CA）单元、中央控制（CC）单元、内存（M）、输入（I）和输出（O）共 5 大部分。冯·诺依曼设计的数字化自动计算系统成稿后，成为指导自动计算技术的一份纲领性文件。不久之后，按照冯·诺依曼的设计生产的机器便在英国和美国出现了，而且数量不断增多。逐渐地，这些机器有了一个共同的名字——计算机，它们所遵守的设计架构被称为冯·诺依曼架构。

如今，我们每天的工作和生活已经离不开计算了：上班坐地铁时，通过"计算"进站，过一会儿通过"计算"付费出站；到了单位后，很多工作需要依赖"计算"完成；周末外出时，通过"计算"确定最佳路线，通过"计算"寻找好评多的餐馆就餐。

这些不同形式的计算都具有相同的本质，它们都使用莱布尼茨青睐的二进制形式表达信息。它们的基本原理都是巴贝奇开创并由图灵抽象化的图灵机模型，通过不停获取和执行指令来实现各种功能。从组成结构的角度看，它们采用的都是冯·诺依曼架构。

如果把图迈看作人类历史的开端，把契刻符号看作人类文字的起点，把巴贝奇发明分析引擎看作人类拥有计算机和软件的起点，把冯·诺依曼架构看作现代计算机规模化生产的起点，然后把人类历史的这几个关键节点标注在一条一米长的坐标轴上，那么文字历史的长度只有 0.1 毫米，计算机和软件历史的长度只有 2.68 微米，现代计算机历史的长度只有 1.08 微米。在长达 700 万年的人类历史中，大部分时间是没有文字的；而在有文字的历史中，大部分时间是没有计算机和软件的。

诚然，计算机和软件的历史很短，但它们对人类的生产和生活已经产生了巨大的影响，并且影响还在继续。

与人类此前发明的其他机器一旦完成就拥有确定的功能不同，计算机的功能是由软件赋予的。如果没有软件，那么单独的硬件就无法工作，没有任何实用功能。但是一旦为计算机设计好软件，计算机就会按照软件的指示来工作，具有软件赋予的功能，并且只要换上不同的软件，就会具有不同的功能。正如巴贝奇的学生埃达所言："分析引擎根本不会自诩生下来就能做多少工作，但分析引擎能够做我们知道如何让它去做的任何事情。"埃达是大诗人拜伦的女儿，她是深刻思考软件的第一人。埃达不仅预见到软件的无限潜能和光辉前景，并且还用诗一般的文字将其描绘了出来。

从这个意义上说，软件是计算机系统的灵魂，是关键所在。虽然本书不可避免地涉及计算机硬件的发展历史，但主角仍然是软件。

软件不是一朝一夕就发明出来的，而是人类文明长期积累的结果。没有这些基本的积累，软件之梦就是空中楼阁。在某种程度上，软件文明就是人类文明在电气时代的延续。人类很早就有"自动计算"的梦想，如果从伏羲设计最早的二进制系统算起，那么这个梦想出现的时间比文字出现的时间还要早。从这个意义上讲，完整的软件史几乎就是人类的文明史，跨越数千年。这个过程犹如一场漫长的接力跑，很多人参加了前面的接力跑，但他们没能看到抵达终点的那一刻。从漫长的历史长河中找到曾参加"软件接力跑"的那些人，把他们参跑时的精彩表现以及所做所想记录下来，让他们的贡献随着软件文明的发展被照得越来越亮，而不是日渐暗淡和泯灭，这是激发我写这本书的原因，也是激励我完成本书的力量，更代表本书的选材原则。本书记录的是那些冲锋陷阵、舍我其谁的场上运动员而不是围观者。本书的主角是那些开路的英雄和拓荒者。

本书按照软件从孕育、诞生、发展、改进、壮大的规律分为六篇，以《易经》中的乾卦各爻的爻辞命名，分别如下。

第一篇 潜龙勿用

以二进制数的萌芽、正规化和应用为线索，从史前文明开始，从软件的漫长孕育期选取对软件出现具有重要意义的伟大发明，包括二进制数的出现和正规化、使用穿孔卡片表达二进制数，以及穿孔卡片在自动提花机和自动计算中的应用等。

第二篇 见龙在田

从具有里程碑意义的图灵机模型开始，首先介绍 20 世纪三四十年代个人发起的早期实践，包括欧洲大陆的 Z1 计算机和美洲大陆的 ABC 计算机；然后介绍第二次世界大战期间英国和美国军方支持的大型计算机项目，包括英国制造的"巨神"计算机、美国军方支持的马克一号和 ENIAC。马克一号直接执行穿孔纸带上的程序，直观但速度较慢；ENIAC 用电路连线来表达程序，执行速度快，但是部署困难。摩尔学院的讨论小组总结马克一号和 ENIAC 的经验，提出了基于内存的存储程序思想，这便是具有标志性意义的冯·诺依曼架构。冯·诺依曼架构不仅确定了现代计算机的硬件结构，而且为软件编程方法框定了方向。从此，现代计算机和软件结束漫长的孕育和探索阶段，开始快速发展。

第三篇 终日乾乾

代表冯·诺依曼架构的《第一草稿》成文后，很快传播到英国。英国国家物理实验室、曼彻斯特大学、剑桥大学和费兰蒂公司开始领跑下一棒，将冯·诺依曼架构从草稿变为实物，又从实物变为批量生产的产品。本书第三篇记录的时间为 20 世纪 40 年代至 50 年代初，对应软件的"童年"，仿佛雏鹰展翅，虽然基础已在，但是羽翼未丰，还需要练就更多本领才能搏击长空。

第四篇 或跃在渊

在英国传递后，"软件接力跑"的火炬继续在美洲大陆传递。商业化的大型机纷纷出现，但高昂的价格让很多人望而却步。如何使计算机在和平年代发挥价值？这就需要用软件为其赋予新的用途。编译器的发明为软件大生产创造了基本条件。高级编程语言的发明则大大降低了编写软件的难度，让更多的人可以把他们的智慧转换为软件。本书第四篇以 20 世纪 50 年代的大型机研发为背景，介绍这一阶段兴起的编译器技术和第一批高级编程语言。有了编译器和高级编程语言后，软件仿佛深潭中的一条龙，时而深潜水底，时而跃出水面，腾飞之势不可阻挡。

第五篇 飞龙在天

随着 DEC 的 PDP-1 小型机在 20 世纪 60 年代交付使用，更多人成为现代计算机的用户，大型机和小型机两股力量一起将计算机与软件的魅力展现在世界面前，在赢得大量用户的同时，也吸引一大批天才投身到软件世界的建设中。如果说 20 世纪 50 年代的建设重点是编译技术，那么 20 世纪 60 年代的主要建设目标便是操作系统——软件世界里的"特权阶层"和"国家机器"。从 MIT 和 BBN 公司的分时操作系统，到 IBM 投入巨资打造的 OS/360，再到贝尔实验室的 UNIX，操作系统的功能日臻完善，软件世界的二分格局逐步形成，系统软件和应用软件的分工代表软件的社会化大生产开始。

第六篇 亢龙有悔

集成电路技术使得计算机硬件变得越来越小，价格也越来越低。本书第六篇以 20 世纪 80 年代开始的个人计算机（PC）浪潮为背景，介绍 PC 时代的软件技术进步，包括 PC 操作系统的出现和成熟、集成开发环境（IDE）的出现、软件开发工具的进步、用户量巨大的办公类应用软件的出现和流行、互联网的建设和万维网的研发、自由软件运动和开源软件等。PC 和互联网的大流行，让软件几乎无处不在。

对于选定的主题，本书描述的重点是技术背后的人物而不是技术本身。为了帮助非软件专业的读者理解技术的价值，书中会简要介绍技术的用途和意义，但不会深入介绍技术细节。当一种技术涉及很多人物时，本书以主要人物为主线，尽可能介绍其他贡献者。无论是做出主要贡献的主角，还是贡献较小的配角，我都尽可能把宝贵的篇幅用在记录人物的言行上。这是我从《史记》作者司马迁那里学来的，司马迁在《史记·太史公自序》中引用孔子的话说："我欲载之空言，不如见之于行事之深切著明也。"

为了加深读者对书中人物的理解，本书主要采用了 4 种材料：我对书中人物或事件亲历者的采访；书中人物自己的文字；书中人物接受其他人采访的录音、录像、文章；以及其他材料。

在这 4 种材料中，第 1 种最宝贵也最难获得。因为受地理等方面的限制，我的采访形式主要是电子邮件。当我怀着敬畏和忐忑的心情发出邮件后，往往是在一分钟内就收到邮件系统的自动回复——账号不存在，还有些邮件始终没有回复。但还有不少次，我收到了宝贵的回复。多年前在写《软件调试》时，我就曾写邮件联系过 Windows NT 项目的组建人大卫·卡特勒，询问有关 NT 内核的技术问题，我没有收到回复。2021 年 8 月，当我写到本书的第五篇时，我再次联系卡特勒，我收到了他在休假前设置的自动回复。过了大约一个月，某天早晨，我的手机屏幕上出现一个新邮件提醒，主题是"VMS and NT"，我眼前一亮，打开邮件仔细看，是卡特勒本人的回复。从那天起，卡特勒毫不厌烦地回复了我的每一封邮件，每个问题都回答得很详细，而且几乎都是在一天之内回复的。我从读大学时就开始编写 Windows 程序，走上职业程序员的道路后，我仍经常在 Windows 系统上做各种开发，因此对 NT 内核有很深的感情，我对有"NT 内核之父"美誉的卡特勒十分仰慕和敬重。因此，卡特勒的邮件除了解决我对 VMS 和 NT 项目的疑问之外，还一次次地给予我激励和力量。他比我年长 30 岁，今年已经 80 岁高龄，但仍在编写代码和工作。

另一位让我特别感动的采访对象是"自由软件之父"理查德·马修·斯托尔曼。斯托尔曼除回答我的问题之外，他还专门请他的中国朋友审阅了我的草稿，他们一起提出了很多修改意见。值得一提的是，针对自由软件基金会的最初办公地址问题，斯托尔曼接连给我写了 3 封邮件，担心我误解他的意思。另外，斯托尔曼还很爽快地允许我在本书中使用我从他的相册中挑选的照片，他还向我说明了拍摄地点。

我和"C++之父"比亚尼·斯特劳斯特鲁普见过很多次面，我面对面地向他请教了很多问题，是他最早为我指出很多历史藏在"摩尔学院"，比亚尼的这个建议对本书的结构产生了很大的影响。在写第 61 章时，我和他来回发了很多封邮件，他的帮助让我对 1980—1990 年的剑桥大学和贝尔实验室有了更全面的了解。

在写第 51 章时，我发现了杰拉德·J.霍尔茨曼（Gerard J. Holzmann）的个人网站，上面关于贝尔实验室的回忆文章鲜活生动、细致入微，让我获益匪浅。我尝试联系杰拉德，很快就收到了他的回复。在接下来近一个月的时间里，我们之间往来邮件十几封，他不仅解答了我的很多疑问，确认了"UNIX 房间"的位置，而且提供了很多新资料，包括宝贵的贝尔实验室电话簿，上面不仅有组织结构信息，还有我很想看到的每个人的办公室编号。

关于 UNIX 操作系统的历史，给我提供很大帮助的另一个人是曾与里奇和汤姆森一起设计文件系统的拉德·卡纳迪（Rudd Canaday），他讲述的"午餐工作会"让我对 UNIX 操作系统的早期开发有了身临其境的感觉。

我在写《软件调试》时就曾多次联系杰克·丹尼斯（Jack Dennis），他专门写了一篇长达几页的文章讲述自己使用旋风计算机的经历,以及 MIT 的精英们在 TX-0 计算机上大显身手开发各种软件的经过。我写本书的前身《栈上风云》时,调查有关"栈"的历史,他又给了我很多指导。

IBM 是大型机时代的最大赢家,同时也是软件文明的贡献者之一。IBM 对编程语言、操作系统和关系数据库都有开创性贡献。为了咨询 FORTRAN 团队合影的版权问题,我联系了曾在 IBM 工作过的保罗·麦克琼斯(Paul McJones),他很快就回复了邮件,并且帮助我识别和标注了照片上的人物。写第 53 章时,我阅读了很多他写的回忆文章,特别是 SQL 团队 1995 年重聚的会议记录。我多次联系他,他都热情地解答我的疑问,对于有些问题,他还写邮件给当年的团队成员,找到答案后再转给我。特别是,他欣然同意我使用他怀念约翰·巴克斯的文章作为本书的序言之一,他还向我提供了多张珍贵的照片,包括 Cal TSS 团队重聚的照片以及 IBM 圣何塞研究院在 20 世纪 60 年代的宝贵照片,因为 IBM 圣何塞研究院已经迁往新址,原来的建筑被全部拆除,所以这张照片特别珍贵。

另外,我还要感谢剑桥大学计算机实验室的西蒙·摩尔(Simon Moore)教授、纽卡斯尔大学的布莱恩·兰德尔(Brian Randell)教授以及纪录片《计算机》的导演凯西·克莱曼(Kathy Kleiman)。

本书内容的时间跨度很大,即使从莱布尼茨发明二进制算术算起,也有 300 多年。书中的很多人物已经故去,本书对这些人物的描述,主要是根据他们留下的著作或文章,特别是他们写的自传或回忆录。本书参考的此类材料(即第 2 种材料)包括:

- 查尔斯·巴贝奇在晚年写的自传《一个哲学家的人生段落》。

- 康拉德·楚泽的自传《计算机——我的人生》。

- 莫里斯·威尔克斯的自传《一个计算机拓荒者的回忆录》。

- 赫尔曼·戈德斯坦的回忆录《从帕斯卡到冯·诺依曼的计算机历史》。

- 小沃森的自传《Father, Son & Co: My Life at IBM and Beyond》。

- 迪杰斯特拉的 EWD 笔记,他虽然没有留下自传,但是他的 7700 多页笔记比任何自传包含的信息量都要大。

第 3 种材料对本书的帮助也特别大。本书使用的此类材料包括美国计算机学会(ACM)对图灵奖得主的采访录像、美国计算机历史博物馆对院士荣誉获得者的采访录音和整理文字、明尼苏达大学查尔斯·巴贝奇学院的历史录音、英国曼彻斯特大学的历史录音等。

相对于前 3 种材料,第 4 种材料的数量则要大很多,无法逐一枚举,我在每一章的末尾列出了主要的参考文献,有些则是以脚注形式标注的。感谢所有参考文献的作者,没有他们奠定的基础,本书不可能完成。如果因为我的疏忽而遗漏了某段引文的来源,请作者原谅和联系我们,我们会尽可能早地进行补充。很多人曾帮助我查找资料,在这里特别感谢刘峻山、宋俊、秦泉、刘美惠和夏桅,他们为我查找外文文献提供了很多帮助。感谢盛格塾的编辑韩俊帮我整理了大量资料,特别是编写了很多篇人物年表和机构年表。

蒋涛、邹欣、高博、吴咏炜、裘宗燕等师友对本书的预览版提出很多宝贵的意见,在此深表感谢。

有两个编辑团队对本书的编辑和出版付出了辛劳,他们是陈冀康、谢晓芳、李维杰(预览版本)和徐定翔、杨小勤(正式版本),在此对他们表示真诚的谢意。

张银奎

2022 年 4 月 22 日

上海古鹤坡塘附近之格蠹轩

2023 年 11 月 1 日改定于沪上 863 软件园

亲历者言：怀念迪杰斯特拉[①]

　　我觉得在人类历史上与计算机科学最完美适应的两个大脑应该属于艾伦·图灵（1912—1954）和埃兹格·怀伯·迪杰斯特拉（1930—2002）。因此，能从 20 世纪 60 年代初期就开始与迪杰斯特拉交往，我深感荣幸。当我在几十年后再次想到他时，有些场景依然栩栩如生，写这篇短文的目的就是分享其中的几个场景。

　　我们最初是通过书信讨论编程语言结识的。杰克·默纳和我一起写了一篇有点挑衅意味的文章，名为《ALGOL 60 机密》（ALGOL 60 Confidential），发表在 1961 年第 4 期的美国计算机学会会刊上（第 268～272 页）。迪杰斯特拉在一封信中指出，他觉得我们的文章不是在圣诞树下写的，他建议不要用那么充满对抗性的语气。当我几年后写《ALGOL 60 中余下的麻烦点》（发表在 1967 年第 10 期的美国计算机学会会刊上，第 611～618 页）时，我在心里始终想着迪杰斯特拉的建议。

　　有一段时间，迪杰斯特拉和我都是宝来公司的兼职顾问。他有一次越过大西洋来访问住在帕萨迪纳的宝来工程师，帕萨迪纳离我家很近。我们一起讨论了很多问题，其中之一就是迪杰斯特拉想出的一种非常巧妙的硬件机制，用来指导操作系统的页交换算法——维护一串比特并记录最近的行为，使取值以指数方式衰减。我不知道他是否发表过这些想法。

　　我的文件中包含一封有趣的信，是他在 1967 年 8 月 29 日写的，里面附带一份 EWD209 的初稿：

I seem to have launched myself into an effort to develop thinking aids that could increase our programming ability... I expect that in the time to come this effort will occupy my mind completely... (This EWD209 was actually born when I reconsidered the origin of my extreme annoyance with Peter Zilahy Ingerman,

① 本文最初发表在 Krzysztof R. Apt 和 Tony Hoare 编辑的《Edsger W. Dijkstra: a Commemoration》文集中，本书征得高德纳博士同意后使用。

who to my taste failed to do justice to Peter Naur in one of his recent reviews. And I started thinking why PZI's attitude seems so damned unhelpful. So, his unfair review may have served a purpose, after all!)

我似乎已经完全投身到一项新任务上，目的是开发一种可以提升编程能力的思考方法……我希望在未来的一段时间里，这项努力会完全占据我的思想……（EWD209 实际上是在重新思考我对彼得·齐洛希·因格曼（Peter Zilahy Ingerman）特别生气的原因时产生的，他在最近一次评审会议上为了迎合我而对彼得·诺尔（Peter Naur）很不公平。我开始思考 PZI 的态度为什么如此糟糕和无益。如此，他不公平的评审总算发挥了某种作用！）

1973 年 8 月，我有机会到荷兰拜访迪杰斯特拉。很巧的是，我最主要的两位导师——Dick de Bruijn（数学系）和伊德斯格尔·迪杰斯特拉（计算机科学系）都住在尼嫩（Nuenen），他们相距只有几个街区。迪杰斯特拉和我在他那台华贵的贝森朵夫钢琴上表演四手联弹，度过了非常快乐的一小时时光。（当然，我请他领头，设置合适的速度等。）

几天后，当我在埃因霍芬理工大学演讲时，我决定活跃一下气氛。在讨论到后来被称为 Knuth-Morris-Pratt 的算法时，我一边讲，一边在黑板上用英文一步一步写出来。当进行到第 4 步时，我停下来，假装迷惑地说："哦，在这个位置使用 go to 语句合理吗？"迪杰斯特拉说："我看见它要来了。"

1975 年 4 月 18 日，迪杰斯特拉住在我斯坦福的家里，我的妻子为他和我拍下一张精美的照片。

在我看来，迪杰斯特拉具有百科全书般的知识，包罗万象。在一起吃晚饭谈话时，我们很少讨论计算，而是谈论非常广泛的各种话题。但不管讨论什么主题，我始终能从他那里学到一些新东西。

迪杰斯特拉（左）
和高德纳（右）
（拍摄于 1975 年
4 月 18 日）

　　1993 年 1 月，我与里亚和迪杰斯特拉在他们的奥斯汀家里一起待了几天。我们开车到佩德纳莱斯瀑布州立公园（Pedernales Falls State Park），我很高兴看到他们两个都发自内心地喜爱得克萨斯。

高德纳（Donald Knuth）

斯坦福大学计算机科学系

2020 年 11 月 29 日

亲历者言：怀念约翰·巴克斯

20 世纪 60 年代末，当我在加州大学伯克利分校读本科时就听说了约翰·巴克斯，他是 FORTRAN、BNF 和 ALGOL 背后的关键人物。大约在 1972 年或 1973 年，我聆听了约翰在加州大学伯克利分校所做的一场演讲，题目是"无变量编程"（variable-free programming）。我那时已经做了很多编译器方面的工作——实现 SNOBOL4、APL 和 LISP。我对编程语言非常着迷，所以在听了他的演讲后，我又找到他的论文《简化语言和无变量编程》（Reduction Languages and Variable-Free Programming），仔细阅读。1973 年年中，约翰寄给我一份预印的报告，这份报告是他为编程语言原理研讨会（POPL）写的，题目是《编程语言的语义和闭合应用语言》（Programming Language Semantics and Closed Applicative Languages），我反复阅读，在空白处写了很多笔记。

1974 年年初，我正在找工作，我的好朋友吉姆·格雷（Jim Gray）当时在 IBM 的圣何塞研究院工作，他把我介绍给了约翰。约翰当时正在找人帮他一起设计 Red 语言，他想要实现一个解释器。我们聊得很好，双方都觉得很合适。到了 3 月份，我收到约翰的工作邀约。约翰大多数时间在他位于旧金山的家里工作。我们曾讨论把我的办公室设在 IBM 的帕洛阿尔托科学中心，但最终我还加入了 IBM 的圣何塞研究院，IBM 的圣何塞研究院那时还在 IBM 科特尔路园区（Cottle Road Campus）的 28 号大楼。我报到后，约翰每周会到圣何塞研究院一两次，开着他的奔驰汽车，他的这辆车烧的是柴油，附近唯一的加油点是北圣何塞的货车站。IBM 的同事告诉我，我来之后产生的一个积极影响，就是他们见到约翰的次数比以前多了很多。

在接下来的大约 15 个月里，我和约翰一起工作，讨论语言功能，用 LISP 和 McG（由 W. H. Burge 设计的一种类似于 ISWIM 的语言）写各种原型，读编程语言语义方面的论文，还写了那篇名为《封闭应用语言的 Church-Rosser 属性》（A Church-Rosser Property of Closed Applicative Languages）的论文，证明了 Red 语言的操作语义是定义完备的。

约翰是一个很能鼓舞士气的人，无论是为他工作还是和他一起工作，我都可以感受到。尽管他大有成就，是 FORTRAN 和 BNF 的发明者与 ALGOL 的主要贡献者，还是 IBM 的院士，并且我们有很大的年龄差（他加入 IBM 工作时，我才一岁），但是他像对待其他所有人一样对待我，把我当成需要尊重的同事。我对修改和扩展 Red 语言提了很多建议，他对每个建议都很重视。那时，约翰感兴趣的是纯函数式编程，纯函数式编程对存储和外部世界没有任何副作用。我提议对语言做扩展以便可以编写完整的交互式应用程序。约翰认可这个问题的重要性，他提出了一种模式，让应用程序编写者可以写一个函数来变换全局状态。对于约翰的无变量原则，我感到很难接受，建议做一些变通，在定义新的函数式（更高阶函数）时允许使用 lambda 变量，但是约翰坚持他的做法。渐渐地，我得出结论，开发一套完整的 Red 实现还为时尚早。因此，我开始关注 28 号大楼里正在进行的 System R 项目，他们正在设计关系数据库管理器，还发明了 SQL 查询语言，并顺着这个方向对使用"原子方式执行事务"做了正规化。

约翰很少谈及自己，但是当有人问他时，他可以讲出很有趣的故事。他刚加入 IBM 时，是在巨大的半电子、半机械式的 SSEC（Selective Sequence Electronic Calculator）上编程，程序和数据都需要打孔到 80 列的纸带上，纸带可能非常长。有时大家用胶水把数据纸带的头尾粘成一个环，这样就可以让纸带穿过机器很多次。约翰记得有一次不得不调试一个时好时坏的程序，但最终发现根源是在将纸带粘成环时，有一端的正反面搞错了，导致整个纸带成了单面的莫比乌斯环（Möbius strip）。

1975 年，IBM 为约翰举办工作 25 周年的庆祝活动，计划在圣何塞举行一次奖励午宴，地点在 IBM 乡村俱乐部或客户会议中心，组织者询问约翰想要邀请哪些人参加。约翰列出了他当时在圣何塞研究院的一些同事，我很荣幸也包含在内。约翰还列出了他在 20 世纪 50 年代的一些老同事，包括 FORTRAN 项目的成员。组织活动的人很快意识到"这些人在纽约"，但后来他们还是想办法解决了这些人的差旅费用。

与约翰的友好关系不仅限于工作时间，他和妻子芭芭拉曾邀请我和妻子到他们家里做客，去了后我们发现，约翰就住在旧金山广播电视天线塔（Sutro Tower）附近，视野堪称完美，金门大桥和旧金山海湾尽收眼底。约翰说住在那里的唯一缺点就是来自电视转播器的无线电信号干扰。为了缓解这个问题，他设计了一个法拉第笼子，用线把设备柜与铝箔连起来。回来后，我和妻子邀请约翰和芭芭拉到我们租的普通房子里做客，他们很愉快地接受了邀请。

我在 IBM 一直工作到 1976 年 11 月，和吉姆·格雷一起开发 System R 的数据恢复程序，后来换了另一份工作。一段时间后，我在旧金山意外看到约翰，他在排队参加美国西海岸计算机展会（West Coast Computer Faires），时间是 1977 年，当时可能是这个展会的第一届。约翰告诉我，他投资了一种有趣的计算机，名叫 MicroMind，开发团队在马萨诸塞州的剑桥市，公司名叫 ECD。他开始怀疑能否拿到计算机或者拿回钱。我最近从奥林·赛伯特（Olin Sibert）那里听说，ECD 没能制造出足够便宜的机器，已经退还所有投资。

1977 年，约翰获得了图灵奖，不仅因为他"在设计实用化的高级编程系统方面所做的意义深远、影响广泛且持久的贡献，尤其是他在 FORTRAN 上所做的工作"，还因为他"在正规化语言定义过程方面发表了很多开创性的论文。"约翰发表了获奖致辞，题目是《是否可以把编程从冯·诺依曼模式中解放出来？一种函数式模式和程序代数》（Can Programming Be Liberated from the von Neumann Style? A Functional Style and Its Algebra of Programs）。获奖致辞是约翰专门针对自己从事的函数式编程工作写的，对函数式编程语言成长为计算机科学的一个学术分支产生了重大影响。约翰一直致力于函数式编程研究，直到 1991 年退休。

后来，我与约翰很多年没有联系。2003 年，我参加了美国计算机历史博物馆的一项活动——收集和保存历史性的源代码，为了寻找 FORTRAN 编译器的最初代码，我再次与约翰联系。约翰仍住在他以前的旧金山房子里，而且看起来很高兴听到我的消息。他没有任何源代码，但给了我几个建议，最终我发现了几个版本的 IBM 704 FORTRAN II 编译器源代码。

大约在相同的时间，我得知约翰的程序代数思想对我的同事亚历山大·斯特潘诺夫（Alexander Stepanov）产生了很大的影响（虽然亚历山大是把这个想法用作扩展冯·诺依曼模式的一种重要方式）。也正是在那时，亚历山大和我正在为我们的雇主组织一个内部技术会议，我们邀请约翰做主题演讲。但就在他欣然接受邀请后不久，他的妻子芭芭拉去世了，他合乎常理地取消了演讲。这件事之后，约翰决定搬家到俄勒冈州的阿什兰，他的一个女儿住在那里。我的另一个同事迪克·斯威特（Dick Sweet）也住在阿什兰，他把约翰介绍给了那里的一圈人，他们成为约翰最后岁月里身边的朋友。

亚历山大·斯特潘诺夫（左）、约翰·巴克斯（中）和保罗·麦克琼斯（右）（照片拍摄于 2004 年 2 月）

　　尽管有很多人为编程语言的早期发展做出了贡献，但是创建第一种广泛使用的高级编程语言的荣誉非约翰·巴克斯莫属，那就是 FORTRAN。FORTRAN 提供了数据类型（整数和浮点数）、强大的数据结构（数组）、表达式、语句和抽象机制（函数和子过程）。FORTRAN 编译器可以针对当时很新的 IBM 704 索引寄存器和浮点单元产生高度优化的代码。另外，FORTRAN 系统提供了链接加载器、子函数库和 I/O 过程，让用户可以很快将 FORTRAN 用起来，无论是在科研还是工程领域，这些特征使得 FORTRAN 成为后来设计各种编程语言时都要参照的一个标准。

　　为什么约翰的贡献如此重要呢？因为他发明了一种语言，让人们可以用抽象的方式表达数学算法，而不必关心特定计算机的无关细节，而且这种语言可以在非常广泛的一大批计算机上实现，从 1954 年的 IBM 704 真空管计算机到目前最快的超级计算机以及将来的计算机。这种"以抽象且高效的方式表达算法关键细节和数据结构"的思想是编程语言设计者们在过去 50 年里一直努力实现的核心目标。他们中只有屈指可数的小部分人实现了这样的目标，可以与约翰·巴克斯和他的团队比肩。

保罗·麦克琼斯

于美国加州山景城

目录（上册）

第一篇

潜龙勿用

现代计算机的最重要特征是可编程。简单来说，"可编程"就是可以通过编写新的程序来实现新的功能。反之，如果没有程序，那就没有功能。而程序就是软件。

换句话说，制造计算机系统的过程与制作其他机器有一个根本的区别，那就是要分两个步骤来做。第一步是要制作出一套能够执行程序的硬件，在没有程序时计算机几乎一无所能。第二步是要设计能在硬件上执行的程序。有了程序，硬件才有意义。

更重要的是，程序是可更换的，更换不同的程序，机器便有了不同的功能。

正如埃达所说："分析引擎（当时对计算机的称呼）根本不自诩一生来就能做多少工作。它能够做我们知道如何让它去做的任何事情。"

根据这个特征，古老的算盘与现代计算机没有什么亲缘关系。因为算盘是不需要按照上面所说的硬件和软件两部分来制作的。更重要的是，算盘是不可编程的，它的功能是固定的，不能通过更换程序而产生新的功能。

因此，本书并没有写算盘，虽然它的名字和功能都仿佛与计算机有关。

那么，在浩瀚的历史长河中，人类的哪些活动与现代计算机和软件有关呢？

我认为，始于中国汉代的花楼织机与现代计算机和软件的工作方式极其相似，具有密切的"血缘"关系。

首先，花楼织机也分为"硬件"和"软件"两大部分。硬件就是使用木、竹等材料制作的机械装置。软件就是使用线绳表达的"花本"。更换不同的花本，就能编织出不同图案的织物，美轮美奂，巧夺天工。

设计花本的人需要很高的才能，正如宋应星在《天工开物》中所言："凡工匠贯花本者，心计最精巧。"用今天的话说，"贯花本者"就是给花楼织机设计程序的程序员。

当我向很多软件同行说起花楼织机是现代计算机和软件的前辈时，他们大多非常惊诧。他们似乎不愿意承认风驰电掣的现代计算机是纺织机的后代。

但我认为，伟大的软件不是哪个人在一夜之间想出来的，而是人类文明长期积累的产物。它的近亲与其说是算盘，不如说是伴随人类生活了数千年的织机。软件文明是古老纺织文明的延续。不信的话，请接着往下看。

第 1 章　史前，二进制符号

根据古生物学的研究，早在数百万年前，人类的祖先就出现了。他们最初住在山洞里，靠打猎和采食野菜、野果生存。后来，他们学会用石头、兽骨、木材等简单的材料制作工具，有了工具后，他们劳动起来更加高效，也更容易获取食物，他们改善居住环境，提高了生活质量。时光流转，老人们逐渐逝去，但年轻人成长起来，他们继承了父辈发明的工具和技艺，在劳动中进行改进，再把改进后的成果传给后辈。

但生活不总是平静的，有时会有灾难降临，比如火山喷发、地震和大洪水。在很多民族的古老传说中，都有关于大洪水的故事。这样的洪水不仅规模巨大，而且持续时间很久。洪水夺走了很多人的生命。如果整个部落被大洪水吞噬，那么这个部落发明的工具和积累的技艺可能就失传了。

有时，一场大洪水把部落里的大多数人吞噬了，只有少数几个人侥幸生存下来。这些侥幸活下来的人目睹了亲人和族人的死亡，他们对自然和生命的认识更加深刻。他们知道，下一场大洪水随时可能到来，那时他们可能不再幸运。如果他们在下一场大洪水中死去，那么他们掌握的工具和技艺就无人知晓了。如何才能把世代积累的技艺和生存的智慧记录下来，永久流传呢？在劳作一天后，仰望苍茫的夜空，很多先哲可能思考过这样的问题。

其中一位思考者的名字叫伏羲，据说他小的时候就遭遇了一场大洪水。那场洪水过后，整个部落里只有他和一个女孩侥幸生存下来。两个孩子长大后，结为夫妻，养育儿女，并把附近的人聚集起来，逐渐形成一个庞大的部落。

伏羲（见图 1-1）教人们用绳子编织成不同类型的网，网孔较大的用来捕捉陆地上的动物，网孔小一些的用来撒到水里捕鱼。他还教人们驯养野兽，把它们饲养起来，在食物短缺时再食用。

图 1-1　位于湖北襄阳的伏羲雕像

　　有了丰富的食物后，伏羲还倡导人们遵守礼节，男子使用鹿皮作为聘礼，向女子求婚。

　　伏羲还创作了一些歌谣，用简单的乐器伴奏，让人们享受精神的愉悦，安居乐业。

　　伏羲不仅富有智慧，而且为人淳厚。他不仅赢得了本部落人的尊重，而且其他很多部落也归顺过来，接受他的领导。

　　随着部落人数越来越多，伏羲已经不可能与每个人交谈。为了把自己的智慧传递给更多的人，伏羲希望发明一种符号，这种符号可以记录思想，传播智慧。有了这种符号后，即使他去世了，后人也可以通过符号知道他的思想。

　　伏羲想出了一种简单而且巧妙的方法。他先设计了两个基本的符号：一个像"一"（见图 1-2），代表天空，称为"阳"；另一个像两个减号放在一起（见图 1-3），代表大地，称为"阴"。

图 1-2　阳　　　　　　　　　　　图 1-3　阴

然后，把两个基本符号两两组合，便产成了图 1-4 中的 4 个符号。这 4 个两层结构的符号称为四仪。

图 1-4　四仪

接下来，把两个基本符号和四仪再做组合，便产生了图 1-5 中的 8 个符号。

图 1-5　八卦的 8 个符号

伏羲为上面这 8 个 3 层结构的符号取了名字，分别叫乾、坤、震、艮、离、坎、兑、巽，它们分别代表天、地、雷、山、火、水、泽和风。南宋理学家朱熹在他的著作《周易本义》里用一首歌诀生动地描述了这 8 个符号：

乾三连，坤六断，震仰盂，艮覆碗，离中虚，坎中满，兑上缺，巽下断。

这 8 个符号有个总的名字，叫"八卦"。

伏羲生活在遥远的石器时代。幸运的是，他发明的八卦，一代代地流传了下来。

到了公元前 1000 多年时，有个人叫姬昌（约公元前 1125 年—前 1056 年[1]），他的父亲是商王所封的西伯侯，父亲去世后，姬昌继承了父亲的西伯侯爵位，又称为西伯昌，历史上称他为周文王。司马迁在《史记·太史公自序》中记载："昔西伯拘羑里，演《周易》；孔子厄陈蔡，作《春秋》"。

羑（读"友"）里在今天河南省安阳市汤阴县，安阳是商朝的都城。商代的末代君主叫帝辛，历史上称他为商纣王。纣王昏庸无道，好施酷刑，是历史上著名的暴君。他的重臣崇侯虎进谗言："西伯积善累德，诸侯皆向之，将不利于帝"（西伯侯姬昌积善累德，诸侯都有心归附，这将对陛下不利）。于是纣王把西伯昌拘禁在羑里，长达7年之久。

相传，在被拘禁的漫长岁月里，西伯昌用简单的符号和精练的语言总结了自己对宇宙、人生和家国的思考，成就了人类文明史上一部永恒的伟大作品——《易经》。

为什么《史记》说西伯昌演《周易》，而不是作《周易》呢？

这里面的一个重要原因是，《易经》所使用的符号系统不是西伯昌发明的，而是从前人那里继承而来的。从哪里继承而来的呢？《易经·系辞》有记载：

古者包牺氏之王天下也，仰则观象于天，俯则观法于地，观鸟兽之文与地之宜，近取诸身，远取诸物，于是始作八卦，以通神明之德，以类万物之情。作结绳而为网罟，以佃以渔，盖取诸《离》。

这里包牺氏指的就是伏羲。相传，被囚禁在羑里的西伯昌无数次凝视伏羲发明的8个符号，思考其中的规律，穿越时空去领悟前辈的思想和智慧。最后，西伯昌不仅参透了8个符号的奥秘，而且顺着它的机理做了扩充，把原来的3层结构扩展为6层，把8个符号扩展为64个（见图1-6），并给每个符号赋予丰富的内涵。64卦就此诞生。用司马迁的话说："其（西伯昌）囚羑里，盖益《易》之八卦为六十四卦。"这句话出自《史记·周本纪》。

图1-6　64卦中的8个

从最初的两个基本符号，到4个，再到8个，最后到64个，一步步地扩展，由简单到复杂。如果说伏羲发明的八卦只是星星之火，那么西伯昌推广演绎出的64卦和《易经》则使其发扬光大。

今天，我们常说的《周易》《周易》是由"经"和"传"两部分组成，有时分别称为《易经》和《易传》。简单来说，《易传》是用来阐释和解说《易经》的。用"传"来解释"经"是中国古籍的一个传统。与晦涩难懂的"经"相比，"传"一般更容易理解。白话小说的名字常常带有"传"

字，这代表了它们的通俗性。

《易传》包含 8 个主题，其中两个主题分为上下篇，所以一共 10 篇，又称为"十翼"。翼代表翅膀，有辅助之意。目前，大多数学者认为，《易传》的主要作者是孔子。在《史记·孔子世家》中，有如下记述：

孔子晚而喜《易》，序《彖》《系》《象》《说卦》《文言》。读《易》，韦编三绝，曰："假我数年，若是，我于《易》则彬彬矣。"

在上面的这段记述中，《系》是指《系辞》，分上下篇，是《易传》中篇幅较大而且非常重要的部分。《象》也分上下篇。《象》分为《大象》和《小象》，也是两篇。

司马迁的这段记述告诉我们孔子晚年时喜欢《易经》，反复阅读，把编联竹简的牛皮带子都翻断了，而且翻断了很多次。他甚至希望多活几年，有更多时间钻研《易经》。

需要说明的是，关于《周易》的作者，现在仍有争议。但可以肯定的是，它是古人智慧的结晶，作者不止一人。

距孔子注《易经》约 2000 年后，1679 年，德国哲学家、数学家莱布尼茨发明了二进制算术。在深入思索二进制表达方法后，莱布尼茨惊喜万分，他认为自己找到一种可以完美表达一切的简单方式，并且这种方式是可以计算的，便于使用机械来实现。莱布尼茨写信给在中国的法国传教士白晋（Joachim Bouvet，1656—1730），希望白晋把自己的发明介绍给中国的皇帝。1701 年 11 月 14 日，白晋回信给莱布尼茨，告诉莱布尼茨中国已经有一套二进制系统，称为"八卦"，白晋还在回信中详细介绍了《周易》[1]。

莱布尼茨收到白晋的信后大吃一惊，他没有想到自己"发现"的二进制系统早在两千年前的中国就已经出现了。

1703 年，莱布尼茨发表了具有标志性意义的论文《二进制算术解说：关于仅使用字符 0 和 1 的二进制算术的阐释，并说明其对理解中国古代神话人物伏羲的意义》[2]，他在其中用很大的篇幅介绍了八卦图和伏羲，占整个文章篇幅的一半。

在介绍了二进制的基本用法和优点后，莱布尼茨这样深情地写道：

关于这样的计算方式，让人无比惊叹的是，这种 0、1 运算包含着一个古老国王和哲学家的线条奥秘（mystery of lines），他的名字叫伏羲，人们相信他生活在 4000 多年之前，中国人把他当作他们民族和科学的始祖。

莱布尼茨在论文中不仅解释了二进制数学，而且用自己的二进制数学解释了中国古老的八卦。他特意绘制了一幅插图（见图1-7），旨在把八卦与二进制数对应起来。

在莱布尼茨的图中，最左边一列是八卦符号[1]，其中最上面一行是坤卦，三爻都是阴爻，相当于三位都是 0，第二行是震卦，而后依次是坎卦、兑卦、艮卦、离卦、巽卦、乾卦。第二列是二进制数。第三列也是二进制数，但省略了高位的 0。最后一列是十进制数。

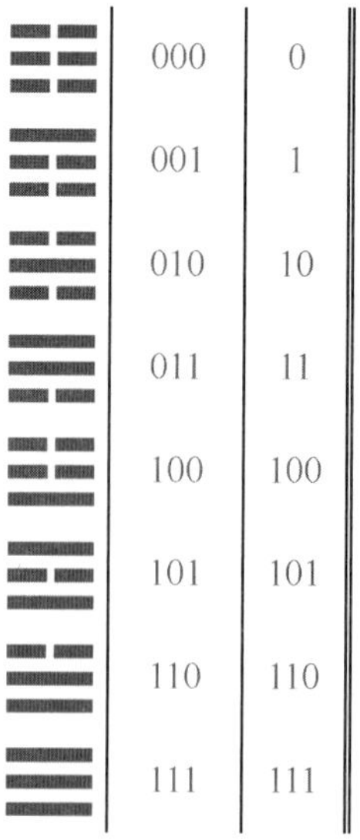

在这篇文章中，莱布尼茨还写道：

在一千多年前，伏羲卦线（Cova or Lineations）的含义在中国人中失传了，为何如此说呢？因为他们关于这个主题所做的评注远远偏离了本意，以至于今天不得不从欧洲获取真实的解释。

图 1-7　八卦与二进制数（中间两列为二进制数）

从某种程度上，莱布尼茨表达了他对《易经》在中国被误解的遗憾。

不过，古老的《易经》还是让莱布尼茨感受到了中国文明的伟大，并让他对中国的文化和哲学产生了浓厚的兴趣。在《中国近况》一书的"绪论"中，莱布尼茨写道："全人类最伟大的文化和最发达的文明仿佛今天汇集在我们大陆的两端，即汇集在欧洲和位于地球另一端的'东方的欧洲'——中国。"莱布尼茨去世前所著的一本书就是关于中国的，书名叫《论中国人的自然神学》，其中的内容依然包含了伏羲与二进制。

现代的计算机系统内部普遍使用二进制数来表达代码和数据。今天的所有软件也都是以二进制方式存储和运行的。从根本上说，二进制是计算机系统和软件世界的基石。

为什么使用二进制呢？因为二进制数只包含 0 和 1 两个基本符号，要记录或表达一个二进制位只需要维护两个状态，用穿孔卡片、磁极方向、电平高低等很多方式都可以表达。因此，二进制是计算机硬件最容易记录和操作的形式，后文会详细介绍。

---

[1] 八卦的最下面一爻为起始，我们将其看作二进制数的最低位。

[1] 本书中提到的所有年龄都等于所论年份减去出生年份，不是所谓的"虚岁"。

熟悉二进制的读者不难看出，古老的八卦和 64 卦就是使用二进制表达的符号。四仪对应两位的二进制数，八卦对应 3 位的二进制数，64 卦对应 6 位的二进制数。

古老的《易经》是目前人类所知的最早二进制系统。它使用两个基本符号表达 64 个复杂符号，并给每个符号赋予了内涵。

它代表人类在遥远的史前时代就发现了二进制数的奥秘。从根本上说，《周易》使用符号来描述和表达世界。正如《系辞（下）》记载："是故《易》者，象也，象也者，像也。"用今天的话来说，像就是图像、照片，是世界万物在某种媒介上的呈现和表达。

在很长的一段时间里，哲学家努力找寻一种简单、高效、通用的方式来表达世界。这些人中就包括莱布尼茨，他曾苦苦寻找一种万能的方式来表达世界，当他发现二进制数后，他欣喜万分，认为找到了一种可以完美表达一切的简单方式。计算机和软件的历史证明，莱布尼茨是正确的。下一章将介绍《易经》对莱布尼茨的影响。

伟大的软件不是一夜之间发明的，而是古往今来无数人的贡献累积而成的，有些是直接的，有些是间接的，有些只是做了铺垫，有些只是做了印证或呼应，但这些贡献都是有意义的，不该被忘记。

参考文献

[1] LEIBNITZ G W. Explication de l'Arithmétique Binaire[J]. Die Mathematische Schriften, 1879(7):223.

[2] RYAN, JAMES A. Leibniz'Binary System and Shao Yong's Yijing [J]. Philosophy East and West, 1996, 46(1) :59-90.

第 2 章　1679 年，二进制算术

戈特弗里德·威廉·莱布尼茨（Gottfried Wilhelm Leibniz，1646 年—1716 年）是一位在世界范围内广受敬仰的伟大人物。他被誉为"通才"，在哲学、数学、政治学、法学、伦理学、神学、历史学、语言学等很多领域留下了著作。在数学方面，我们今天使用的微分和积分符号就是他发明的。对于软件文明，他也有突出的贡献。

莱布尼茨出生于 1646 年，这一年牛顿（1643—1727）3 岁[①]，笛卡尔 50 岁（4 年后离世），威廉·莎士比亚（William Shakespeare）去世 30 年，徐光启去世 13 年，顺治皇帝 18 岁（已经在位 3 年）。

莱布尼茨出生在德国东部的莱比锡，他的父亲是莱比锡大学的道德哲学教授，母亲是虔诚的路德新教教徒。莱布尼茨 6 岁时，他的父亲便去世了，给他留下了大量的藏书。1661 年，15 岁的莱布尼茨进入莱比锡大学，学习法律专业。两年后，他便获得了学士学位。

1666 年，20 岁的莱布尼茨便出版了自己的著作《论组合的艺术》。但他在第一次申请法学博士学位时，被拒绝了，可能是因为他的年龄太小了。他离开了莱比锡大学，前往纽伦堡附近的阿尔特多夫大学（University of Altdorf），并立即向学校提交了早已准备好的博士论文，这一次他成功了。年轻的莱布尼茨拿到博士学位后，拒绝了阿尔特多夫大学的留校任教邀请，准备到社会中去施展才华。

莱布尼茨的第一份工作是在纽伦堡的一个炼金术协会（alchemical society）担任秘书工作（salaried secretary）。在这个协会里，他结识了政界人物博因堡男爵约翰·克里斯蒂安（Johann Christian），博因堡男爵将他推荐给了美因茨市的选帝侯（the Elector of Mainz）顺博恩男爵约翰·菲利普（Johann Philipp），从此莱布尼茨登上了政治舞台。

[①] 本书中提到的所有年龄都等于所论年份减去出生年份，不是所谓的"虚岁"。

1672 年，莱布尼茨以外交官身份来到巴黎，开始了为期 4 年的法国生活。在巴黎期间，他结识了很多有学问的人，包括物理学家和数学家克里斯蒂安·惠更斯（Christiaan Huygens）（摆钟发明者，提出动量守恒原理）、哲学家尼古拉·马勒伯朗士（Nicolas Matebranche）和安东尼·阿尔诺（Antoine Arnauld）。

此时，曾经生活在巴黎的笛卡儿（1596—1650）和帕斯卡（1623—1662）都已经去世，莱布尼茨无缘得见，但是他找机会学习了他们的手稿，包括已经发表的和未曾发表的。

外交家的身份也让莱布尼茨有机会造访当时的另一个学术圣地英国。1673 年 1 月到 3 月，他在英国生活了两个月，会见了英国学术界的知名学者。其中包括英国皇家学会秘书、数学家奥登伯以及物理学家胡克、化学家波义耳等人。这次英国之行后不久，莱布尼茨就被推荐为英国皇家学会会员。

1676 年，莱布尼茨的外交官职业生涯结束，他试图留在巴黎的努力没有成功。他只好接受在德国汉诺威的一个职务，于 1676 年 10 月离开了巴黎。

1677 年 1 月，莱布尼茨抵达汉诺威，在此后的大多数时间里，他生活在这个城市，直到 1716 年去世，时间跨度接近 40 年。

莱布尼茨在汉诺威的正式工作是担任不伦瑞克公爵府（the House of Brunswick）的司法顾问（Privy Counselor of Justice），兼任政治和历史顾问以及图书馆馆长。

公务之余，莱布尼茨广泛地研究各种哲学、科学和技术问题。300 多年后的今天，我们已经很难确切了解莱布尼茨当年所做研究的详细内容和过程。但幸运的是，当年的一些手稿保存了下来。

在保存至今的莱布尼茨手稿中，一篇 3 页长的手稿特别珍贵。这篇手稿的标题为 De Progressione Dyadica（见图 2-1），这是拉丁文，意思是"论二进制"。Dyadica 的意思是"包含两个元素的"，Progressione 是"进位"之意。

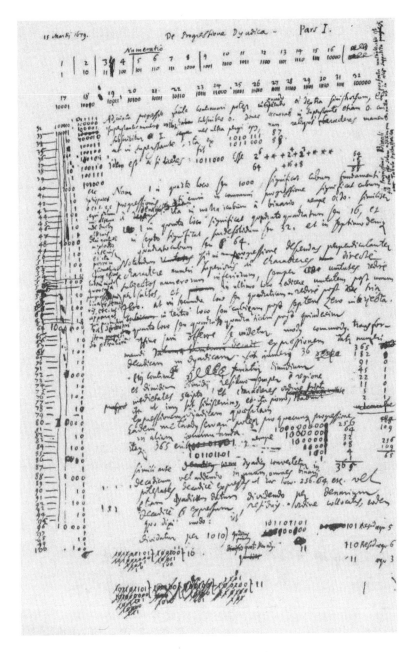

图 2-1　莱布尼茨的
"论二进制"手稿

　　手稿写得满满的，如果用简短的话来描述，那么这份手稿包含了如下 5
部分内容：

- 二进制数表示方法；
- 二进制数与十进制数的相互转换；
- 二进制数加减法；
- 二进制数乘除法；
- 使用机械计算二进制数。

下面我们重点介绍手稿中二进制数的表示，以及二进制数与十进制数相互转换的部分。

关于二进制数的表示方法，莱布尼茨在第一页手稿中举了很多例子。例如，在紧挨着标题的第一行书写了 1~16 的二进制表示，比如十进制的 1 即为 1，2 为 10，3 为 11，4 为 100，5 为 101 等。第二行又写了 17~32 的二进制表示。下方左侧继续书写了 32~100 的二进制表示，最前面的 32 与 100000 之间没有连线，可能是补写的，也可能是为了故意区分。

如何把二进制数转换为日常使用的十进制数呢？莱布尼茨在手稿正文第一段末尾举了一个例子：把二进制的 1011000 转换为十进制数。

$$2^6 + * + 2^4 + 2^3 + * + * + *$$

$$= 64 + 16 + 8$$

$$= 88$$

方法是从高到低累加每一位的权值。对于值为 1 的位，它的权值为 2^n，n 为这一位的位数（最低的位数从 0 开始数）；对于值为 0 的位，它的权值为 0，莱布尼茨用*来表示。

这样，我们便可以算出二进制数 1011000 对应的十进制数是 88。莱布尼茨在手稿中还写了一个计算和的加法式（见图 2-2）。

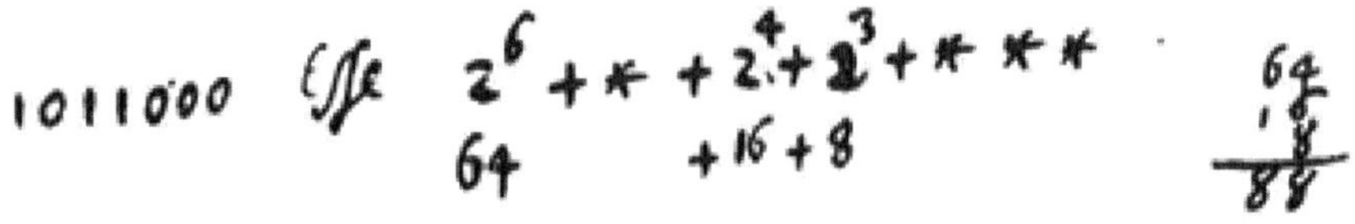

图 2-2　将二进制数转换为十进制数

如何把十进制数转换为二进制数呢？莱布尼茨也举了一个例子（见图 2-3（a）），把十进制的 365 转换为二进制形式。方法是把 365 除以 2，商 182 写在正下方，余数 1 写在右侧。然后把商 182 除以 2，商 91 写在下方，余数 0 写作右侧。如此不断重复，直到商小于 1 为止。最后把右侧的数字从下向上依次排列起来便是相应的二进制数，即 101101101。

莱布尼茨在手稿中还把得到的二进制数转换回了十进制数（见图 2-3（b）），并进行了验证。

在手稿的第二页，莱布尼茨描述了二进制数的加法和减法。手稿第三页的上半部分描述了二进制数的乘法，以及使用机械来实现乘法的方法。手稿第三页的下半部分描述了二进制数除法的计算方法。这里就不一一介绍了。

概括地说，莱布尼茨在这篇手稿里比较全面地描述了二进制数的表示、转换、四则运算以及使用机械实现的一种方法。他特别强调了二进制表示的好处，那就是二进制计算可以非常容易地用机械来实现。

图 2-3　十进制数与二进制数的相互转换

今天的实际情况证明，莱布尼茨在 300 多年前的观点是非常正确的。今天的计算机系统底层普遍使用二进制数，正是因为这样的数据非常适合机器使用。其思想精髓是把复杂的操作转变为很多简单操作的重复。机器最适合做这样简单重复的工作。

那么，莱布尼茨是如何想到二进制的呢？

在莱布尼茨生活的年代，已经有人在研究自动计算的机器，由于当时人类还不会使用电，因此这些机器都是机械式的。莱布尼茨也很早就开始研制机械式计算机，至少在巴黎时就已经开始，他去英国时，还把自己研制的计算机向英国皇家学会做了展示。帕斯卡也研制过计算机，发明了著名的帕斯卡加法机。莱布尼茨认真研读过帕斯卡的手稿，他一定看过帕斯卡的设计。使用帕斯卡加法机，需要用手摇动转轮，让机器在旋转过程中完成计算，包括进位操作。因此，莱布尼茨在上述手稿中特意提到，自己设计的计算机是不需要轮子的，更加简单。

为什么帕斯卡加法机需要轮子，而莱布尼茨的不需要呢？简单来说，帕斯卡加法机是十进制的，内部操作的是十进制数，轮子的不同角度代表数字 0～9。而莱布尼茨计算机是二进制的，需要表达的基本符号只有两个。

莱布尼茨计算机的核心装置如图 2-4 所示。上方是一个特殊的盒子，有很多槽位，每个位置代表一个二进制位。如果该位为 1，就在里面放一个小球；如果该位为 0，那就空着。小盒的下方是一排排的槽子，用来承接小球。计算时，上面盒子的底板可以打开，让小球在重力的作用下下落，落在下面的槽子里。

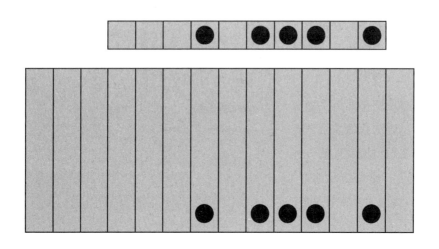

图 2-4　莱布尼茨计算机的核心装置

对于简单的计算，比如乘以 2，只需要把代表乘数的小球装进上面的盒子里，图 2-4 上方盒子中的小球代表的二进制数是 1011101，即 0x5D = 93。然后把上面的盒子向左移动 1 个位置，打开底板，让小球落下来。最后把下面槽子中的小球代表的二进制数读出来便是结果，图 2-4 下面槽子小球代表的是 10111010，即 0xBA = 186。

通过这个例子，我们可以进一步理解二进制的优点，那就是适合机器处理。当然，二进制也有一个缺点，那就是不适合人类理解，输入和输出不直观，莱布尼茨当年也意识到了这个问题。在今天的计算机中，内部使用的是二进制，但是在呈现给人类的时候，一般是转换过的结果。

说到这里，可以看出，莱布尼茨发明二进制算术的一个动机便是为他设计的计算机服务。莱布尼茨曾经设想把自己的设计批量生产和销售，也确实请工匠来制作过，还曾设计过宣传材料和使用说明书。但是进展并不顺利，今天看来，要做出具有实用性的计算机，就必须解决输入/输出等很多问题，而当时很多条件还不具备。

莱布尼茨发明二进制算术的另一个动机有着更深远的背景——解决他

从哲学、法律等角度长期思考的问题。莱布尼茨曾长时间钻研符号逻辑（symbolic logic）。他一直不遗余力地想开发出一套符号系统。他把他在数学和微积分领域的发现都归于这个方向。他说："如果能找到合适的字符或符号来清晰而且准确地表达我们的思想，就像在算术里表达数字、在几何里表达直线那样，那么很明显，我们就可以使用我们在算术和几何领域里的方法来处理所有事情"（It is obvious that if we could find characters or signs suited for expressing all our thoughts as clearly and as exactly as arithmetic expresses numbers or geometry expresses lines, we could do in all matters insofar as they are subject to reasoning all that we can do in arithmetic and geometry. ）

他深信这样做将带来的好处和便利。他说："精炼我们推理的唯一方式是使它们同数学一样切实，这样我们就能一眼找出我们的错误，并且在人们有争议的时候，我们可以简单地说，让我们计算，不需要无谓地纠缠，就能立刻看出谁是正确的"（The only way to rectify our reasonings is to make them as tangible as those of the Mathematicians, so that we can find our error at a glance, and when there are disputes among persons, we can simply say: Let us calculate [calculemus], without further ado, to see who is right. ）

当我们今天阅读这样的文字时，可谓百感交集。有了计算机和软件后，我们今天确实已经能用"计算"来解决很多问题。当我们要去一个地方却不清楚路线时，我们"计算"路径；当我们因为一朵不认识的花而争论它的名字时，我们拿出手机，拍照"计算"，让软件给我们答案。这就是莱布尼茨在300多年前的愿景吗？这就是他希望的"让我们计算"吗？也许是，也许不是，但与莱布尼茨相比，我们距离目标一定近了很多。

莱布尼茨苦苦寻找的符号系统是一种表达，一种统一化的表达，它可以表达人类的思想，而且它是可以计算的。当第一次想到二进制的时候，他一定激动不已。因为二进制比他已知的和以前使用过的所有方法都好很多。

上述手稿的珍贵之处还在于其左上角有精确的日期——1679 年 3 月 15 日。这证明当时莱布尼茨已经发明了二进制算数。在莱布尼茨公开发表的作品中，第一次集中讨论二进制算术的是本书第 1 章提到过的文章《二进制算术解说》，发表在 1703 年的法国《皇家科学院纪录》（Memoires de l'Academie Royale des Sciences）上。这篇文章的发表过程有些曲折。

早在 1701 年 2 月 26 日，莱布尼茨就给巴黎科学院寄了一篇文章，题目是《数的新科学》（Essay d'une nouvelle Science des Nombres），主要内容就是二进制算术，但是评审者以二进制数没有实用价值为由不同意发表。因此，有些人认为莱布尼茨要制造和生产机械计算机的一个目的就是证明二进制的用途，给那些说二进制没用的人看。

于是，莱布尼茨在 1701 年 2 月 15 日写信给白晋，介绍了自己发明的二进制算术，并希望白晋能把成果展示给中国的康熙皇帝。白晋收到信，看了莱布尼茨的二进制算术后，自然想到了中国的《易经》和八卦，于是便有了前面提到的回信。

白晋的回信时间是 1701 年 11 月 14 日，莱布尼茨收到回信后，改写了这篇文章，在文章的后半部分用大量篇幅描述了二进制算术与伏羲所发明的八卦符号的对应关系，而且采用了新的标题，在副标题中特意增加了关于中国和伏羲的字样。

莱布尼茨把修改后的文章又发给了巴黎科学院，我们无从知道当年评委看了新文章后的想法，但是我们确切地知道，这一次，文章被接受和发表。应该说，加入伏羲和八卦的内容对莱布尼茨这篇文章的发表起到了不小的作用。

图 2-5　莱布尼茨的画像

今天，当学者们研究计算机和软件的历史时，他们常常引用莱布尼茨在 1703 年发表的《二进制算术解说》。凭借这篇文章，莱布尼茨足以在软件文明史上占据一席之位，辉耀千古。让中国读者感到自豪的是，在这篇重要的文章中，有一半的篇幅是介绍伏羲和八卦的，伏羲的名字出现了 8 次。

实际上，莱布尼茨很早就对古老的中国产生了浓厚的兴趣。早在 1668 年，他就在文章中比较了中国和欧洲的医学，他说：“无论中国的医学在某些人看来有多么愚蠢和荒谬，但其实他们的好于我们的。"[1]。

那么，莱布尼茨对软件文明做了哪些贡献呢？首先，他发明了二进制算术，并发表了二进制与十进制的转换方法以及实现二进制四则运算的方法。其次，他提出了二进制数的通用性，认为0、1两个数字可以表达一切数据，并且认为二进制是最适合机器实现的表达方式。现代计算机的实际情况证明莱布尼茨的论断是完全正确的。

参考文献

[1] PERKINS F. Leibniz and China: a Commerce of Light. Cambridge University Press, 2004.

[2] PHILIP P. WIENER Leibniz Selections. Charles Scribners Sons, 1951

---

① 参考《Writings on China》一书的序言《Sources of Leibniz's Knowledge of China》。

第 3 章　1725 年，布雄织机

位于法国巴黎市中心的法国国立工艺学院（Conservatoire National des Arts et Métiers，CNAM）是一所享誉全球的大学。除一流的师资之外，CNAM 还有一个国家级的科技博物馆——巴黎工艺博物馆[①]。该博物馆于 1794 年由格雷瓜尔（Grégoire）教士倡议成立，其初衷是保存各种新发明以及有用的发明。这个博物馆收藏和陈列了 2400 多项发明，代表了法国为人类科技所做的巨大贡献，在 6000m^2 展示区中，有一件展品在软件历史上享有重要地位，它的名字叫巴西勒·布雄（Basile Bouchon）织机（loom），本书将其简称为布雄织机。

纺织技术有着悠久的历史，是人类文明的一个重要组成部分。织机是纺织技术的核心部分，经历了从简单到复杂、从手动到自动的漫长发展历程。

最简单的织机就是把一组经线和一组纬线按照一对一的方式做交错，均等地交织在一起，这样编织出的织物一般称为素织物，也称为平纹织物（见图 3-1）。用棉线编织出的便是普通的布，用丝线编织出的称为"绢"。

随着人们生活水平的提高和织机技术的发展，中国商代就发明了可以纺织出花纹的织机，称为提花机。提花机的基本原理（见图 3-2）是按照花纹要求组织经线、纬线的交叉方式，而不再一对一地交错。纺织时，按照花纹规律提起一组经线，穿过纬线后，按花纹图案，再提起另一组经线，并穿过纬线。这样不断地交织经线和纬线，织出的织物就带花纹了。根据纺织方法，花纹又分为经线显花、纬线显花等。这样编织出的花纹是靠经线、纬线的不均匀交叉而呈现出来的，所以一般称为提花或暗花。

[①] 更多内容可参见巴黎工艺博物馆官网。

图 3-1　放大后的平纹织物图

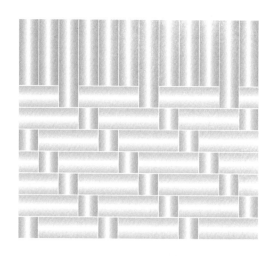

3-2　斜纹织物的编织原理

举例来说，如果每隔三根经线提起一根，穿过纬线，下一次也每隔三根经线提起一根，但是提起的位置平移一根，然后再次穿过纬线，如此循环往复，就可以编织出著名的斜纹织物（见图 3-3）。中国丝绸中的绫便是基于这样的方法编织的。

织机的关键之处就是高效地组织经线与纬线。在织机的关键部件中，有一种部件——综（音赠），也称综框，作用就是提起一组经线，使经线上下交错分开，让梭子可

图 3-3　放大后的斜纹织物

以滑过由一根根经线铺成的通路。操作综，提起经线，然后抛出梭子，这是纺织的基本动作。

如果要编织比较复杂的花纹，那就需要多个综，编织时按照规律提起合适的综。一般来说，两片综只能织出平纹织物，三四片综则能织出斜纹织物。花纹越复杂，就需要越多的综。综越多，也意味着操作越复杂。

在战国末期，中国人就已经发明了足踏织机，利用脚踏板（称为蹑）提起综，腾出手来投梭，手脚并用，效率得到极大提升。

在中国的云南等地，现在还流行着称为腰机的织机，靠腰部的推动提综。

可见，编织美丽的花纹需要复杂的机械，而为了操作复杂的机械，聪明的前辈们想出了各种方法，手脚并用，四肢用上了后，连腰都用上了。

汉代刘向所撰的《古烈女传》卷一《母仪传》中记载了多位模范母亲的事迹，其中之一便是鲁国大夫文伯的母亲，称为敬姜，她"通达知礼，德行光明"，是与孔子同时代的人，孔子很赞赏敬姜，多次用敬姜的言行来教育弟子。敬姜曾用织机上各部件的特点来教导文伯如何用人，她说："推而往，引而来者，综也。综可以为关内之师。主多少之数者，均也。均可以为内史。服重任，行远道，正直而固者，轴也。轴可以为相。舒而无穷者，摘也。摘可以为三公。"①其中均、轴和摘也是织机的部件，它们都是用来固定和梳理经线的，轴用来卷织好的布，摘用来卷备用的经纱，可以不断放出经线，似乎无穷无尽。这段话也说明织机是当时比较常见的机械，大家对它都比较熟悉。

2012年，在成都市天回镇老官山一座西汉时期的墓地中，出土了4部竹木质地的织机（见图3-4）。这4部织机属于相同的类型，考古人员将它们命名为一勾多综式提花机。其最大特色是选综的工作不是靠踏板完成的，而是靠头顶上带有锯齿的横梁，横梁每推一格，便带动织机换一片综。2015年10月，复原后的织机在杭州展出，工作人员在演示其用法时，手脚并用，一边投梭一边推动，每织一行，就需要拿起木杆推动横梁一次，并用脚踩踏板一次。②

图3-4　成都市天回镇老官山汉墓出土的提花机

---

① 参考中国哲学书电子化计划中的《鲁季敬姜》。

② 参考华西都市报记者王浩野2015年10月12日的报道《由成都老官山汉墓提花机破译复原"蜀锦密码"》。

东汉时，出现了著名的花楼式束综提花机，简称花楼织机（见图 3-5）。这一名字中的花楼源于这种织机的结构：花楼是织机的一个重要部件。花楼织机在运作时，需要至少两个人配合操作：一人坐在花楼上，专门负责提综；另一人在下面，主要负责投梭。"织造时上下两人配合，一人为挽花工，坐在花楼上，口唱手拉，按提花纹样逐一提综开口；另一人为织花工，脚踏地综，投梭打纬"。

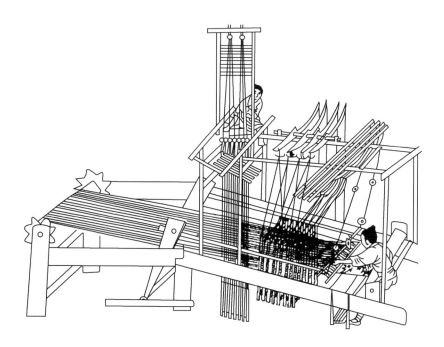

图 3-5 《天工开物》
中绘制的花楼织机

东汉王逸有一篇名为《机妇赋》的作品，里面生动地描写了织工和提花工合作操纵提花机的场面。

"高楼双峙，下临清池。游鱼衔饵，（读馋）（读浊）其陂。鹿卢并起，纤缴俱垂。宛若星图，屈伸推移。一往一来，匪劳匪疲。于是暮春代谢，朱明达时，蚕人告讫，舍罢献丝。或黄或白，蜜蜡凝脂，纤纤静女，经之络之，尔乃窈窕淑媛，美色贞怡。解鸣佩，释罗衣，披华幕，登神机，乘轻杼，揽床帷，动摇多容，俯仰生姿。"

多么生动的描写啊！其中，"高楼"就是指花楼，"清池"用来形容下面的丝线——仿佛碧波荡漾的水池。"游鱼衔饵，瀺灂其陂"则拿游鱼争食比喻衢（读渠）线牵拉着的一上一下的衢脚（花楼织机上使经线复位的部件）。"宛若星图，屈伸推移"是指花楼织机运作时，衢线、马头、综框等部件牵伸不同的经丝，错综曲折，有曲有伸，从侧面看犹如星图。"一往一来，匪劳匪疲"形容织工引经打纬熟练自如，一点也感觉不到疲劳。

花楼织机可以编织出复杂的花纹，一直使用到近代。2016年，笔者在蜀锦发源地四川成都的织锦博物馆里，还看到了工作中的花楼织机（见图3-7）。

花楼织机还有一个更专业的名字——花本式提花机。这个名字源于花楼织机的设计和编织花纹的基本原理。所谓花本（见图3-8），用今天的话来说就是存储纹样信息的线绳，所以也称为线制花本。它由代表经线的脚子线和代表纬线的耳子线根据纹样要求编织而成。

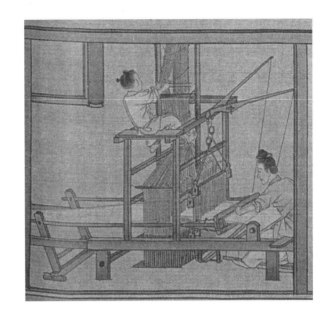

图3-6　南宋楼璹（1089—1162）所绘《蚕织图》中的小花楼织机

概而言之，花楼织机使用线制花本来存储提花程序。上机时，脚子线与提升经线的纤线相连，此时，拉动耳子线一侧的脚子线就可以起到提升相关经线的作用。为了编织规模很大的花纹，花楼织机使用"线综"牵吊经线，每梭所需提起的经线上的线综再另用衢线牵引。织造时上下两人配合，一人为挽花工，坐在1米高的花楼上挽花提综；另一人踏杆，引纬织造。

图 3-7　工作中的花楼织机（投梭部分，作者拍摄于成都蜀锦博物馆）

在《天工开物》中，宋应星对设计花本有段精彩的描述。

凡工匠贯花本者，心计最精巧。画师先画何等花色于纸上，结本者以丝线随画量度，算计分寸秒忽而结成之。张悬花楼之上，即织者不知成何花色，穿综带经，随其尺寸、度数提起衢脚，梭过之后居然花现。

图 3-8　挂在花
楼上的花本

　　这里的"贯花本"用今天的话来说就相当于给花楼织机设计程序。

　　线制花本的优点是使用"线综"牵吊经线，与传统的综框相比，线综所
需的空间大大减少。这意味着人们可以设计更多的综来编织更大规模和更精
细的花纹。

　　从信息存储的角度看，线制花本是一种存储技术。"工匠贯花本者"把
图形格式的花样转为以线的形式记录的花本。使用花楼织机，可以回放这个
花本，控制经线，回放出花纹，达到"梭过之后居然花现"的神奇效果。我
们不妨将花楼织机的这种原始存储技术称为"线绳存储"。

很多学者认为，在大约 11 世纪，中国的花楼织机技术流传到了欧洲。

人类的历史进入 18 世纪后，随着世界人口的增加和普通民众生活水平的不断提高，人们对纺织品的需求在质量和数量方面都达到了新的高度。这在客观上推动了纺织技术的新一轮革新。另外，人类在材料、工具等方面的进步也为织机技术的不断发展提供了实现条件。本章开头提到的布雄织机便是在这样的时代背景下产生的。

布雄织机最伟大之处是开创性地使用穿孔纸带（perforated paper tape）承载要编织的花纹。它把花楼织机的线制花本换成纸质花本，使用纸带上的穿孔信息来控制织机。

进一步来说，布雄织机的纸带分成很多行和列，每一行对应花纹的一行，每一列对应花纹的一列。列数与经线的数量一样多。当布雄织机工作时，纸带穿过布雄织机的中央机构，只要踩动踏板，纸带就移动一行（见图 3-9、图 3-10）。中央机构中排布着与经线数量相等的经线勾，它们可以收起和弹出，当纸带移到新的一行时，经线勾弹出。在有孔的位置，经线勾便可以穿过纸带上的孔，勾到经线。而在没有孔的位置，经线勾便被挡住了，勾不到经线。这样设计花本的人便可以通过打孔的位置来控制想要提起的经线。

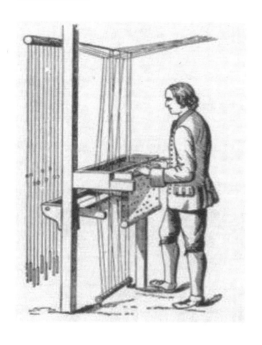

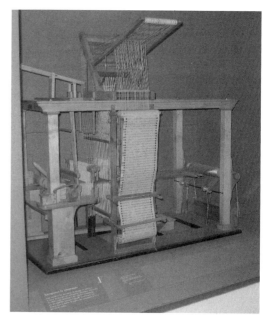

图 3-9　垂直式布雄织机　　图 3-10　水平式布雄织机（布莱恩·兰德尔教授拍摄于巴黎工艺博物馆，版权归布莱恩教授所有）

花楼织机使用的线制花本在综数较多时，设计、部署花本的复杂度都大大提高了，而且不便于观察，有了错误难以发现。用现在的话来说，透明性、可读性和可维护性都很差。布雄织机使用平整的穿孔纸带代替线制花本，使用孔的位置表示花纹，直观易懂，可读性大大提高。另外，纸带易于拼接，可以做得很长，这也为设计更复杂的花样提供了条件。

从计算机历史的角度看，发明布雄织机的意义是巨大的。布雄织机开创性地使用穿孔纸带作为存储介质，为后来的计算机找到了一种便捷的存储方式，这种存储方式对计算机技术的发展起到了积极的作用。从技术角度讲，穿孔纸带是以二进制方式存储信息的，用是否穿孔来代表 0、1 两个状态。

不过，尽管布雄织机使用了一种全新的方式控制织机编织花纹，但是由于设计和制作方面的原因，布雄织机需要手动递送纸带，并且受机械方面的限制经线的数量不能太多。因此，直到 1762 年，布雄织机只销售了 40 台[1]，没能为其设计者带来多少切实的收益。也正因为如此，我们今天对布雄织机的发明者布雄知之不多。只知道他出生在法国著名的纺织城市里昂（Lyon），他的父母是风琴匠（organ maker）和纺织工。布雄本人是一个纺织工人（textile worker），他的日常工作就是与提花机打交道。部署提花机（draw loom）线制花本（cord）的复杂过程是促使他探索新方法的动力。

在布雄生活的时代，已经有一种用水力驱动的可以播放音乐的自动管风琴（automated organ）（见图 3-11），这种风琴有一个大圆筒（cylinder），这个大圆筒是由很多同等直径的圆盘拼在一起组成的，每个圆盘的外面布置了一些钉子。圆盘上的钉子是根据乐曲的节奏精心设计的，大圆筒的下面是一组风筒（organ pipe），数量与圆盘的数量一致。风管的大小和粗细不同，对应不同的音阶。

圆筒的一端有与水车的动力部件类似的转轮。当用水驱动这个转轮时，圆筒便开始转动，带动圆盘上的钉子一起旋转。钉子会拨动下面的机关，打开风管的管口，释放里面的空气。里面

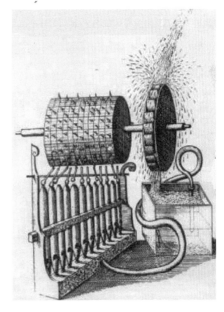

图 3-11　以水力驱动的自动管风琴

---

[1] 参考 Elizabeth Hill 写的《Basil Bouchone & Joseph Marie Jacquard》一文。

的空气是被水压压缩过的，因此释放时会有较快的速度，驱动风管发出声音。这样，圆筒徐徐转动，圆筒上的钉子有规律地驱动下面的风管发出声音，播放出美妙的乐曲。

自动管风琴的原理是什么呢？其核心思想是用带有钉子的圆盘来表示乐谱，在需要发出声音的位置设置钉子，就好像二进制中的数字 1；在不需要发出声音的位置，不设置钉子，就好像二进制中的数字 0。这样，人们便可以把一首音乐存储到圆筒上。从计算机科学的角度看，这是一种简单的二进制存储技术，我们将其称为钉筒存储。

因为布雄的父亲是一名制作风琴的工匠，所以布雄很可能见过这样的自动管风琴，并从中得到灵感，以穿孔纸带代替钉筒，发明了布雄织机。

在巴黎工艺博物馆展示的布雄织机说明中，标注了发明它的年份——1725 年。大约 3 年后，布雄的一位助手和同伴（co-worker）对布雄织机做了一个重大改进。他的名字叫让-巴卜斯提·法尔孔（Jean-Babtiste Falcon）。我们把经这位助手改进后的布雄织机称为法尔孔织机。

与布雄织机相比，法尔孔织机的最大改进是使用很多张拼接在一起的打孔卡片（见图 3-12）替代连续的穿孔纸带。使用拼接的打孔卡片带来了很多好处。首先，改进之后，巨幅的纸带被化整为零，方便折叠和移动，也更容易部署到织机上，更换花样变得更加容易和快捷。其次，如果在使用过程中某些穿孔撕裂，那么只需要更换相应的卡片，而不像以前那样需要更换整条纸带。

最后，如果使用很厚的纸张制作纸带，那便难以弯曲和转动，以卡片替代后，卡片之间是使用线来连接的。即使卡片很厚，拼接后的卡片组也是可以灵活弯曲的。于是，人们就可以把卡片做得厚一些，提高耐用性。

法尔孔将纸带改为卡片，他把穿孔卡片技术又向前推进了一步。这一步看似微小，但是极其重要。有了这一步后，穿孔卡片的制作变得简单而且高效，也便于维修、复制和使用，为社会分工和大规模生产做好了准备。若干年后，围绕穿孔卡片形成了一个很大的产业，出现了专门生产标准卡片的公司，还出现了专门针对卡片的各种机械，比如穿孔机、排序机等，著名的 IBM 公司便是从卡片业务起家的。

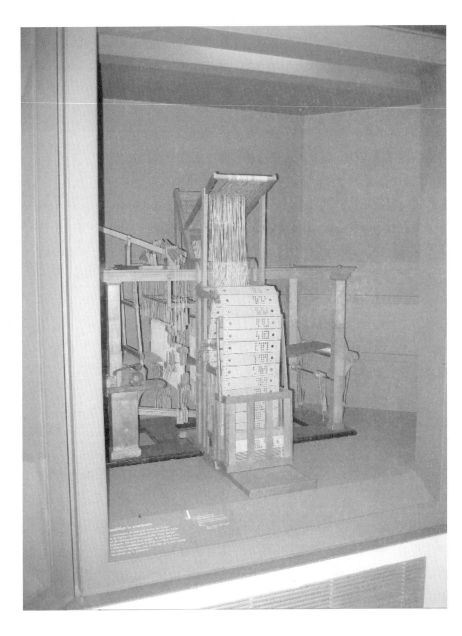

图 3–12　法尔孔织机（布莱恩·兰德尔教授拍摄于巴黎工艺博物馆，版权归布莱恩教授所有）

在汉字历史中的很长一段时间里，"机"字就是指织机。左侧的"木"字代表制作织机的主要材料——木材；右侧的"几"既表声又表义，几与积相通，积木为机。以容易找到的木材，制作出可以编织布匹的织机，代表人类从制作棍棒、刀、斧等简单工具过渡到了制作复杂机械的时代。王逸在《机妇赋》开头写道："舟车栋寓，粗工也。杵臼碓碬，直巧也。盘杆缕针，小用也。至于织机，功用大矣。"他列举了人类的很多早期发明，相对于织机来说，它们或粗糙，或简单，或用途不大，而织机则"功用大矣"，我们可以感受到王逸对织机的赞赏之情溢于言表。

再举一个例子，司马迁在《史记·樗里子甘茂传》中通过一段引文，讲述了"曾参杀人"的故事，故事的主角是曾参（与孔子弟子中的曾参同名，但不是一人）的母亲。有人到曾参家里，告诉他母亲说曾参杀人了，曾参的母亲相信儿子不会杀人，甚至没有停下手里的工作，"其母织自若也"，仍旧织布。过了一会儿，又有人来向曾参母亲报告曾参杀人了，他母亲还不相信，"其母尚织自若也"。又过了一会儿，第三个人来报告曾参杀人了，他母亲不淡定了，"投杼下机，逾墙而走"。"杼"就是织布机的梭子。这句话的意思是丢下梭子，走下织机，翻墙而跑。这里的机就是织机。在唐代大诗人杜牧的《杜秋娘诗》中，有"寒衣一匹素，夜借邻人机。"这说明这种用法一直持续到了唐代，后来才逐渐用"机"称呼其他机械。

我们为什么要花很大的篇幅介绍织机呢？原因有两个。

第一个原因是，织机是人类最早使用的可编程设备，它与现代计算机有着直接的亲缘关系，是现代计算机的先驱。

织机是人类最早发明的复杂机械，而且直到今天，织机仍是纺织业中的核心设备，样式虽然变了，但基本的工作原理是一脉相承的。织机的发展经历了从手动到半自动，再到全自动的过程，从编织简单的平纹到编织复杂的花纹。为了能够自动编织花纹，人们想出了很多巧妙的方法，从以线制花本为核心的花楼织机到使用穿孔纸带的布雄织机，再到使用穿孔卡片的法尔孔织机。把花纹转移到线制花本或穿孔卡片上，代表着把人类的设计转移到某种存储介质上，这与后来的计算机软件有异曲同工之妙。

在很长的一段时间里，现代计算机就是使用穿孔卡片作为存储介质的。区分现代计算机和早期计算工具的一个重要标准在于是否有"可编程"能力。早期的计算工具用机械实现，设计好的机器只支持固定的计算，不具备可编程能力，没有可扩展性。而现代计算机依靠运行"程序"来执行任务，具有无限的可扩展性。

从这个意义上讲，花楼织机是人类发明的最早的具有"可编程"能力的机械。只不过编程的方式不够直观，比较复杂。布雄织机大大简化了编程方式——把存储程序的"程序介质"从难以理解的线绳改为易于理解的穿孔纸带。法尔孔织机则把大幅的穿孔纸带改为灵巧的小块卡片，又向前迈进了一步。

第二个原因是，织机的发展历程印证了本书的一个基本观点：伟大的发明不是某个人在一个晚上想出来的，而是很多人在很长的时间里前赴后继、不断积累的结果。

纺织是一项需要耐力的艰辛劳动，因此从事纺织工作的大部分人是普通的劳动者。也正因为如此，历史上没有详细记录他们的生平和功绩，我们对他们的了解很少。

关于提花织机的发明者，今天可以找到的资料微乎其微。汉代刘歆所著的《西京杂记》中有一段珍贵的文字：

霍光妻遗淳于衍蒲桃锦二十四匹，散花绫二十五匹。绫出钜鹿陈宝光家。宝光妻传其法，霍光召入其第，使作之。机用一百二十蹑，六十日成一匹，匹值万钱。

以上记述中的霍光是汉昭帝时的大将军；淳于衍是人名，是宫廷女医生。

其中第一句话说霍光的妻子赠送给淳于衍很多精美的织品，有蒲桃锦，有散花绫。前面提到过，绫是非常适合使用提花技术纺织的丝织物。这段描述中的"绫"很可能是绫织物出现初期的产品，它出自河北钜鹿（今巨鹿县北）的陈宝光家。

"宝光妻传其法"这几个字非常关键，尤其是"传"字。这里的"其法"是指制绫的方法。由"传"可见，宝光妻会使用这种方法。后文"霍光召入其第，使作之"也是印证。但是这个"传"字并没有明确指出这种方法是宝光妻发明的，还是她从前人那里学来的。

"机用一百二十蹑，六十日成一匹"表明宝光妻所用的织机已经很高级和复杂。蹑一般指织机的踏板，用来选综，这里用来借指织机的综数，"一百二十蹑"说明综数很多，可以编织规模较大的花纹。

有人根据上面这段记述认为提花织机的发明者是陈宝光的妻子，但我认为还缺少证据。不过从这段记述可以看出，陈宝光的妻子是提花织机出现早期的使用者、传承者和光大者，她对提花织机的发展功不可没。

参考文献

宋应星.天工开物[M]. 长沙：岳麓书社，2002.

第 4 章 1745 年，沃康松织机

格勒诺布尔（Grenoble）是法国东南部的一座著名城市，也是伊泽尔省首府。它位于阿尔卑斯山区，是阿尔卑斯山区的交通中心，还是著名的滑雪胜地，1968 年的冬奥会便在这座城市举办①。在科技方面，它也享有盛名，是欧洲著名的 IT 城市，意法半导体（STMicroelectronics）、施耐德电气等公司都在这里设有重要机构。1709 年 2 月 24 日，雅克·德·沃康松（Jacques de Vaucanson）就出生在这座城市的一个穷困家庭[1][2]。他的父亲是一位做手套的工匠，他是这个家庭里的第 10 个孩子。他名字中的 de 是在他 37 岁时（1746 年）当选为法国科学院（Académie des Sciences）院士后增加的②。在当时的欧洲，名字中的 de 一般用来代表贵族身份，普通家族是用不了的。

童年时，沃康松便心灵手巧，表现出卓越的机械天赋。他的动手能力非常强，对各种机械充满兴趣，经常帮助邻居修理钟表。于是，沃康松的父母很希望他长大后可以做个钟表匠。但是 6 岁时（1715 年），沃康松被迫进入格勒诺布尔的耶稣会士学校（Jesuit school）学习。我没有查到他被迫进入耶稣会士学校的原因，有可能是经济方面的原因。

1725 年，16 岁的沃康松被送到里昂的最小兄弟会（Les Ordre des Minimes）修道院。里昂距离格勒诺布尔不远，沃康松在这里一边学习宗教课程，一边继续培养自己在机械设计方面的兴趣。18 岁时（1727 年），沃康松得到一位贵族的资助，在里昂建立了自己的工作室（workshop），他在这个工作室里制作各种机器。沃康松还设想制作一台可以做晚餐服务和清理桌子的自动机器（automata）。但是，一位政府官员觉得沃康松的努力方向与他的教徒身份不符，下令拆毁了沃康松的工作室。

看到自己的工作室被拆，沃康松很伤心，他不想放弃自己在机械方面的兴趣。于是，他决定离开修道院。1728 年，沃康松告别里昂，来到巴黎。在

---

① 参考《大英百科全书》（Encyclopaedia Britannica）中有关法国城市 Grenoble 的描述。

② 参考 History Computer 网站《Jacques de Vaucanson - Complete Biography, History and Inventions》一文。

巴黎，沃康松得到了金融家塞缪尔·伯纳德（Samuel Bernard，1651—1739）的支持，开始学习医药和解剖学。

1731 年，沃康松离开生活了 3 年的巴黎，去了法国的另一个城市鲁昂（Rouen）。在鲁昂，他遇到了著名的外科和解剖学家克劳德-尼克拉斯（Claude-Nicolas，1700—1768）。克劳德当时正在研究如何通过复制人体的解剖结构来模仿人类的运动。

后来，沃康松又认识了另一位著名的外科和经济学家弗朗索瓦·魁奈（François Quesnay，1694—1774）。弗朗索瓦鼓励沃康松制作人造生物来模仿人类和动物的生物功能。于是，沃康松开始设计模仿动物的自动机械。他先设计了一个可以自己移动的机器，这个机器可以模仿几种动物的生物功能，然后在 1732 年带着这个自动机器周游法国，到处展览。

1733 年，沃康松与一位叫吉恩·科尔维（Jean Colvée，1696—1750）的神职人员签订合同，目标是制作和展览另一个自动机器。但是这次合作不成功，3 年后，沃康松花光了吉恩的投资，作品没有完成。

1736 年，沃康松又与巴黎的绅士让·马尔甘（Jean Marguin）签订合同，目标是设计一种名为"长笛演奏家"的机器人。马尔甘作为投资者，完成作品后拥有三分之一的所有权，并且可以分得作品展出的一半收入。合同签订后，27 岁的沃康松便全身心地投入自己的第一件机器人作品中，并在 1737 年顺利完成。

1738 年，"长笛演奏家"在著名的圣日耳曼（Saint-Germain）展览会上首次向公众展出，让观众赞叹不已，轰动一时。展览会结束后，沃康松又继续在巴黎郎格维利酒店（Hôtel de Longueville）的大堂里展出"长笛演奏家"。展出一段时间后，他又增加了两件作品——"手鼓演奏家"和"消化鸭"（见图4-1）。

沃康松的展览是收费的，而且门票价格很贵，高达 3 里弗（livre），相当于当时很多工人三周的工资，但是仍有很多人买票来参观。在展览的淡季，沃康松

图 4-1　沃康松发明的三种自动机械展出时的场景

便带着自己的作品到各地巡展，先是在法国的各个城市，后来又扩大到意大利和英国。

下面我们来看一下"长笛演奏家"的结构（见图 4-2）和工作原理。首先从外观来说，作品是很大的，分上下两个部分。上面是一个打扮成牧羊人的演奏家，坐在箱子上面，手里拿着长笛，他的手指是可以动的，工作时嘴里会吹出气流，发声的方法与吹真长笛是一样的。如何控制手指和气流呢？关键的设施都在下面的箱子里。

上面的牧羊人和真人比例相当，有 178cm 高。下面的箱子也很大，里面是一台复杂的机械。机械的核心部件是一只很大的圆筒，直径为 56cm，长度为 83cm。圆筒的外面有根据乐曲节奏而精心设计的小突起（protrusion）。圆筒转动时，这些突起会触发圆筒上部的机关。这些机关有的与牧羊人的手指联动，控制手指的抬起和落下，让气流从相应的笛孔流出或者挡住气流；有的与牧羊人头中的机关联动，控制牧羊人舌头的起伏和喉管的开关。

驱动圆筒转动的动力从哪里来呢？答案是依靠重力。在使用时，把一个与齿轮联动的托盘提起，托盘里装有重物，受重力牵引下降，便推动齿轮转动了。

"长笛演奏家"可以重复演奏 12 首乐曲。这些乐曲是"存储"在箱子里的大圆筒上的。这样看来，沃康松设计的"长笛演奏家"的工作原理与第 3 章介绍的自动管风琴类似。

1739 年 5 月露面的"消化鸭"（见图 4-3）代表了沃康松的更多奇思妙想。这只与真鸭子个头差不多大小的自动机械不仅可以抖动翅膀，低头

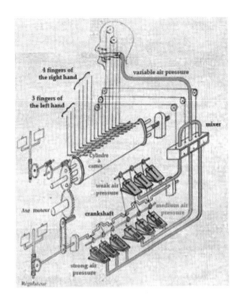

图 4-2 长笛演奏家的结构

图 4-3 沃康松的"消化鸭"

吃谷物、喝水，还可以排粪便①，可谓惟妙惟肖，令观者拍案叫绝。

虽然"消化鸭"的粪便不是真的从机械内部消化出来的，需要在演示之前装入指定的料斗，但是"消化鸭"的神奇表现折服了无数观众。沃康松制作"消化鸭"源于他在巴黎时树立的理想，用机械来仿真生物体。

沃康松的"消化鸭"让许多人折服，成为那个时代的记忆。法国作家伏尔泰（Voltaire）曾经说过：

如果没有摩尔的歌喉和沃康松的鸭子，就没有什么能让我们回想起法兰西的辉煌。（Without the voice of le Maure and Vaucanson's duck, you would have nothing to remind you of the glory of France.）

这里的摩尔是指与沃康松同时代的法国著名歌剧演员凯瑟琳-妮科尔·勒·摩尔（Catherine-Nicole Le Maure，1704—1786）。

虽然这 3 台自动机械装置已经让年轻的沃康松成为著名人物,名利双收。但沃康松自己并不满足，因为这 3 台机械装置毕竟是用来娱乐的，被看作玩具。1743 年，沃康松将他的 3 台机械装置卖给了里昂的一个企业家，这个企业家带着这 3 台神奇的机械装置在欧洲巡展。这样的展览持续几十年，让他赚到了很多钱。

遗憾的是，这 3 件作品都没能保存下来，其中的两件在 19 世纪初便丢失或损坏了。"消化鸭"存世的时间长一些，曾经被收藏在波兰华沙的博物馆中，但是后来在 1889 年的一场火灾中烧毁了。

1741 年，32 岁的沃康松被路易十五的首席大臣安德烈-埃居尔·德弗勒里（Cardinal André-Hercule de Fleury）任命为监督丝绸生产的检察官（inspector），负责改进丝绸生产的工艺，因为当时法国的纺织工业已经落后于英国。于是，沃康松开始把他的机械才能和"自动化"技术应用到纺织领域。

在从 1745 年到 1750 年的 5 年时间里，沃康松潜心设计和制造自动提花机，并且成功地制造出第一台全自动提花机，本书将其称为沃康松织机。沃康松织机的基本原理也是使用打孔纸带来传递要编织的花纹。今天，大多数学者认为沃康松设计的自动提花机源自第 3 章介绍的布雄织机和法尔孔织机。

---

① 参考 Nathan Chandler 发布在 Nathan Chandler 网站上的《10 Historical Robots》一文。

布雄发明布雄织机的时间是 1725 年，地点是里昂，当时，沃康松刚好也在里昂。一向对机械感兴趣的沃康松有可能在布雄织机发明不久就知道了布雄织机，甚至见过布雄本人和他的助手法尔孔。即使当时没有听说布雄织机，他在研制全自动织机时也应该知道了布雄织机。

与布雄织机相比，沃康松织机（见图 4-4）的最大特点是可以全自动地工作，不需要人力推动运转。它依靠的是什么动力呢？虽然当时已经有人在研究蒸汽发动机，但是技术还不成熟。距离 1776 年瓦特制造出第一台有实用价值的蒸汽机还有 30 多年。当沃康松在 1745 年研究全自动提花机时，瓦特（1736—1819）还是一个小孩子。所以，沃康松织机的动力不是后来引发工业革命的蒸汽机。从巴黎工艺博物馆复原的沃康松织机看，它的动力仍是与"长笛演奏家"类似的重力装置。在启动机器前，先把重物提升到较高的位置。开始工作时，重物靠重力作用下降，通过传动齿轮推动机械运转，再依靠静滑轮改变力的方向，并依靠动滑轮放大或缩小力的大小，让提花机自动工作。

图 4-4　沃康松织机（布莱恩·兰德尔教授 2005 年 6 月拍摄于巴黎工艺博物馆，版权归布莱恩教授所有）

沃康松发明了自动提花机后，便开始推广这种自动机械。但是，他遭到了纺织工人的反对，纺织工人担心这种自动机械流行后会让他们失去工作，便极力抵制这种新机械。他们看见沃康松在街上时，便投石块攻击他，并且举行罢工，表示抗议。

1794 年，沃康松整理了他毕生的发明和使用的工具，还收集了一些其他人的发明，然后把它们一起放进了一家博物馆。这家博物馆就是巴黎工艺博物馆。①

1782 年，73 岁的沃康松在法国巴黎去世。作家伏尔泰给予了他至高无上的赞美：

图 4-5　沃康松的画像

沃康松好像从天堂偷来了火焰，用光明照亮人们的生活，他的贡献可以与普罗米修斯争辉。（A rival to Prometheus, Vaucanson seemed to steal the heavenly fires in his search to give life.）

康松发明的全自动提花机虽然没有广泛流行，但是他将这个机器放到了博物馆中，使其通过另一种方式得以传播。在他去世十几年之后，另一个火炬传递者正是看了博物馆中的沃康松提花机而脑洞大开，接过火炬，继续前行，终于让自动提花机大放异彩，引发了纺织领域的一场革命。

参考文献

[1] SACK H. Jacques de Vaucanson and his Miraculous Automata [EB/OL]. [2018-02- 24]. http://scihi.org/jacques-de-vaucanson-automata/.

[2] DIMANCHE. Vaucanson Jacques de 1709－1782 [EB/OL]. [2020-11-29]. https://www. musicologie.org/Biographies/v/vaucanson.html.

① 参考 madehow 网站《Jacques de Vaucanson Biography》一文。

第 5 章　1804 年，雅卡尔织机

一种伟大的发明从萌芽到成熟常常需要很多代人的努力。自动提花机就是这样。从中国汉代使用线绳来表达花样的花楼织机开始，到 1725 年布雄开始使用打孔纸带来传递花样；再到 1728 年法尔孔在布雄的基础上进行改进，使用打孔卡片替代打孔纸带；最后到 1745 年沃康松使用重力装置产生动力，研制出第一台全自动提花机，在时间上跨越了大约 1700 年。出于多方面的原因，沃康松的全自动提花机只在很小范围内试用，没有广泛流行。历史把机会留给了另一个人，他的名字叫约瑟夫-玛丽·雅卡尔（Joseph-Marie Jacquard，1752—1834）。

雅卡尔出生于法国的重要纺织城市里昂，他的家族名字原本叫查尔斯（Charles）。在他的祖父一代，查尔斯家族的几个分支都居住在里昂北部郊区的索恩（Saône）河一带。为了区别各个分支，每个分支的名字中又增加了一个部分，雅卡尔祖父的这一分支便在名字中增加了雅卡尔，他祖父的名字叫巴泰勒米·查尔斯·雅卡尔（Barthélemy Charles Jacquard）。

雅卡尔出生于 1752 年 7 月 7 日[1]。这一年，沃康松 43 岁，他已经发明了全自动提花机。这一年，瓦特已经 16 岁，在他父亲的工作室里有了自己的工作台和加工金属零件的各种工具，制作各种吊车模型和乐器。

1764 年，瓦特在修理托马斯·纽科门（Thomas Newcomen，1663—1729）发明的蒸汽发动机时，发现它很浪费蒸汽，于是想办法改进。1765 年，瓦特想出了一个绝妙的改进方法，使用分离的冷凝器（separate condenser）来提高蒸汽的利用率，这是他的第一个发明，也是最重要的发明。瓦特改进后的蒸汽机让这项技术进入实用阶段，开始广泛流行，人类进入蒸汽时代。

雅卡尔出生在一个纺织家庭里，他的父母都是纺织工匠，经营着一个家庭纺织作坊。雅卡尔的父亲叫让·雅卡尔（Jean Jacquard，1724—1772），是操作提花机的主纺织手（master weaver）。雅卡尔的母亲叫安托瓦妮特·里夫（Antoinette Rive），是操作花样（pattern reader）的挽花工（draw-boy）。雅卡

尔的父母一共生育了 9 个孩子，雅卡尔是第 5 个。在这 9 个孩子中，只有雅卡尔和他的一个姐姐长到成年，其他都夭折了。与当时很多纺织家庭中的孩子一样，雅卡尔很小就在家庭的纺织作坊做帮手，没有机会上学。

更不幸的是，雅卡尔 10 岁时，他的母亲去世了。在提花机中，设计和操作花样是最关键的技术，母亲的去世让雅卡尔家的纺织作坊失去了技术骨干，这直接影响了作坊的生产和家庭的收入。

雅卡尔在 13 岁时，终于有了学习文化的机会。他的姐夫是一位受过教育的人，经营书店和印刷生意。雅卡尔从姐夫那里接受了基础的文化教育。

雅卡尔到了可以学一门手艺的年龄，他的父亲把他送到了一家装订书的店铺。店铺里有一位年龄很大的店员负责记账，他很喜欢雅卡尔，教了雅卡尔一些数学方面的知识。在这家装订书的店铺里，雅卡尔很快便表现出自己机械方面的才能，这让店里的人非常惊讶。于是那位老店员便建议雅卡尔的父亲把雅卡尔送到更能让他发挥机械才能的地方去。雅卡尔的父亲听从了建议，把雅卡尔送到了一个道具商那里当学徒。不幸的是，这个道具商对雅卡尔很不好，安排他做找字模的工作，雅卡尔很快便离开了。[①]

1772 年，雅卡尔 20 岁时，他的父亲也去世了，他继承了父亲的房子、纺织车间、织机，还有一些地产、一个葡萄园和一个采石场。于是，雅卡尔子承父业，成为一名主纺织手和丝绸商人，重新经营起他父母留下的纺织作坊。他既要负责采购原材料和销售纺织好的产品，又是纺织车间里的主要劳动力，操作提花机，把丝线纺织成带有花纹的精美织物。从儿时做父母的帮手，到现在自己成为主力，长时间的积累让雅卡尔对提花机的每个零件都非常熟悉。在维护和修理织机的时候，他也在思考改进织机的方法。

1778 年，26 岁的雅卡尔与克洛迪娜·布雄（Claudine Boichon）结婚。克洛迪娜结过婚，是一位有钱人的遗孀。一年后，他们有了儿子。但是稳定的生活持续了几年后，就因为雅卡尔参与了几次不靠谱的投资而深深陷入巨额的债务之中，他被告上法庭，被迫用父亲的遗产和妻子的嫁妆还债。

这次经历后，雅卡尔一家陷入贫困，当时是 1783 年。失去纺织作坊后，雅卡尔的妻子克洛迪娜到一家草绳编织厂工作，带着儿子继续在里昂生活。雅卡尔则到外地寻找机会，他做过烧石灰的工人，还在石膏厂等地方做过劳

---

① 参考 History-Computer 网站《Joseph Marie Jacquard - Complete Biography, History and Inventions》一文。

工。过了几年颠沛流离的生活后，在 18 世纪 80 年代末，雅卡尔又回到了里昂。

回到里昂后，雅卡尔继续研究提花机，寻找改进方法。他发明了一种装置，在把这种装置安装到提花机上后，可以节约一个人手，不再需要专门的挽花工。雅卡尔的这项发明不需要更换旧的提花机，只要在旧的提花机上加装部件。里昂的很多纺织车间都用上了它。

当雅卡尔沉迷于改进提花机时，1789 年，法国大革命爆发。工人、手工业者、城市贫民等处于社会底层的人们反抗国王、教士和贵族等少数享有特权的阶层，涌上街头，夺取武器，开始武装起义。1793 年，战争波及里昂，雅卡尔带着儿子一起投入了战争。他们父子俩先加入国家军队，参与了保卫里昂的战役，但是在里昂被攻陷后，他们父子俩又一起改变身份，使用假的名字加入革命军。在莱茵河军队里服役了一段时间后，雅卡尔被提升到中士级别。不幸的是，在 1797 年的一场战役中，雅卡尔的儿子牺牲了。失去唯一的儿子后，雅卡尔深受打击。1798 年，他离开军队，再次回到里昂。

回到里昂后，46 岁的雅卡尔先在医院里住了一段时间。战争给他身心都带来的创伤。而后，为了生计，他做了很多种工作，包括修理织机、纺织、做草帽、赶马车等。真可谓"天将降大任于斯人也，必先苦其心志，劳其筋骨"。

在尝试了几种工作后，即将 50 岁的雅卡尔发现自己还是应该做他喜欢的织机，于是他又一次把自己的身心都灌注到织机上。他继续尝试改进提花机的方法，希望提高效率，节省人力。考虑到以前的发明都被人抄袭了，这一次雅卡尔决定用专利来保护自己的发明。

法国在大革命时期建立了现代的专利系统，时间是 1791 年。1800 年 7 月，雅卡尔申请了他的第一个专利，专利的内容是他改进的脚踏提花机（treadle loom）。1800 年 12 月 23 日，雅卡尔的第一个专利获得批准。1801 年，雅卡尔带着他的脚踏式提花机到巴黎参加展览会，得到了法国政府授予的铜质奖章。

此后，雅卡尔没有停下前行的步伐，依然在改进提花机的方向上不断探索。

1803 年，51 岁的雅卡尔遇到一位贵人，迎来了彻底改变命运的机会。这位贵人名叫加布里埃尔·德蒂耶（Gabriel Detilleu），是里昂的丝绸商人，他知道雅卡尔在研究织机，便劝他到巴黎工艺博物馆看看那里的沃康松织机。雅卡尔听从了建议，他来到巴黎工艺博物馆，仔细考察了沃康松织机。这时，沃康松已经去世21年了。

关于雅卡尔到巴黎工艺博物馆的原因，存在多种说法。有的文献说雅卡尔被传唤到巴黎，被押在巴黎工艺博物馆。

但无论如何，雅卡尔至少在1803年时，就见到了沃康松织机并从中获得很多启示，其中最重要的莫过于使用穿孔纸带来存储和控制花样。汲取前人的智慧，加上自己几十年的积累，雅卡尔很快设计出了一款新的提花机，也使用穿孔纸带传递花样。1804年，雅卡尔在巴黎介绍了他新发明的提花机。消息传出后，很快就有人意识到了雅卡尔织机的巨大潜力，这些人中有一人的地位非常特殊，他就是拿破仑皇帝。

1805年4月12日，拿破仑皇帝和约瑟芬皇后访问里昂，观看了雅卡尔的新提花机。雅卡尔向尊贵的来访者介绍了他对提花机所做的各项改进（见图5-1）。3天后，拿破仑皇帝把雅卡尔织机的专利授予里昂市，同时宣布，政府每年向雅卡尔颁发3000法郎（大约相当于95 000美元）的津贴[①]，终生有效。而且雅卡尔可以从销售的每台雅卡尔织机中拿到50法郎（大约相当1580美元）的提成，从1805年开始，到1811年结束，作为对雅卡尔个人的回报。

图5-1 雅卡尔向拿破仑介绍自己发明的提花机

---

① 参考 Chazz 发表在 HubPages 网站上的《How Jacquard's Invention Revolutionized Fabrics, Interior Design, and Technology》一文。

即使得到了法国皇帝的支持，雅卡尔在推广他的织机时，仍然遭到了纺织工人们的强烈反对，他们担心失去工作和谋生的机会。但是，历史趋势是不可阻挡的。从 1805 年到 1812 年的 7 年时间里，就有 11 000 多台雅卡尔织机被销售到法国各地。

1819 年，为了表彰雅卡尔，法国政府向他颁发了法国荣誉军团勋章（Cross of the Legion of Honor）。这个勋章是 1802 年由拿破仑设立的，用于取代旧封建王朝的封爵制度，是法国政府颁发的最高荣誉。

雅卡尔大约在 1820 年退休。退休后的雅卡尔住在里昂南部的乌兰街区，过着富裕的乡村生活。他的妻子克洛迪娜在 1825 年去世，雅卡尔本人于 1834 年 8 月 7 日在睡梦中安详地离世。

在雅卡尔去世 6 年（1840 年）后，里昂市为了纪念这位给里昂市做出不朽贡献的伟大市民，在里昂市的克鲁瓦-鲁斯（Croix-Rousse）街区树立起了一座雅卡尔雕像（见图 5-2）。今天，这座雕像位于里昂市第四区（4th arrondissement）的城市广场上，与克鲁瓦-鲁斯地铁站很近。里昂市的这个区在克鲁瓦-鲁斯山上，索恩河和罗恩河在山的东西两侧流过，是里昂市的著名纺织工业区。雅卡尔雕像矗立在克鲁瓦-鲁斯大街附近的城市广场上，为何把雕像立在这个位置呢？1801 年雅卡尔在巴黎展出他的脚踏式提花机并获得表彰后，他便带着他的发明回到家乡里昂展出，但没有想到，纺织工人们担心脚踏式提花机会抢他们的饭碗，城市广场上砸坏了雅卡尔的提花机。为了纪念雅卡尔，就把他的雕像建在了城市广场上。

图 5-2　雅卡尔雕像（图片来自 thisislyon 网站）

在介绍了雅卡尔的人生经历和他发明雅卡尔织机的基本过程后，下面我们再深入认识一下雅卡尔织机的主要特征。

先说明一个关键细节。1804 年的雅卡尔织机使用的仍是穿孔纸带，而不是穿孔卡片；但 1805 年的改进版就改为使用穿孔卡片了。因此，今天的有些文献记录的雅卡尔织机的发明时间为 1804 年到 1805 年。这个细节说明雅卡尔在 1803 年看了沃康松织机使用穿孔纸带后，便使用了穿孔纸带。当时，他很可能还不知道法尔孔织机。后来他放弃了穿孔纸带，改用穿孔卡片，一种可能是他在使用穿孔纸带的过程中发现了纸带的弱点，在寻找解决方案时，发现了法尔孔织机的聪明做法，另一种可能是他独立发明了穿孔卡片。

与沃康松织机不同，雅卡尔织机不是全自动的，需要一人来操作（见图5-3）。与传统提花机需要两个人操作相比，这是一个巨大的进步。加上它用打孔纸带/卡片来控制复杂的提花过程，效率有了很大提高。根据当时的数据，雅卡尔提花机的生产效率是旧提花机的 24 倍。

为了推广自己发明的织机，雅卡尔还设计了一种很经济的升级方案。旧式的提花机只要配上雅卡尔附件（Jacquard Attachment），就可以升级为雅卡尔织机。

图 5-3 加装了雅卡尔附件的手工织机（本书作者拍摄于伦敦科技博物馆，时间为 2013 年 12 月1 日）

雅卡尔附件是雅卡尔织机的核心部件（见图 5-4）。下面就结合图 5-4 简要描述雅卡尔织机的工作原理。

与沃康松的"长笛演奏家"的大圆筒类似，雅卡尔织机也有一个非常关键的转筒，不过它不是圆柱形的，而是四方形的，我们称其为方筒（或多孔滚筒）。之所以做成四方形，是为了与穿孔卡片更好地拟合。方筒的 4 个面的大小与穿孔卡片的大小相当。方筒的每个面的宽度等于卡片的宽度，长度略长于卡片的长度。织机工作时，操作者踩动脚下的踏板，让方筒转动 90°，带动一长串的卡片运动，每次保证有一张卡片移动到方筒的内侧（图 5-4 所示雅卡尔织机方筒的左侧）。

方筒的左侧是很多带有弹簧的细金属探针，这些探针具有很好的弹性和韧性。探针是与卡片的孔位一一对应的。也就是说，卡片上的每个孔位记录着花样信息中的一个"像素"，每个孔位有两个状态——穿孔或者不穿孔，相当于二进制中的 0 和 1。当一张新的卡片滚动到方筒的内侧时，

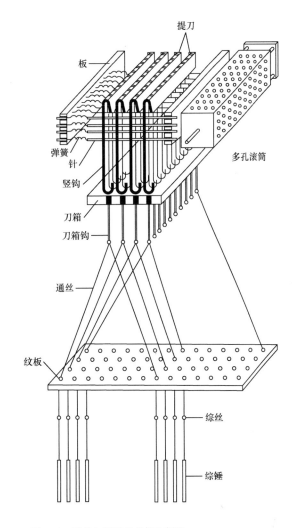

图 5-4　雅卡尔提花机的核心部件

探针在弹簧的推力下冲向卡片，有的探针遇到穿孔便进入方筒内，这样的探针有较大的行程，从而拉动与之相连的钩子。钩子继续拉动下面的挽绳（harness cord）。每对挽绳上都有一个小孔，里面串着经线。当挽绳提起时，经过小孔的经线便被提起来了。没有遇到穿孔的探针会被挡住，这些探针的行程短，对应的钩子便不会被提起，对应的挽绳在下方重物的作用下，自然下坠，保证对应的经线不会向上运动。这样，被拉起的经线和没有被拉起的经线之间便出现了一个开口，使得梭子能够带着纬线穿行而过。

接下来，我们再深入理解一下雅卡尔织机的卡片结构。首先，虽然每张卡片上的穿孔分成多行，但是它们只描述织物上一行的信息。换句话说，相当于把花样中一行的二进制信息分成多行存储在卡片上。这样做的一个主要好处是可以用比较短的卡片来编织比较宽的织物，因为卡片的长度与雅卡尔织机的头部宽度是差不多的，而且雅卡尔织机的头部又不宜做得太大。

那么卡片到底有多少行、多少列呢？这两个数据是可以变化的，根据织机规格的不同可能会有差别。举例来说，加拿大 LPV 博物馆（Lang Pioneer Village Museum）保存着一架雅卡尔织机（见图 5-5），它用的卡片有 8 行，每行 34 列。这意味着机头中的探针有 272 根，下面的挽绳也有 272 对，织机编织的织物最多有 272 根经线。用计算机术语说，织物花样的宽度是 272 像素，每张卡片的容量是 272 位，即 34 字节。而在较老的雅卡尔织机中，每张卡片只有 4 行孔位。

图 5-5　保存于加拿大 LPV 博物馆的雅卡尔织机

1831 年，里昂市政府为了进一步宣传雅卡尔织机，委任著名画家克劳德·博纳丰（Claude Bonnefond，1796—1860）画了一幅雅卡尔肖像。熟悉雅卡尔织机的纺织艺人米歇尔-玛丽·卡尔基亚（Michel-Marie Carquillat）把克劳德的绘画作品转为雅卡尔织机的卡片，并且在雅卡尔织机上成功地把这幅肖像用丝绸编织了出来（见图 5-6）。里昂市的一家生产商 Didier Petit & Co 从米歇尔那里购买了版权，按照订单对外销售。一般认为，雅卡尔丝织肖像的最早生产时间是 1839 年。

　　这件具有跨时代意义的丝织作品是用 1000 多张卡片编织出来的，只使用黑白两种颜色的丝绸。纺织出的花纹非常精细，不仅生动地呈现出人物的表情，而且连光线的明暗、半透明的窗帘和窗外的景物也都表现得淋漓尽致。作品中的主角雅卡尔坐在椅子上，他一手扶着椅子的扶手，一手拿着工具，手底下是雅卡尔织机使用的一些卡片。桌子上摆着雅卡尔织机的模型。雅卡尔身后挂着不同规格的凿子和其他工具。

图 5-6　使用雅卡尔织机编织的雅卡尔肖像

这件纺织作品一经推出，就收到了很多订单，有些博物馆也购买了这件作品，作为藏品。购买者不仅有法国人，也有外国人。比如，英国伦敦皇家学院就有这件作品，并将其悬挂在了显眼的位置。米歇尔的编织技艺太精彩了，以至于英国皇家学会的一些会员都以为它是版画。查尔斯·巴贝奇（Charles Babbage）在 1864 年发表的回忆录里特意描述了这幅肖像。他说："事实上，这幅雅卡尔肖像是一幅丝织品，加了镜框和玻璃，不过它看起来如此完美，就像一幅版画一样，以至于皇家学会的两位会员都误以为是版画。"（The portrait of Jacquard was, in fact, a sheet of woven silk, framed and glazed, but looking so perfectly like an engraving, that it has been mistaken for such by two members of the Royal Academy.）

今天，仍有几家博物馆珍藏着这幅丝织作品。其中包括纽约的大都会艺术博物馆、硅谷山景城的美国计算机历史博物馆等。英国计算机历史博物馆珍藏的雅卡尔丝织肖像是由后文介绍的戈登·贝尔和他的妻子格温捐赠的。

那么，从软件历史的角度看，雅卡尔做了哪些贡献呢？本书认为，雅卡尔是自动提花纺织技术的集大成者。从 1725 年布雄开始使用打孔纸带传递花样，到 1728 年法尔孔在布雄的基础上进行改进，使用多块打孔卡片替代打孔纸带，再到 1745 年沃康松使用重力装置产生动力，研制出第一台全自动的提花机。这些努力虽然都有着重要的里程碑意义，但都还不够成熟，没能让这项技术得到广泛应用。雅卡尔改进后的提花机让这项技术真正成熟和广泛流行起来，传遍法国，并最终传到欧洲和整个世界（见图 5-7）。

雅卡尔织机是第一种被广泛采用的使用穿孔卡片技术的复杂机械。它的成功不仅是对莱布尼茨所预言的"二进制数优越性"的极好证明，也显示了穿孔卡片技术的魅力——把花纹（智慧）存在一张张卡片上，有了这些卡片后，只需要操作机器就可以把花纹（智慧）回放出来。

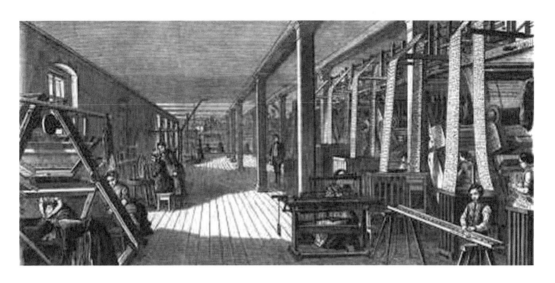

图 5-7　安装有很多雅卡尔织机的纺织车间（1858 年拍摄于德国）

　　从某种程度上讲，今天的计算机系统与雅卡尔织机有着惊人的相似性。与织机从卡片读取花纹类似，今天的计算机从硬盘等存储介质读取要执行的程序和要计算的数据。用埃达的话说："分析引擎就像雅卡尔织机编织花朵和绿叶那样编织数学花样。"（The Analytical Engine weaves algebraic patterns just as the Jacquard loom weaves flowers and leaves.）

　　埃达所说的分析引擎便是受雅卡尔织机启发而设计出的早期计算机，后文将详细介绍。今天，大多数学者认为现代计算机与雅卡尔织机之间有直接的传承关系，现代计算机与历史悠久的提花纺织技术同宗同源（见图 5-8）。

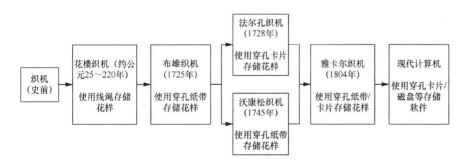

图 5-8　提花织机和计算机发展的关系

参考文献

[1] BELLIS M. Joseph Marie Jacquard's Innovative Loom [EB/OL]. [2019-06-18]. https://www.thoughtco.com/joseph-marie-jacquard-1991642.

第 6 章　1834 年，分析引擎

在英国伦敦的科技博物馆（Science Museum）里，除展示着各种各样的科技发明之外，还有一件很特殊的展品，它是一位发明家的半个大脑（见图6-1），浸泡在一个很大的玻璃瓶中。这半个大脑的主人就是享有"计算机之父"称号的英国数学家、哲学家和发明家查尔斯·巴贝奇（Charles Babbage，1791—1871）。

图 6-1　巴贝奇的照片和他的半个大脑（本书作者拍摄于 2013 年 12 月 1 日下午）

1791 年 12 月 26 日，巴贝奇出生在英国伦敦沃尔沃思（Walworth）地区克罗斯比街 44 号[①]，距离著名的伦敦大桥不远。在他 73 岁时出版的回忆录《一个哲学家的人生片段》（Passages from the Life of a Philosopher）中，巴贝

[①] 参考 kiddle 网站《Charles Babbage facts for kids. Kids Encyclopedia Facts》一文。

奇回忆了童年时的一个小故事。那时他不到 8 岁，有一天，保姆带着他，怀里抱着他的弟弟从伦敦大桥上走过，他停下来观看桥下面来往的船只，过了一会儿抬起头准备对保姆说话时，保姆不见了。巴贝奇没有惊慌，他一个人默默地走下大桥，走到桥下的图利大街（Tooley Street），按照妈妈平时的叮嘱，停下来观察来往的车辆，寻找安全的时机过马路。这时，保姆发现自己带着的两个小孩少了一个，惊慌失措，赶紧请街上的喊话夫（crier）帮忙喊话，让大家帮忙找孩子，并许诺给发现孩子的人 5 先令作为奖励。当喊话夫手里摇着铃铛满大街喊话的时候，巴贝奇正坐在图利大街街角的一家亚麻布商店门口的台阶上，他听到喊话夫在向别人说自己走丢的消息，却并不理睬，只顾着吃商店伙计送给他的梨子。后来，商店的店主把他送回了家。

巴贝奇小时候就喜欢探索，每次有了新玩具时，他总是会问："妈妈，它里面是什么？"如果得到的答案没有让他满意，他就会把玩具弄得四分五裂，直到看清里面到底是什么。

儿时的巴贝奇还喜欢和妈妈一起看机械展览。他在晚年写回忆录时，仍清楚地记得，有一次在伦敦西边的汉诺威广场，一个叫莫林（Merlin）的人，除讲解公开展出的展品外，还带着他到工作间里参观，让他看很多神奇的自动机械（automata），其中两个 0.3 米高的银色女人偶惟妙惟肖，给巴贝奇留下了特别深的印象。我们不妨看看他对这两个人偶的深情描述：

其中一个可以走动或者在一个 4 英尺的空间里滑行，她转了一圈又回到原位。她偶尔眨动眼睛，频繁地鞠躬，就像认出了她熟悉的人。她的肢体动作非常优雅。

另一个银色的人偶是漂亮的女芭蕾演员，她右手的 4 根手指上站着一只小鸟，小鸟可以摇动尾羽，振动翅膀，或者张开嘴。这个女士被打扮得非常时尚。她的眼睛非常有神，给人一种不可抗拒的诱惑力。

童年时的巴贝奇健康状况很不好，经常生病。为此，他的父母不放心让他进普通的学校。8 岁时，父母把他送到一所牧师开的学校，并特意告诉牧师多关心巴贝奇的健康，不必教太多东西。牧师非常忠诚地遵守了巴贝奇父母的嘱托，只给巴贝奇安排很少的课程。

牧师的学校在德文郡首府埃克塞特的郊区阿尔芬顿（Alphington），位于英格兰的西南部，离伦敦很远，有 160 多公里。多年之后，巴贝奇在前面提到的书中回忆这段生活时讲了一个装鬼的故事：一天夜里，他用某种物体挡住光，在墙上产生恐怖的影子，把同寝室的另一个男孩吓得连续几天寝食难安。

巴贝奇 10 岁时，他的身体仍然不好，有一次因为严重高烧差点失去生命。出于健康原因，童年时，巴贝奇没有接受很系统的学校教育。还好，他的父亲是一个银行家，家境较好，经常请家庭教师单独教他。

少年时，巴贝奇被送到伦敦附近一所很小的私立学校，根据巴贝奇后来回忆，学校里只有 30 个孩子。这所学校位于米德尔塞克斯（Middlesex）的恩菲尔德（Enfield）。在这里，巴贝奇开始接受系统的教育，他对数学表现出了非常浓厚的兴趣。他特别喜欢学校里的图书馆，图书馆里精心选择的 300 多本图书让巴贝奇收获巨大。

图书馆里有一本书《沃德的年轻数学家指南》(*Ward's Young Mathematician's Guide*) 特别让巴贝奇着迷。这本书对巴贝奇的影响非常大。他经常把这本书捧在手中，按照这本书介绍的方法自学各种知识。巴贝奇把所有空闲时间都用来学习数学了。

16 或 17 岁时，巴贝奇又回到了德文郡的托特尼斯（Totnes），在那里由两位家庭教师辅导学习。其中一位专门辅导巴贝奇进入大学所需的经典课程。

1810 年，19 岁的巴贝奇进入剑桥大学的三一学院（Trinity College）学习。进入大学后，他仍对数学充满热情。他不满足于课堂上所教的内容，仍旧按《沃德的年轻数学家指南》中的提到各种线索去自学。剑桥大学的图书馆成了巴贝奇获取知识的新源泉，以前没有搞懂的很多问题现在搞懂了。随着知识的增多，他的视野不断扩大。除图书馆里的书籍之外，他还对图书馆里找不到的书充满兴趣。

在 1797~1798 年间，法国数学家西尔韦斯特·拉克鲁瓦（Sylvestre Lacroix，1765—1843）出版了三卷本的《微积分学》(*Differential and Integral Calculus*)，很快便在数学领域广泛流传。1802 年，他又出版了《微积分学基础教程》供教学使用。1811 年，巴贝奇知道了拉克鲁瓦的书，但剑桥大学的图书馆里还没有，于是巴贝奇便想自己购买。因为是法国的书，所以在英国购买价格很贵。巴贝奇起初听说书的价格是 2 几尼（guineas）（英国旧时金币，1 几尼相当于 1 镑 1 先令）。虽然价格很贵，但是巴贝奇下决心要购买这本书。

在从伦敦返回剑桥大学的路上，他找到了一个法国书商，见到书商后，书商说的实际价格让巴贝奇大吃一惊，不是 2 几尼，而是 7 几尼。权衡一番后，巴贝奇还是决定购买。拿到书后，他立即跑到剑桥大学，钻进自己的宿舍，然后差不多整整一夜都沉浸在这本书中。

几天之后，他向公共辅导员（public tutor）提出读这本书时遇到的一个难题，公共辅导员听了问题后，说巴贝奇的问题根本不重要，建议他把精力放在大学课程的基本课题上。没过多久，巴贝奇又向一位讲师询问自己读这本书时遇到的另一个难题，这位讲师的态度与公共辅导员是一样的。当巴贝奇尝试问第三个人时，对方说他问的确实是一个值得探索的问题，还做了一番解释，但巴贝奇觉得，对方根本不懂这个问题，所有解释只是掩饰他在这个问题上的一无所知，不过这让巴贝奇感到心满意足，7 几尼没有白费。

1812 年，巴贝奇转到剑桥大学的彼得学院（Peterhouse College），两年后（1814 年），他从剑桥大学毕业。

毕业后，巴贝奇成为英国皇家研究院（Royal Institution）的讲师，主讲的课程是天文学。

1816 年，巴贝奇和他的同学乔治·皮科克（George Peacock）、约翰·赫舍尔（John Herschel）三人一起将拉克鲁瓦的《微积分学基础教程》从法文翻译为英文，在剑桥大学出版[①]。直到今天，这本书仍是数学领域的一本经典作品，无数次再版，在书店里仍有销售（见图 6-2）。

这一年（1816 年），25 岁的巴贝奇被选为英国皇家学会（Royal Society）的院士（Fellow）。他对当时学会中的一些不良风气颇有微词，他说："英国皇家学会的委员会里聚集的一群人相互选举，用英国皇家学会的钱一起吃饭，喝酒时互相吹捧，而且互相给对方颁发奖章。"（The Council of the Royal Society is a collection of men who elect each other to office and then dine together at the expense of this society to praise each other over wine and give each

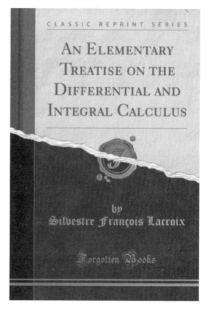

图 6-2　巴贝奇等人翻译的《微积分学基础教程》（2018 年重新出版的版本）

---

① 参见 Frank J. Swetz 在 MAA 网站上发表的《Textbooks of Lacroix: Differential and Integral Calculus》一文。

other medals.）

　　在现代计算机普及之前，计算对数、三角函数等数学函数的结果是非常复杂的事。为了解决这样的问题，在很早的时候，人们就开始使用数学表的（mathematical table）方法。所谓数学表，就是把计算好的函数结果编制成表格，使用时根据要计算的数找到表格里的对应行，根据规则读出结果。如果表格里没有要查的数，那就需要做近似处理。笔者在读中学时，还学习过查找对数表的方法，那时数学教科书的附录里有简略的对数表。

　　对于中学生来说，一张简略的对数表就够用了。但是对于天文、航海和军事等领域的研究来说，简略的数学表就远远不够了，因为它们需要很高的计算精度。于是便需要编制精度很高的数学表，因为输入值的范围很大，要求的精度又很高，所以这样的表格就很庞大，密密麻麻的数字堆积在一起，难免出错，有的错误可能是计算时产生的，有的错误可能是编制表格时产生的。

　　错误难以避免，而错误产生的危害可能非常大。瓦特改进的蒸汽机在被广泛应用后，船舶动力发生了革命性变化，人类造的船越来越大，船的速度也越来越快。但是，强大的蒸汽轮船可能因为数学表中的一个错误，使得航行的方向计算错误，导致碰上礁石而船毁人亡。因此，巴贝奇的大学同学，同时也是他的一生好友约翰·赫舍尔有句名言：

　　对数表里的隐藏错误就像海面下的礁石。（An undetected error in a logarithmic table is like a sunken rock at sea.）

　　于是，政府和官方的研究机构投入力量，组织人力计算和编制高质量的数学表，以满足潮汐预测、航海和保险等领域的社会需求。这促使一种特殊职业的出现，人们把从事这种职业的工作人员称为计算者（computer，见图6-3），也就是我们今天广泛使用的"计算机"一词。

图 6-3　现代计算机出现前的 computer 一词是指从事计算工作的人

简单来说，编制高质量的数学表是巴贝奇所处时代的一个强烈需求。这为伟大数学家提供了施展才华的绝佳机会。

1820 年初，巴贝奇与天文学家威廉·皮尔森（William Pearson）等人一起发起成立了伦敦天文学会（Astronomical Society of London）（1831 年改称英国皇家天文学会）。伦敦天文学会成立后，巴贝奇和他的老同学赫舍尔便被安排一起改进包含日、月、潮汐等信息的航海年历（Nautical Almanac），主要目的是定位和消除以往航海年历中的数学表错误。于是，巴贝奇和赫舍尔便开始了手动验证数学表的繁忙工作，他们发现了一个又一个错误。枯燥的工作和一个个的错误反复地刺激着这位年轻数学家的大脑，终于有一天，巴贝奇忍不住大叫："天啊，这些计算就应该让蒸汽机来完成。"（I wish to God these calculations had been executed by steam.）[①]

---

① 参考美国计算机历史博物馆中关于巴贝奇的专题《A Brief History》。

其实，关于"使用机器来计算数学表"的想法，巴贝奇已经思考了很久。巴贝奇的回忆录中记录了一个他在剑桥大学读书时的片断。

事情发生在 1812 年或 1813 年，有一天晚上，他坐在剑桥大学分析学会（Analytical Society）的房间里，头伏在桌子上，像是在睡觉，桌子上放着一张打开的对数表。过了一会儿，另一个会员走进来，看见巴贝奇半睡半醒的样子，便问："嘿，巴贝奇，你梦到了什么？"巴贝奇指着面前的对数表回答说："我梦见所有这些表都可以用机器来计算。"

可见，"用机器来计算"是长期萦绕在巴贝奇脑海中的一个主题。

大约 1819 年，巴贝奇在忙于改进精确切分一个天文工具的方法时，他构想了一个用机械来计算的方案。根据当时流行的蒸汽发动机引擎的名字，他把自己的机器叫作差分引擎（Difference Engine）。1822 年，巴贝奇完成了第一个计算引擎的小型模型，为了与巴贝奇后来设计的计算引擎区分开，很多学者把 1822 年完成的这个差分引擎称为 0 号差分引擎。1822 年 6 月 14 日，巴贝奇在伦敦天文学会的会刊上发表了一篇论文，题目为《应用机械计算天文和数学表的说明》（Note on the application of Machinery to the Computation of Astronomical and Mathematical Tables）。1823 年 7 月 13 日，巴贝奇因为发明这个用于计算天文和数学表的计算引擎而获得伦敦天文学会颁发的金质奖章。

1823 年，英国皇家学会向英国政府推荐巴贝奇的计算引擎，英国政府同意了这项建议，保证提供资金，让巴贝奇领导制造全规模的差分引擎。于是长达 10 年之久的构建 1 号差分引擎（Difference Engine No. 1）的浩大工程开始了。巴贝奇当然是这个项目的最重要人物，也是核心设计者。不过他不是工匠，要把图纸变成机器，还需要一位技艺精湛的技工。巴贝奇的好朋友马克•布律内尔（Marc Brunel）向他推荐了约瑟夫•克莱门特（Joseph Clement，1779—1844）。

考虑到克莱门特对差分引擎项目的重要性，我们这里简要介绍一下他。克莱门特出生于 1779 年，比巴贝奇年长 12 岁。由于出生在一个纺织家庭，克莱门特从小就学习金属制作手艺，擅长制作提花机。他使用的工具都非常精确，造价也很高。

1823 年，克莱门特加入了巴贝奇的项目，巴贝奇设计图纸，克莱门特制作实现。最初的合作是愉快的，有些零件需要定制工具来加工或者需要调整设计，两人相互协商，密切配合。但是后来，他们之间产生了矛盾。克莱门特使用的工具和材料都非常昂贵，当他把账单拿给巴贝奇看时，巴贝奇非常惊讶。另外，克莱门特虽然技艺高超，但是性格不好，经常眉头紧蹙，不懂礼貌，说话粗鲁（a heavy-browed man without any polish or manner of speech）。克莱门特有时故意拖延工期，想多要工钱。有时他故意追求不必要的精度，从而增加费用。克莱门特的理由是："你要的是第一流的东西，你就应该很乐意地为它付钱。"（You ordered a first-rate article, and you must be content to pay for it.）

1827 年对巴贝奇来说是不幸和艰难的一年，这一年英国政府支持差分引擎项目的资金用完了，他需要想办法继续申请。更不幸的是，他的父亲、年仅 35 岁的妻子以及两个孩子都在这一年去世了。多方面的打击，使他的身体健康状况出了问题。还好，有大学同学赫舍尔陪伴和安慰他，代替他照看差分引擎项目，让他出去旅行，恢复身体。1828 年年底，巴贝奇回到伦敦，继续请求英国政府的支持，英国政府同意再给这个项目拨款 9000 英镑。

1832 年，克莱门特向巴贝奇展示了组装好的一小部分差分引擎，大约占计算部分的七分之一。图 6-4 展示了克莱门特使用的车床。

图 6-4　克莱门特使用的车床（图片来自伦敦科学博物馆）

近 10 年时间过去了，1833 年，可能是为了方便监管加工过程和提高速度，巴贝奇提议把克莱门特的加工车间搬迁到距离巴贝奇家比较近的一个地方。双方因为搬迁的补偿问题而发生争执，积蓄已久的矛盾爆发出来，克莱门特放下工具，解散了工人，双方的合作就此停止。

虽然用了 10 年的时间，但是 1 号差分引擎还没有完工。1834 年统计工程花费，英国政府投入了 17 000 英镑，巴贝奇个人投入了 6000 英镑，总额高达 23 000 英镑[①]，这是非常高昂的一笔开销，当时用这笔钱可以从罗伯特·史蒂芬森（Robert Stephenson）工厂购买至少 22 个全新的蒸汽机火车头（steam locomotive）。

在 1834～1842 年的 8 年时间里，英国政府没有明确表态是否还继续支持差分引擎项目，直到 1842 年，英国政府决定不再继续支持这个项目。这意味着 1 号差分引擎的建造工程失败了，余下的 12 000 多个精细零部件后来被当作废料熔化了。

在巴贝奇的回忆录《一个哲学家的人生片段》的扉页中，有一幅差分引擎的版画（见图 6-5），画的是组装好的一部分差分引擎。

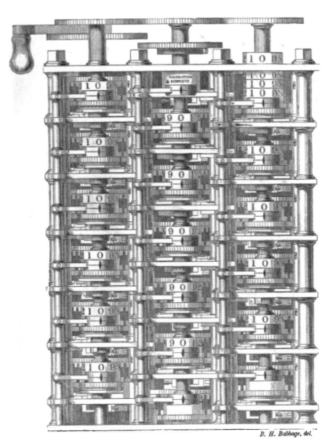

B. H. Babbage, del.

Impression from a woodcut of a small portion of Mr. Babbage's Difference Engine No. 1, the property of Government, at present deposited in the Museum at South Kensington.
It was commenced 1823.
This portion put together 1833.
The construction abandoned 1842.
This plate was printed June, 1853.
This portion was in the Exhibition 1862.

图 6-5　《一个哲学家的人生片段》扉页图片

---

① 英国国家计算机博物馆给出的花费是 17500 英镑，其中可能不包括巴贝奇个人的出资，后面的折算部分引用的是英国国家计算机博物馆给出的数据。

扉页下方写着这个项目的几个重要日期.

- 项目始于 1823 年。
- 该部分组装于 1833 年。
- 建造项目终止于 1842 年。
- 这幅版画印刷于 1853 年 6 月。
- 该部分在 1862 年展出。

图 6-6 展示了美国计算机历史博物馆中的 1 号差分引擎的局部复制件，复制比例为 3：4。

图 6-6　美国计算机历史博物馆中的 1 号差分引擎复制件（本书作者拍摄）

1 号差分引擎项目搁浅后，巴贝奇并没有停滞不前，为了继续自己的事业，他特意在一个很安静的地方买了一套房子，占地 0.25 英亩（1 英亩约 4046 平方米）以上。他把马车房改造成锻造车间，架设了熔炉，把马厩改造成了加工车间。他还为自己建了一个很大的工作间、一间防火的房子用来画图纸和给绘图的人用。

此外，巴贝奇还雇用技术熟练的技工来加工零件。当时的技术工人很抢手。有一天，他听说跟随自己多年的一个熟练助手被人看中，对方许诺很高的报酬。巴贝奇舍不得这位助手离开自己，便大幅度提高他的报酬，每天付给他 1 几尼。

即便在如此困难的时候，巴贝奇的母亲仍然非常支持他，当他问母亲是否该停止项目时，他母亲坚定地说："我亲爱的儿子，你已经在成就伟大目标的路上前进了很远。你能够完成它。我的建议是——即使你只能靠面包和黄油活着，也要追求你的目标。"（My dear son, you have advanced far in the accomplishment of a great object, which is worthy of your ambition. You are capable of completing it. My advice is—pursue it, even if it should oblige you to live on bread and cheese.）

在坚定信念的驱动下，巴贝奇勤奋地工作着，他每天都工作 10 到 11 小时。终于，在 1834 年，他设计出了一种更强大的计算引擎，这就是具有划时代意义的分析引擎（Analytical Engine）。巴贝奇为分析引擎绘制了非常详细的图纸，而且做了大量的试验来验证设计，目的是降低制造引擎的成本，他希望将成本降低到自己可以承受的范围。绘制图纸的所有费用都是巴贝奇个人出的。

完成分析引擎的设计后，巴贝奇重新回顾 1 号差分引擎的设计，在 1847~1849 年两年的时间里设计了一个新的引擎，这就是 2 号差分引擎。与 1 号差分引擎相比，2 号差分引擎只需要三分之一数量的零件，而且功能更加强大。

1871 年 10 月 18 日，巴贝奇在伦敦去世。图 6-7 是巴贝奇晚年拍摄的一张照片。从 1828 年开始直到去世的 40 多年里，巴贝奇一直居住在伦敦圣玛丽勒本（Marylebone）区的多塞特街 1 号（1 Dorset Street）。

出于多方面的原因，巴贝奇生前没能看到他的设计被完全制造出来。但后来证明，他的设计是正确的，而且很多设想是开创性的。

1985 年，伦敦科技博物馆成立了一个特别的项目小组，目标是构建巴贝奇设计的 2 号差分引擎。项目由计算机历史方面的著名专家多伦·施瓦德（Doron Swade）领衔。在 1991 年巴贝奇诞生 200 周年时，2 号差分引擎完成了计算部分。2002 年，项目小组又完成了打印输出和输入的部分。前后历时 17 年，构建 2 号差分引擎的工程终于全部完成。构建工程是严格按照巴贝奇留下的图纸施工的，8000 个零件按计算和输出功能各占一半。完成的 2 号差分引擎高

图 6-7　巴贝奇晚年的照片，大约拍摄于 1860 年（图片来自伦敦科学博物馆）

2.13 米，长 3.3 米，宽 45 厘米，重 5000 公斤（见图 6-8）。构建工程证明了巴贝奇的设计是正确的，"我们可以自信地说，如果巴贝奇当年建造出了他的引擎，那么它就会工作。"（We can say with some confidence that had Babbage built his engine, it would have worked.）[1]

---

② 参考美国计算机历史博物馆网站关于 2 号差分引擎的介绍《A Modern Sequel》。

图 6-8 展示中的 2 号差分引擎（作者 2011 年 9 月 2 日拍摄于美国计算机历史博物馆）

在美国计算机历史博物馆中，巴贝奇 2 号差分引擎展品的背后有一段很长的介绍文字（见图 6-9），标题为"革命性的巴贝奇引擎"，副标题为"前所未有、举世无双、未能完成"（Unprecedented, Unparalleled, and Unfinished），以上概括十分精练。

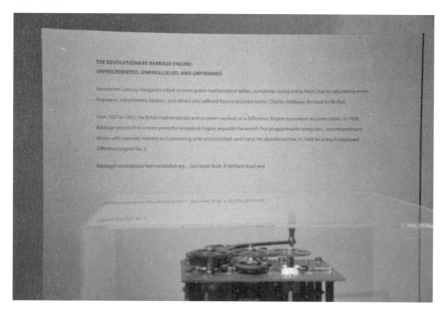

图 6-9 美国计算机历史博物馆 2 号差分引擎（局部）及介绍文字（作者拍摄于 2011 年）

差分引擎的设计目标是计算数学表，它的基本原理是使用差分方式计算多项式的值，它的功能是固定的，不可编程。从某种程度上讲，它与以前的机械式计算器的性质是相同的。

分析引擎则有了质的飞越。用今天的话来说，分析引擎具有现代计算机的三大根本特征——存储程序、可编程和通用性。巴贝奇为分析引擎设计的结构与现代计算机非常相似。他把分析引擎分为 5 个逻辑组件——存储（store）器、磨厂（mill）、控制器、输入和输出。

巴贝奇所说的磨厂相当于后来的中央处理器。他是这样描述磨厂的作用的："要操作的数据总是需要先存放到这个磨厂中。"（The mill into which the quantities about to be operated upon are always brought.）以上描述非常精确地概括了现代处理器的一条基本设计原则：为了让高速的计算单元充分发挥效率，所有要计算的数据都必须先加载到 CPU 内部。从某种程度上讲，以 ARM 处理器为代表的精简指令集计算机（RISC）非常严格地遵守了这一原则，只有数量非常少的内存访问指令用来把数据读取到 CPU 内部或者写回去。而在 x86 处理器的指令集中，正是因为设计了太多的内存访问指令，所以指令集才变得很复杂。

巴贝奇非常详细地设计了分析引擎通过执行程序完成计算的过程。他说："所有让分析引擎可以计算的公式都由两部分组成，它们分别是一定数量的代数操作，以及一定数量的数据。"（Every formula which the Analytical Engine can be required to compute consists of certain algebraical operations to be performed upon given letters, and of certain other modifications depending on the numerical value assigned to those letters.）

用今天的话来说，一定数量的操作就是程序代码，一定数量的数据就是提供给代码的参数。

为了记录和传递这两种信息，"有两类卡片，一类用来指示要执行的操作特征，称为操作卡片；另一类用来指示要操作的特定变量，称为变量卡片。"（There are therefore two sets of cards, the first to direct the nature of the operations to be performed—these are called operation cards: the other to direct the particular variables on which those cards are required to operate—these latter are called variable cards.）

他进一步说："当要计算某个公式时，必须先把一系列操作卡片串在一起，这些卡片包含了按顺序要做的那些操作。另一套卡片也必须串在一起，它们是要送进磨厂的变量，它们是按照将被处理的顺序排列的。"（Under this arrangement, when any formula is required to be computed, a set of operation cards must be strung together, which contain the series of operations in the order in which they occur. Another set of cards must then be strung together, to call in the variables into the mill, the order in which they are required to be acted upon.）

对于每张操作卡片，还需要另外 3 张卡片。一张用来表示操作所需的变量和常数，另一张用来表示前一张操作卡片的运算结果（用变量号表示），最后一张用来指示本次操作结果应该存入的变量号。（Each operation card will require three other cards, two to represent the variables and constants and their numerical values upon which the previous operation card is to act, and one to indicate the variable on which the arithmetical result of this operation is to be placed.）

与雅卡尔织机类似，卡片在分析引擎中起着关键作用。但与雅卡尔织机只有描述花样的一类卡片不同，分析引擎有两类卡片——操作卡片（见图 6-10）和变量卡片。

巴贝奇设计了加减乘除 4 种运算，并且还设计了每种运算的穿孔特征。用今天的话说，每个运算就是一条指令，穿孔特征则代表指令的机器码。

巴贝奇还说："串在一起的这种卡片在数量上是没有限制的，应完全根据所做计算的需要来定。"（Now there is no limit to the number of such cards which may be strung together according to the nature of the operations required.）这阐释了分析引擎的通用性，可以对指令做任意组合，组合后可以是任意长度。

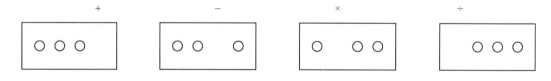

图 6-10　巴贝奇设计的操作卡片

巴贝奇还描述了一种使用较少的卡片，称为数字卡片（见图 6-11）。这类卡片有 11 列，每列最多可以穿 9 个孔，从而通过整数 0～9 表达 10 个状态。数字卡片的前 4 列称为编号，有点像地址。

图 6-12 展示了伦敦科技博物馆中的操作卡片和变量卡片。

NUMBER.				TABLE.						
2	3	0	3	3	6	2	2	9	3	9

图 6-11　巴贝奇描述的数字卡片

图 6-12　伦敦科技博物馆中的操作卡片（前）和变量卡片（后）

　　当我们说一台机器具有可编程性时，简单来说，就是指这台机器支持一定数量的基本指令，这些指令可以比较自由地组合，实现不同的功能。从这个意义上讲，巴贝奇的分析引擎是具有可编程性的。在此之前，只有我们介绍过的提花机具有类似的"可编程"特征。巴贝奇则把这种可编程特征引入自动计算这一新领域，这是一个具有划时代意义的创举。

　　巴贝奇如先知一般，在 100 多年前的蒸汽机时代，就用他聪明的大脑，用纸和笔为我们勾画出了现代计算机的蓝图，规划了它的硬件结构和编程方法，给出了详细的设计。因此，巴贝奇无愧于"计算机之父"的伟大称号。

　　早在阅读《沃德的年轻数学家指南》时，巴贝奇就知道了莱布尼茨，上了大学深入学习微积分后，他对莱布尼茨的认识更加深刻，他喜欢莱布尼茨发明的微分符号"d"。后来他发明的第一个计算引擎便是以微分的思想为基础的，而且他给自己的这个计算引擎取名为差分引擎[①]。

　　在巴贝奇的回忆录中，他多次提到雅卡尔织机，他对这一特别机器的赞美之情发自肺腑。但这个伟大的发明家并没有向我们讲述他是在什么情况下，想到了把雅卡尔织机的原理应用到计算引擎上。

　　雅卡尔织机的发明时间是 1804 年，当时巴贝奇 13 岁。雅卡尔织机是从法国开始流行的，流传到英国需要一段时间。使用雅卡尔织机编织雅卡尔肖像的时间是 1839 年。1839 年 12 月，巴贝奇给他的朋友——法国天文学家弗

---

① 英文中的差分（difference）与微分（differential）两个词是同源的。

朗索瓦·阿拉戈（François Arago）写信，说："东西到达伦敦的时间晚了……这真是一件为你们国家的艺术赢得最高赞誉的作品。"（It has arrived lately in London... a work which does the highest credit to the arts of your country.）信中的作品就是指雅卡尔丝织肖像。巴贝奇很可能请弗朗索瓦代为购买和邮寄雅卡尔肖像，收到东西后写信确认和感谢。巴贝奇收到雅卡尔肖像后，把它装进一个玻璃镜框，悬挂在了客厅里。

1842 年，当维多利亚女王的丈夫艾伯特亲王（Prince Albert，1819—1861）陪同女王的叔叔门斯多夫伯爵（Count Mensdorf）参观巴贝奇的计算引擎时，巴贝奇先请他们看了雅卡尔肖像，并且热情地介绍了这件作品的与众不同之处，以及编织它所用的特别方法，巴贝奇还提到了这件丝织品曾让英国皇家学会的两位会员都误以为它是版画。在介绍了雅卡尔肖像后，巴贝奇才带着参观者到防火大楼里观看计算引擎。用巴贝奇的话来说，如果理解了雅卡尔织机，那就很容易理解计算引擎了。[①]

一个值得思考的问题是：为什么第一代差分引擎没有可编程性，而 1834 年设计的分析引擎就有了质的飞跃呢？笔者认为，从雅卡尔织机中汲取前人的智慧是促使巴贝奇的设计思想产生重大飞跃的关键。虽然巴贝奇是在设计分析引擎之后才拿到雅卡尔肖像的，但是我们相信他在此之前就已经知道了雅卡尔织机。雅卡尔织机是拿破仑皇帝亲自颁发专利的重大发明，它的广泛使用使法国的纺织业迅猛发展。25 岁就成为英国皇家学会院士的巴贝奇，一直对机械感兴趣而且整天思考自动机械，对于这样重大的发明不可能没有了解。

巴贝奇很可能是在差分引擎项目进展缓慢、屡受挫折的时候，想到了把雅卡尔织机的原理应用到计算引擎上。也许就是在 1827 年他因为种种劫难到欧洲大陆旅行的时候。笔者推测的时间是在 1827 年到 1834 年。不管具体是哪个时刻，也不管巴贝奇当时身在何处，我们都可以想象到，当这一想法在他脑海中逐渐变得清晰的时候，他一定激动不已。受到雅卡尔织机的启发后，伟大发明家的智慧喷涌而出，通用可编程计算机的伟大蓝图就此诞生。这一时刻对人类来说太重要了。

---

① 参考《大英百科全书》有关 James Watt 的描述。

关于巴贝奇的计算引擎，还有一个关键细节，那就是他使用的是十进制，而不是现代计算机使用的二进制。1991 年，在纪念巴贝奇诞生 200 周年的纪念邮票（见图 6-13）中，巴贝奇头像的大脑部位画了 0～9 这 10 个阿拉伯数字，而不是 0 和 1，这代表了巴贝奇计算引擎的一个关键特征。但是现代计算机的发展证明，二进制是最适合机器的表达方式。

在巴贝奇晚年所写的回忆录《一个哲学家的人生片段》（图 6-14 展示的巴贝奇手迹就来自该回忆录的扉页）的前言中，他说写回忆录的目的"根本不是为自己写传记"，而是为了记录"他钻研了大半辈子的计算机器（Calculating Machine）"，"制造这些机器的很多难忘场景驱使他要为它们留下一些历史记录"。

最伟大的发明家总是超越他所处的时代。虽然不被所处的时代承认和理解，但是正如巴贝奇在 1837 年所说的："另一个时代一定会做出公正的裁决。"（Another age must be the judge.）

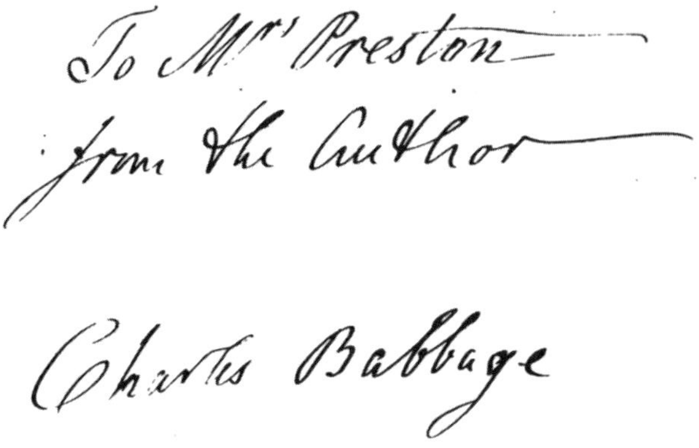

图 6-13 纪念巴贝奇诞生 200 周年纪念邮票

图 6-14 巴贝奇回忆录《一个哲学家的人生片段》扉页

参考文献

[1] BABBAGE C. Passages from the Life of a Philosopher [M]. Rutgers University Press, 1994.

第 7 章　　1843 年，计算机程序

1815 年 12 月 10 日，埃达·洛夫莱斯（Ada Lovelace）在英国伦敦出生。洛夫莱斯是她成为伯爵夫人后使用的名字。她婚前的名字叫奥古丝塔·埃达·拜伦（Augusta Ada Byron）。她的父亲是英国 19 世纪初期诗人乔治·戈登·拜伦（George Gordon Byron，1788—1824），拜伦 18 岁时便出版诗集《闲散的时光》，少年成名，是一位很有影响力的浪漫主义诗人。她的母亲是安妮·伊莎贝拉·米尔班克（Anne Isabella Milbanke），安妮受过非常好的家庭教育，喜爱数学和科学，具有不凡的数学天赋。

埃达的父母都非常聪明，但是他们的婚姻不幸福。在埃达出生一个月后，她的父亲就抛弃了妻子和出生不久的女儿，离开英国，一去不返。拜伦不仅是一位浪漫的诗人，他更是一名为理想而战斗的勇士。拜伦积极参加希腊民族解放运动并成为领导人，1824 年病死在希腊，年仅 36 岁，当时埃达还不满 9 岁。

拜伦生前曾写诗表达对女儿的思念之情：

你的面容像你妈妈吗，我可爱的孩子？

埃达，我家里和心中唯一的女儿。

当我最后一次看见你那娇嫩的双眼时，它们在微笑……

幼年的埃达主要由外祖母和仆人抚养。她 7 岁时（1822 年），外祖母去世了，她得到的爱护更少了。因为缺少关爱，她的健康状况很不好，常常生病。

不过，虽然埃达的母亲安妮不经常照顾她，但是她很重视对埃达的培养，坚持让埃达接受高质量的教育，并为她聘请了家庭教师。埃达的母亲不希望女儿像她的父亲那样成为诗人，而是希望她学习数学和科学。

安妮还安排女儿学习音乐和法语。安妮对女儿的要求非常严格，要求她努力学习，如果发现埃达不够用功，便对她进行惩罚。惩罚的方法包括关禁

闭，以及要求埃达书面承认错误、写保证书，比如下面就是埃达写的一份保证书：

我，埃达，没能把笔记做好，但我明天会改进。[1]

（I, Ada, have not done the notes very well, but I'll try to do it better tomorrow.）

安妮希望女儿成为一个遵守纪律、严格要求自己的人，不要像她的父亲那样。

1833 年 6 月 5 日，17 岁的埃达在一次聚会上认识了著名的数学家查尔斯·巴贝奇。当巴贝奇知道埃达和她的母亲都喜欢数学后，便邀请她们参观自己的差分引擎。两周后，埃达和她的母亲安妮参观了巴贝奇的差分引擎。埃达对差分引擎非常着迷，很快就理解了差分引擎的工作原理，并且感受到了这个发明的与众不同。

1834 年，埃达认识了博学的玛丽·萨默维尔（Mary Somerville, 1780—1872）。玛丽自学成才，在数学和天文学方面都很有造诣，就在前一年（1833 年），玛丽和卡罗琳·赫歇尔（Caroline Herschel）一起被英国皇家天文学会授予荣誉会员称号，她们两人是最早获得这个荣誉的女性。玛丽很喜欢埃达。玛丽经常送数学书给埃达，给她提学习建议，为她设定学习目标，和她讨论数学问题。玛丽认识巴贝奇多年，她还向埃达介绍了巴贝奇和他的计算引擎。[2]

1835 年 7 月 8 日，埃达和威廉·金（William King）结婚。1838 年，威廉成为洛夫莱斯伯爵（Earl of Lovelace）。从此，埃达被称为奥古丝塔·埃达·洛夫莱斯伯爵夫人。

埃达在生育了三个孩子后，从 1841 年起开始向著名数学家德·摩根（De Morgan, 1806—1871）学习高等数学。德·摩根于 1823 年进入剑桥大学的三一学院，是巴贝奇同学皮科克的学生，毕业后也成为巴贝奇的朋友，经常来往。

1840 年，巴贝奇收到他的意大利朋友梅斯·普拉纳（Messrs Plana）的来信，普拉纳邀请巴贝奇到都灵参加意大利哲学家的一个会议。普拉纳在信中说，他已经很急切地向很多英国人询问了分析引擎的能力和机制，从得到的信息来看，"目前，立法部门一直是很强大的，但执行部门都很软弱无力。你的引擎似乎可以帮助我们给执行部门同样的控制力，目前我们只对立法部门才有这样的控制力。"

当时巴贝奇的分析引擎被很多人所误解，他们认为它不实用，只是为了纠正数学表里的错误，没有太大的价值。巴贝奇从来没有向意大利朋友详细介绍过分析引擎，但他们却如此热情。这封邀请信打动了巴贝奇，他接受了邀请。

巴贝奇很重视这次向国外"知音"介绍自己发明的机会，他为此做了精心准备，整理了模型、图纸和各种符号，以便可以让听众更好地理解分析引擎的原理和操作模式。他还向好朋友麦克卡拉（MacCullagh）教授说了自己的打算，麦克卡拉听了后，放弃了去蒂罗尔的行程，改为与巴贝奇在都灵碰头一起参加会议。

巴贝奇与麦克卡拉如约在都灵会面。第一次会议的场地有些局促，但是主办方在第一次会议后，立刻就为巴贝奇安排了一间供他自己使用的公寓，作为巴贝奇的住处和新会场。巴贝奇把从英国带来的公式、图纸、符号和各种示意图挂满了房间。参加会议的除巴贝奇和麦克卡拉之外，还有梅斯·普拉纳、梅纳布雷亚（Menabrea）、莫索蒂（Mossotti）、普兰塔莫（Plantamour），以及意大利的一些杰出几何学者和工程师。巴贝奇先向大家简短介绍了分析引擎的基本思想，然后就大家提出的问题做了进一步的解释。普拉纳最先提出要做记录，以便会后可以编写一份分析引擎的原理概要。不过他很快就感到力不从心，记录速度赶不上大家的讨论速度，于是他便把这个任务转交给了他的年轻朋友——路易吉·费德里科·梅纳布雷亚（Luigi Federico Menabrea，1809—1896）。

会议在愉快的气氛中持续了几天。不仅意大利的参会者很满意，而且巴贝奇也觉得这样的讨论很有价值——能够促使他把自己的想法用语言表达出来，观察不同人的反应。在这个过程中，他自己的思路更加清晰了，其他人的一些意见也让他收获很大。[3]

会议结束后，梅纳布雷亚结合会议记录和他收集的资料撰写了一篇论文，发表在 1842 年 10 月的《日内瓦大学学报》上。这是关于巴贝奇分析引擎的最早公开的论文。

梅纳布雷亚的论文是用法语写的。从小就学习法语的埃达便想将其翻译为英文。当她把翻译的想法说给巴贝奇听后，巴贝奇问她："既然你已经对分析引擎理解得深入骨髓，那你为什么不写一篇新的论文呢？"埃达回答说："我没有想到。"于是巴贝奇建议埃达在翻译后的文章中增加一些注释，埃达立刻接受了这个建议。

1843 年 10 月，埃达翻译的文章发表于《科学备忘录——外国科学院和学会学报精选 3》（Scientific Memoirs, Selected from the Transactions of Foreign Academies of Science and Learned Societies 3，见图 7-1）的第 666～731 页。[4]

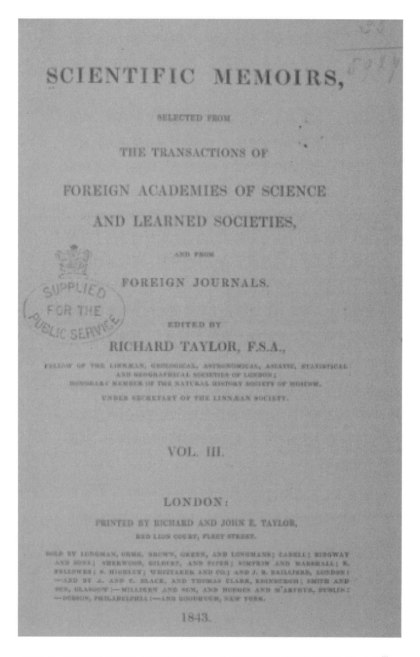

图 7-1　刊登埃达文章的《科学备忘录——外国科学家和学会学报精选 3》内页[3]

埃达翻译的文章题目为《查尔斯·巴贝奇所发明分析引擎梗概》(Sketch of the Analytical Engine invented by Charles Babbage)，原作者署名为“路易吉·费德里科·梅纳布雷亚，都灵，军队工程师军官”(By L. F. MENABREA, of Turin, Officer of the Military Engineers)，文章题目下面的方括号里标记了原文的出处。因为这篇文章的题目较长，本书将其简称为“分析引擎梗概”。图 7-2 展示了埃达译文的第一页。

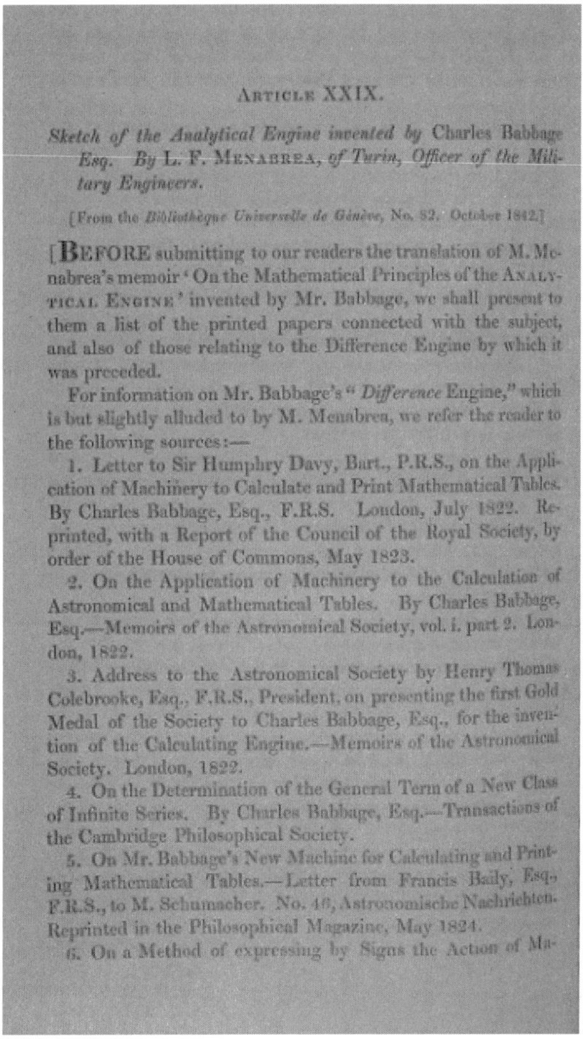

ARTICLE XXIX.

Sketch of the Analytical Engine invented by Charles Babbage Esq. *By* L. F. MENABREA, *of Turin, Officer of the Military Engineers.*

[From the *Bibliothèque Universelle de Génève*, No. 82. October 1842.]

[BEFORE submitting to our readers the translation of M. Menabrea's memoir 'On the Mathematical Principles of the ANALYTICAL ENGINE' invented by Mr. Babbage, we shall present to them a list of the printed papers connected with the subject, and also of those relating to the Difference Engine by which it was preceded.

For information on Mr. Babbage's "*Difference* Engine," which is but slightly alluded to by M. Menabrea, we refer the reader to the following sources:—

1. Letter to Sir Humphry Davy, Bart., P.R.S., on the Application of Machinery to Calculate and Print Mathematical Tables. By Charles Babbage, Esq., F.R.S. London, July 1822. Reprinted, with a Report of the Council of the Royal Society, by order of the House of Commons, May 1823.

2. On the Application of Machinery to the Calculation of Astronomical and Mathematical Tables. By Charles Babbage, Esq.—Memoirs of the Astronomical Society, vol. i. part 2. London, 1822.

3. Address to the Astronomical Society by Henry Thomas Colebrooke, Esq., F.R.S., President, on presenting the first Gold Medal of the Society to Charles Babbage, Esq., for the invention of the Calculating Engine.—Memoirs of the Astronomical Society. London, 1822.

4. On the Determination of the General Term of a New Class of Infinite Series. By Charles Babbage, Esq.—Transactions of the Cambridge Philosophical Society.

5. On Mr. Babbage's New Machine for Calculating and Printing Mathematical Tables.—Letter from Francis Baily, Esq., F.R.S., to M. Schumacher. No. 46, Astronomische Nachrichten. Reprinted in the Philosophical Magazine, May 1824.

6. On a Method of expressing by Signs the Action of Ma-

图 7-2　埃达译文的第一页[3]

埃达的译文很长，可以分成三部分。第 666～690 页是对梅纳布雷亚法文论文的翻译。第 691～731 页是埃达写的注释，题目为“译者注释”(NOTES BY THE TRANSLATOR)，一共有 7 个注释，用 A～G 编号（从 Note A 到 Note G）。这些注释在计算机和软件历史上有着重要的里程碑意义，本书将其称为“7 个译注”。

除正文和“7 个译注”之外，在第 722 页和第 723 页还有一个插页（见图 7-3）。这个插页很大，折叠了好几次。插页虽然没有页码，但其重要性却极高。

简单来说，这个插页包含了一段计算伯努利数的程序（见图 7-4），该程序是埃达设计的。

即使对于今天的专业程序员来说，看懂这个程序也有些困难，主要原因在于它不是使用编程语言表达的（编程语言在很多年之后才出现），而是使用“操作流程”表达的。图 7-4 中的表格分为很多列：第 1 列是操作的序号；第 2 列是操作的名称（即加减乘除 4 种操作）；第 3 列是要操作的变量，用今天的话来说，也就是输入变量；第 4 列是接受结果的变量，也就是输出变量；第 5 列描述的是变量值的变化情况；第 6 列是结果表达式；接下来的 3 大列分别是数据变量、工作变量和结果变量。

在图 7-4 中，第 23 行和第 24 行之间的描述文字指示要做循环——把第 13～23 行操作重复一次。对于分析引擎来说，如何做这样的循环操作呢？埃达在译注 C 中做了描述：“我们已经想到了一种方法，那就是按照某种规则把卡片后退一定的步数。”（A method was devised of what was technically designated backing the cards in certain groups according to certain laws.）也就是把分析引擎中驱动卡片的轴反转一定步数后，再正向转动，“这样便把某张卡片或一系列卡片再

图 7–3　埃达译文中的插页[3]

Number of Operation	Nature of Operation	Variables acted upon	Variables receiving results	Indication of change in the value on any Variable	Statement of Results	Data			Working Variables										Result Variables			
						${}^1V_1$ ○ 0 0 1 [1]	${}^1V_2$ ○ 0 0 2 [2]	${}^1V_3$ ○ 0 0 4 [n]	${}^0V_4$ ○ 0 0 0 [ ]	${}^0V_5$ ○ 0 0 0 [ ]	${}^0V_6$ ○ 0 0 0 [ ]	${}^0V_7$ ○ 0 0 0 [ ]	${}^0V_8$ ○ 0 0 0 [ ]	${}^0V_9$ ○ 0 0 0 [ ]	${}^0V_{10}$ ○ 0 0 0 [ ]	${}^0V_{11}$ ○ 0 0 0 [ ]	${}^0V_{12}$ ○ 0 0 0 [ ]	${}^0V_{13}\cdots$ ○ 0 0 0 [ ]	${}^1V_{21}$ ○ B in a dec. fract. [B_1]	${}^1V_{22}$ ○ B in a dec. fract. [B_3]	${}^1V_{23}$ ○ B in a dec. fract. [B_5]	${}^0V_{24}\cdots$ ○ 0 0 0 [B_7]
1	×	${}^1V_2 \times {}^1V_3$	${}^1V_4, {}^1V_5, {}^1V_6$	${}^1V_2 = {}^1V_2$ ${}^1V_3 = {}^1V_3$	$= 2n$		2	n	$2n$	$2n$	$2n$											
2	−	${}^1V_4 - {}^1V_1$	${}^2V_4$	${}^1V_4 = {}^2V_4$ ${}^1V_1 = {}^1V_1$	$= 2n - 1$	1			$2n - 1$													
3	+	${}^1V_5 + {}^1V_1$	${}^2V_5$	${}^1V_5 = {}^2V_5$ ${}^1V_1 = {}^1V_1$	$= 2n + 1$	1				$2n + 1$												
4	÷	${}^2V_5 \div {}^2V_4$	${}^1V_{11}$	${}^2V_5 = {}^0V_5$ ${}^2V_4 = {}^0V_4$	$= \frac{2n-1}{2n+1}$				0	0						$\frac{2n-1}{2n+1}$						
5	÷	${}^1V_{11} \div {}^1V_2$	${}^2V_{11}$	${}^1V_{11} = {}^2V_{11}$ ${}^1V_2 = {}^1V_2$	$= \frac{1}{2} \cdot \frac{2n-1}{2n+1}$		2									$\frac{1}{2} \cdot \frac{2n-1}{2n+1}$						
6	−	${}^0V_{13} - {}^2V_{11}$	${}^1V_{13}$	${}^2V_{11} = {}^0V_{11}$ ${}^0V_{13} = {}^1V_{13}$	$= -\frac{1}{2} \cdot \frac{2n-1}{2n+1} = A_0$											0		$= -\frac{1}{2} \cdot \frac{2n-1}{2n+1} = A_0$				
7	−	${}^1V_3 - {}^1V_1$	${}^1V_{10}$	${}^1V_3 = {}^1V_3$ ${}^1V_1 = {}^1V_1$	$= n - 1 (= 3)$	1		n							$n - 1$							
8	+	${}^1V_2 + {}^0V_7$	${}^1V_7$	${}^1V_2 = {}^1V_2$ ${}^0V_7 = {}^1V_7$	$= 2 + 0 = 2$		2					2										
9	÷	${}^1V_6 \div {}^1V_7$	${}^3V_{11}$	${}^1V_6 = {}^1V_6$ ${}^0V_{11} = {}^3V_{11}$	$= \frac{2n}{2} = A_1$						$2n$	2				$\frac{2n}{2} = A_1$						
10	×	${}^1V_{21} \times {}^3V_{11}$	${}^1V_{12}$	${}^1V_{21} = {}^1V_{21}$ ${}^3V_{11} = {}^3V_{11}$	$= B_1 \cdot \frac{2n}{2} = B_1A_1$											$\frac{2n}{2} = A_1$	$B_1 \cdot \frac{2n}{2} = B_1A_1$		B_1			
11	+	${}^1V_{12} + {}^1V_{13}$	${}^2V_{13}$	${}^1V_{12} = {}^0V_{12}$ ${}^1V_{13} = {}^2V_{13}$	$= -\frac{1}{2} \cdot \frac{2n-1}{2n+1} + B_1 \cdot \frac{2n}{2}$												0	$\left\{-\frac{1}{2} \cdot \frac{2n-1}{2n+1} + B_1 \cdot \frac{2n}{2}\right\}$				
12	−	${}^1V_{10} - {}^1V_1$	${}^2V_{10}$	${}^1V_{10} = {}^2V_{10}$ ${}^1V_1 = {}^1V_1$	$= n - 2 (= 2)$	1									$n - 2$							
13	−	${}^1V_6 - {}^1V_1$	${}^2V_6$	${}^1V_6 = {}^2V_6$ ${}^1V_1 = {}^1V_1$	$= 2n - 1$	1					$2n - 1$											
14	+	${}^1V_1 + {}^1V_7$	${}^2V_7$	${}^1V_1 = {}^1V_1$ ${}^1V_7 = {}^2V_7$	$= 2 + 1 = 3$	1						3										
15	÷	${}^2V_6 \div {}^2V_7$	${}^1V_8$	${}^2V_6 = {}^2V_6$ ${}^2V_7 = {}^2V_7$	$= \frac{2n-1}{3}$						$2n - 1$	3	$\frac{2n-1}{3}$									
16	×	${}^1V_8 \times {}^3V_{11}$	${}^4V_{11}$	${}^1V_8 = {}^0V_8$ ${}^3V_{11} = {}^4V_{11}$	$= \frac{2n}{2} \cdot \frac{2n-1}{3}$								0			$\frac{2n}{2} \cdot \frac{2n-1}{3}$						
17	−	${}^2V_6 - {}^1V_1$	${}^3V_6$	${}^2V_6 = {}^3V_6$ ${}^1V_1 = {}^1V_1$	$= 2n - 2$	1					$2n - 2$											
18	+	${}^1V_1 + {}^2V_7$	${}^3V_7$	${}^2V_7 = {}^3V_7$ ${}^1V_1 = {}^1V_1$	$= 3 + 1 = 4$	1						4										
19	÷	${}^3V_6 \div {}^3V_7$	${}^1V_9$	${}^3V_6 = {}^3V_6$ ${}^3V_7 = {}^3V_7$	$= \frac{2n-2}{4}$						$2n - 2$	4		$\frac{2n-2}{4}$								
20	×	${}^1V_9 \times {}^4V_{11}$	${}^5V_{11}$	${}^1V_9 = {}^0V_9$ ${}^4V_{11} = {}^5V_{11}$	$= \frac{2n}{2} \cdot \frac{2n-1}{3} \cdot \frac{2n-2}{4} = A_3$									0		$\left\{\frac{2n}{2} \cdot \frac{2n-1}{3} \cdot \frac{2n-2}{4}\right\} = A_3$						
21	×	${}^1V_{22} \times {}^5V_{11}$	${}^0V_{12}$	${}^1V_{22} = {}^1V_{22}$ ${}^0V_{12} = {}^2V_{12}$	$= B_3 \cdot \frac{2n}{2} \cdot \frac{2n-1}{3} \cdot \frac{2n-2}{4} = B_3A_3$											0	B_3A_3			B_3		
22	+	${}^2V_{12} + {}^2V_{13}$	${}^3V_{13}$	${}^2V_{12} = {}^0V_{12}$ ${}^2V_{13} = {}^3V_{13}$	$= A_0 + B_1A_1 + B_3A_3$												0	$\{A_0 + B_1A_1 + B_3A_3\}$				
23	−	${}^2V_{10} - {}^1V_1$	${}^3V_{10}$	${}^2V_{10} = {}^3V_{10}$ ${}^1V_1 = {}^1V_1$	$= n - 3 (= 1)$	1									$n - 3$							
Here follows a repetition of Operations thirteen to twenty-three																						
24	+	${}^4V_{13} + {}^0V_{24}$	${}^1V_{24}$	${}^4V_{13} = {}^0V_{13}$ ${}^0V_{24} = {}^1V_{24}$	$= B_7$																	B_7
25	+	${}^1V_1 + {}^1V_3$	${}^1V_3$	${}^1V_1 = {}^1V_1$ ${}^1V_3 = {}^1V_3$ ${}^5V_6 = {}^0V_6$ ${}^5V_7 = {}^0V_7$	$= n + 1 = 4 + 1 = 5$ by a Variable-card. by a Variable-card.	1		$n + 1$			0	0										

图 7–4　埃达设计的计算伯努利数的程序

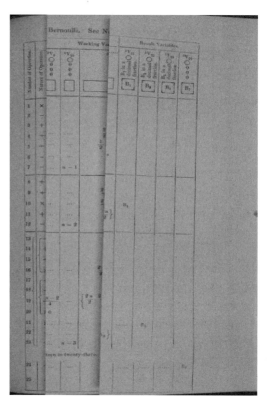

次执行了一遍。这样的过程显然可以重复任意多次。"（The prism then resumes its forward rotation, and thus brings the card or set of cards in question into play a second time. This process may obviously be repeated any number of times.）[1]

今天，人们普遍把这段计算伯努利数的程序看作软件历史上的第一个计算机程序。也正因为如此，埃达有了世界上"第一位程序员"的殊荣。

除在译注 G 中给出完整的具有里程碑意义的第一个程序之外，埃达通过这篇译文还赢得另一项殊荣，那就是提出了循环和子程序的概念，主要依据便是译注 C。

相对于其他几个译注，译注 C 的篇幅最短。在译注 C 的开头，埃达再次提到了雅卡尔织机，她还建议那些想研究这种织机原理的人"一定要亲自走进阿德莱德展览馆或者去工艺学院实地看一看，这种方式是最高效的"。她还提到《拉德纳百科全书》（*Lardner Cyclopedia*）的"丝绸制造"卷中有一章介绍了雅卡尔织机，建议在参观前阅读。接下来，埃达话锋一转，指出完全按雅卡尔织机的方式使用卡片对于分析引擎来说是不够的。

为了满足新的需求，需要首先把卡片按照一定规则分成若干组，然后随时调出其中的某张卡片或一系列卡片反复使用。那么这两种方式有什么本质上的不同呢？

简单来说，雅卡尔织机的卡片是串在一起的，卡片上的控制信息与编织出的花纹是一一对应的，而分析引擎要做的运算可能需要把卡片划分成很多个部分。用今天的计算机术语来说，雅卡尔织机的卡片是连续的一大片代码，不分子程序，只能从前到后顺序执行；而分析引擎的卡片需要将长篇的代码划分成若干子程序，一段一段地存放，某个部分可以反复调用，不同子程序的执行次数可以完全不同。这个化整为零的变化看似简单，却代表了计算机与织机在运行方式上的根本差异，这种差异为计算机和软件赋予了高度的灵活性。

埃达的这段译注提出了子程序的设想，指出了使用子程序的必要性以及由此带来的好处，被视为关于子程序的最早描述。从此，子程序成为计算机领域的一个永恒话题，从 CPU 硬件设计到编译器和调试器等重要工具，再到编程艺术。直到今天，子程序仍然是计算机软件中使用最广泛的结构元素

---

[1] 参考 Fourmilab 网站埃达译文的电子版本。

之一。

在埃达关于子程序的论述发表 100 多年后，另一位出生在英国的数学天才也想到了同样的问题，他就是艾伦·图灵（Alan Turing），后面会详细介绍。

此外，埃达在这篇译文中还反复论述了分析引擎的通用性。她在译注 A 中比较了分析引擎与差分引擎的根本差异。在简要介绍了差分引擎的单一功能后，她很明确地说："相反，分析引擎不仅适用于为某个或某几个函数制表，而且适用于为任意函数制表。"（The Analytical Engine, on the contrary, is not merely adapted for tabulating the results of one particular function and of no other, but for developing and tabulating any function whatever.）

在最后一个译注（即译注 G）中，埃达继续阐述了分析引擎的通用性。"分析引擎根本不自诩一生下来就能做多少工作。它能够做我们知道如何让它去做的任何事情。"（The Analytical Engine has no pretensions whatever to originate anything. It can do whatever we know how to order it to perform.）

这是多么豪迈的宣言啊！这样的宣言源于埃达对分析引擎工作原理的深刻理解，而且她对分析引擎的前景看得非常远。笔者认为，埃达对计算机前景的认识深度甚至超过了巴贝奇。

巴贝奇是一位伟大的数学家，他非常看重分析能力。在剑桥大学时，巴贝奇组建了分析学会，他后来还把自己继差分引擎后设计的新计算引擎叫作分析引擎。在巴贝奇看来，有了分析引擎后，"推演和计算分析的全过程就可以交给机器来执行。"（That the whole of the developments and operations of analysis are now capable of being executed by machinery.）[4]

而在埃达眼里，分析引擎的功能不仅仅是进行分析和数学计算，它能够做我们知道如何让它去做的任何事情。这个论断在今天看来十分精当。

另外，在译注 G 中，埃达还说："除数字外，分析引擎还可以处理其他事情，只要各个对象之间的基本关系可以用抽象的操作表达出来。"

她还说："举个例子，如果声音规律和音乐合成的基本关系能这样表达和适配，那么分析引擎就可以创作出精美而且严谨的乐曲，可以是不同复杂度的，或者不同长度的。"

在这些译注中，埃达断言可以将分析引擎应用到包括音乐合成在内的各种领域。"It can do whatever we know how to order it to perform"，埃达的这些译注首次把计算机的用途推广到了数学计算这一基本用途之外,这些具有先见性的精辟分析和大胆预测奠定了埃达在计算机发展史上的不朽位置。

1852 年 11 月 27 日,埃达因子宫癌去世,年仅 37 岁。

为了纪念埃达,美国国防部把 1980 年发布的新编程语言命名为 Ada。

图 7-5　埃达 21 岁时的画像（英国女画家 Margaret Sarah Carpenter 作于 1836 年）

参考文献

[1] BAUM J. The Calculating Passion of Ada Bryon [M]. New York:Archon Brooks, 1986.

[2] LOVELACE A. Countess of Lovelace:Byron's Legitimate Daughter [J]. Historia Mathematica, 1978, 5(3):366-367.

[3] MENABREA L F. Sketch of the Analytical Engine invented by Charles Babbage [M]. Abingdon:Taylor and Francis,1843:666-731.

[4] BABBAGE C. Passages from the Life of a Philosopher [M]. New Jersey:Rutgers University Press, 1994.

第 8 章　1847 年，布尔逻辑

1815 年 11 月 2 日，乔治·布尔（George Boole）出生在英国林肯郡的首府林肯市。他的父亲叫约翰·布尔（John Boole，1777—1848），是一名手艺人，开了一家制鞋店。他的母亲名叫玛丽·安·乔伊丝（Mary Ann Joyce），是一位贵妇的仆人。

约翰出生在林肯郡西林赛区一个名叫布罗克斯霍姆（Broxholme）的村庄，23 岁时（1800 年），他到伦敦学习制皮手艺（cordwainer）以及记账等技能，同时自学法语和数学知识。几年后，约翰在伦敦结识了玛丽，当时玛丽在威斯敏斯特教堂里服务，他们在 1806 年结婚，但直到婚后第二年才有住房。过了一段时间后，他们回到林肯郡，在银街 34 号开了一家鞋店。1815 年，他们迎来了第一个孩子，他就是乔治·布尔。在接下来的 6 年时间里，他们又生育了三个孩子。[①]

约翰的制鞋生意并不好，这可能与他的兴趣不在制鞋上有关。他喜爱科学，对各种科技知识充满热情，经常到图书馆去阅读各种科技图书。这个阅读爱好也遗传给了布尔，布尔从小就喜欢读书，有很强的自学能力。约翰也经常教布尔数学知识，是布尔的第一位老师。

因为家境不好，布尔读完小学后便辍学了，但是他坚持自学。布尔喜爱数学，他自学了各种数学知识。15 岁时，布尔翻译了一首希腊诗歌，发表在当地的报纸上。

1831 年，约翰的鞋店无法维持，被迫宣布破产。这让 16 岁的布尔不得不提早肩负起赚钱养家的重任，布尔开始在一家私立学校当老师。同时，他仍坚持自学数学，这一年，他阅读了拉克鲁瓦的《微分计算》（Calcul Différentiel）。

19 世纪初，受工业革命的影响，英国的很多城市成立了力学研究机构。

---

① 参考林肯郡布尔基金会网站对约翰·布尔的介绍。

1833 年，林肯郡也成立了第一个力学研究所，名叫林肯力学研究所。这刚好符合约翰的兴趣，他积极参加林肯力学研究所的各种活动，并在 1834 年成为这个研究所的图书馆馆长。

在私立学校当了 3 年老师后，19 岁的布尔决定自己开办一所学校。于是，他在林肯郡开办了一所很小的学校，自己担任校长。从此，布尔一边经营、管理自己的学校，取得收入，供养父母和自己的弟弟妹妹，一边继续自学数学。他认真阅读拉普拉斯和拉格朗日的著作，深入学习微分方程和微积分理论。

1835 年，布尔在林肯力学研究所做了一场公开演讲，题目叫"艾萨克·牛顿爵士的天才发现"。演讲结束后，他的演讲稿被印刷出来销售，流传到伦敦。[①]

布尔的学识和好学精神打动了林肯力学研究所首任所长爱德华·弗伦奇·布罗姆黑德（Edward French Bromhead），他自愿指导布尔的研究，并主动把自己的藏书借给布尔参阅。

在读了拉格朗日的法文原版著作《分析力学》后，布尔写了一篇论文，名为《论变分演算中的某些定理》（On Certain Theorems in the Calculus of Variations），这是他的第一篇数学论文。

1839 年年初，布尔到剑桥大学拜访年轻的数学家邓肯·F.格雷戈里（Duncan F. Gregory，1813—1844）。格雷戈里在 1837 年与他人一起创办了《剑桥数学杂志》（Cambridge Mathematical Journal，CMJ），并担任杂志的编辑。

格雷戈里出生于 1813 年，他在 1833 年进入剑桥大学的三一学院学习，并于 1838 年获得学士学位。格雷戈里与布尔年龄相近，只比布尔大了两岁，两个人都热爱数学，见面后，他们立刻成为亲密的伙伴。格雷戈里成为布尔的导师，教布尔如何写论文。在格雷戈里的引领和指导下，布尔进入了数学出版领域。在从 1841 年到 1847 年的 6 年时间里，布尔发表了 15 篇数学论文，其中大部分发表在格雷戈里创办的 CMJ 杂志上。

1844 年，英国皇家学会发表了布尔关于微分方程的论文，并授予他金质奖章，这是英国皇家学会第一次为数学家颁发金质奖章。

---

① 参考 georgeboole 网站上关于布尔大事年表的描述。

1845 年 6 月，布尔在英国科学进步协会（British Association for the Advancement of Science）的年会上做了一次公开演讲。在这次年会上，他结识了数学家威廉·汤姆森（William Thomson，1824—1907），二人成为终生的朋友。

1847 年，布尔出版了他的第一本数学著作，名为《逻辑的数学分析》（The Mathematical Analysis of Logic，见图 8-1）。在这本书中，布尔创造了一个符号系统，他使用数学符号来表示逻辑中的各种对象，并建立了一系列的运算法则，利用这些运算法则可以对符号做各种操作。有了这个基于符号的演算系统后，人们便可以使用数学公式来表达逻辑，实现推理，因此这本书的副书名为"通往演算推理的设想"（Being an Essay Towards a Calculus of Deductive Reasoning）。

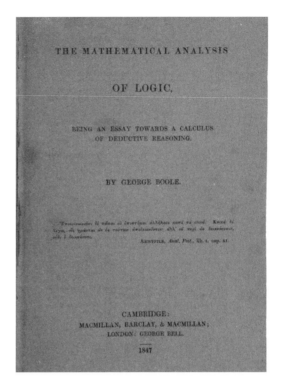

图 8-1　《逻辑的数学分析》扉页

根据布尔的妹妹玛丽·安·布尔（Mary Ann Boole，1818—1887）的回忆，布尔在少年时就产生了一个信念——把逻辑简化为（reduced）数学，他曾无数次思考和寻找方法来证明自己的观点。直到积累了大量的数学知识后，突然有一天，一套符号化的方法闪现在布尔的脑海中，于是他把这套想法整理成了一本书。

1848 年 12 月，布尔的父亲约翰在患病多年后去世。约翰不能算是一个非常好的父亲，但他热爱科学，是布尔在数学方面的启蒙老师，对布尔的影响很大。布尔的母亲曾说："我敢说乔治是非常聪明的，但你知道他的父亲吗？他父亲是一名哲学家。"

1849 年，爱尔兰皇后大学在爱尔兰的科克（Cork）市成立，布尔接受邀请成为这所大学的数学教授。在接受这个职务之前，他一直担任自己所创办学校的校长长达 15 年。

来到爱尔兰皇后大学后，布尔起初住在格林维尔地区 5 号（5 Grenville Place）的宿舍里，打开窗就可以看到从科克市区流过的里河（River Lee）。

布尔很喜欢这份新的工作，在写给好朋友威廉·汤姆森的信中，他描述了自己的快乐："我可以用绝对真实的话告诉你，新职务给我带来的欣喜每天都在增加。"

1854 年，布尔出版了他的第二本书——《思想规律的研究》（An Investigation of the Laws of Thought）。

1855 年，布尔与玛丽·埃弗里斯特（Mary Everest）结婚。玛丽的叔叔乔治·埃弗里斯特是英国派驻到印度的官员，曾担任印度测量局的局长。

1857 年，布尔被推选为英国皇家学会的院士（Fellowship of the Royal Society）。

1858 年，布尔成为剑桥哲学学会的荣誉会员。

1859 年，布尔出版了《微分方程》一书，这本书被选为剑桥大学的教材。

1864 年 5 月 11 日，布尔夫妇的第 5 个女儿在科克市出生，名为埃塞尔·丽莲（Ethel Lilian），成年后，她创作了小说《牛虻》（The Gadfly）。

在小女儿丽莲出生 6 个月后的一天，布尔步行去上班，从位于科克市郊区利克菲尔德村的家出发，前往他工作的爱尔兰皇后大学，距离大约为四五公里。当布尔走在路上时，天空下起了大雨，布尔的衣服被雨水淋湿。本着强烈的责任心，布尔穿着湿漉漉的衣服坚持讲课。但回到家后，他便生病了，发展为肺炎。1864 年 12 月 8 日，布尔的病情恶化，因为发烧引起的胸腔积液而猝然离世。

布尔去世后，由他开创的符号逻辑系统逐渐发展为一门新的学科，并用他的名字命名为布尔代数（Boolean algebra）。因为布尔类型的数据特别适合使用二进制来表达，所以布尔代数在现代计算机中有着极其广泛的应用，是数字逻辑和计算机科学的基础，既用在数字电路等硬件领域，也用在各种编程语言中，几乎所有现代 CPU 都有进行布尔运算的指令，并且几乎所有编程语言都把布尔运算看作基础功能，布尔类型的变量和返回值在各种编程语言的源代码中经常出现。图 8-2 是乔治·布尔的画像。

图 8-2　乔治·布尔的画像

布尔开创了一个新的数学分支，这个分支为现代计算机的出现准备了一套表达语言和运算法则。正如布尔所言:"语言不仅是表达思想的媒介,也是人类推理的工具,这是被普遍认可的真理。"从这个意义上讲,布尔对现代计算机的贡献是巨大的。

参考文献

[1] BURRIS S. Stanford Encyclopedia of Philosophy:George Boole [EB/OL]. (2020-04-21)(2021-12-29). https://plato.stanford.edu/entries/boole/

第 9 章　　1890 年，电动制表机

美国人口调查局（US Census Bureau，USCB）负责美国的人口统计工作，大约每十年做一次普查，1890 年是第 11 次。1895 年 7 月，第 11 次普查的数据统计工作基本结束，相对于第 10 次普查，虽然总人口增长了很多，但这一次的统计时间比上一次缩短了至少两年。统计速度得以提高的一个关键原因是使用了赫尔曼·霍列瑞斯（Herman Hollerith）发明的制表机。

1860 年 2 月 29 日，赫尔曼出生于纽约州布法罗市，他的父亲是德国移民，是一名教授。1879 年，赫尔曼从哥伦比亚大学矿学院毕业，毕业时只有 19 岁。赫尔曼的考试成绩非常突出，以至于他的老师特罗布里奇（Trowbridge）请赫尔曼留下来给他当助手。于是，赫尔曼在大学毕业后便成了特罗布里奇的助手，在哥伦比亚大学工作。

后来，特罗布里奇加入美国人口调查局，被任命为首席特别代理（Chief Special Agent），赫尔曼随之也加入美国人口调查局当统计员。

美国人口调查局聘请特罗布里奇的目的是想要分析 1880 年美国人口普查（第 10 次）所产生的大量数据，并寄希望于找到一种使用机械的自动化分析方法。

1882 年，赫尔曼离开美国人口调查局，加入麻省理工学院（MIT），担任机械工程方面的教师。在 MIT，赫尔曼认识了穿孔卡片并对这种看似简单却变化无穷的东西很着迷，他研究了雅卡尔织机使用卡片的方法，开始使用穿孔卡片做各种试验，试图解决美国人口调查局面临的数据统计问题。

研究了一段时间后，他认识到穿孔卡片是存储信息的一种很好方式。有一天，到车站乘坐火车时，他看到检票员使用一个小的打孔器对车票进行打孔，他于是受到启发，想到可以发明一种机械来对卡片穿孔，用这种方式来记录信息。

赫尔曼不喜欢教师职业，在 MIT 工作了一年多后，他便想寻找其他的机

会。1884 年，他得到一个在美国专利局工作的机会。

在美国专利局工作时，赫尔曼继续思考人口统计的问题，他设计了一种基于穿孔卡片的机器，这种机器可以根据卡片上的穿孔信息产生脉冲信号，脉冲信号再触发机械式的计数器，进行累加操作。

因为赫尔曼当时就在美国专利局工作，申请专利很方便，所以他便为自己的设计申请了专利，专利的名字叫"编撰统计数字的技术"（Art of Compiling Statistics），申请日期为 1884 年 9 月 23 日（见图 9-1）。

起初，赫尔曼采用了铁路上使用的穿孔机器，只能在卡片的边缘打孔。后来，他自己动手，专门制造了一套既可以对卡片打孔又可以读取穿孔卡片信息的自动统计机器，他给这种机器取名为"霍列瑞斯电动制表系统"（Hollerith Electric Tabulating System），简称制表机。

赫尔曼的电动制表系统由卡片穿孔器（见图 9-2）、计数机（见图 9-3 左）和卡片整理器（见图 9-3 右）组成。计数机看起来就像一张大书桌，上面直立着一个面板，面板上包含很多个计数器，用于记录和显示统计结果。桌面上摆着的是可以识别卡片的"读卡器"，"读卡器"是根据赫尔曼的专利设计的，其中上下两个面板通过一根轴连在一起，把卡片放在下方的面板上，按下上方面板上的手柄，包含很多根探针的上面板便降下来。卡片上没有串孔的位置会将探针挡住，有孔的位置，探针才能通过，于是电路连通，激发相应的计数器动作，这样就完成了这张卡片的信息统计。计数机右侧的设备是用来排序和整理卡片的。

1887 年，在统计巴尔的摩市的死亡率时，政府第一次使用了赫尔曼的电动制表机。

在 1890 年举行第 11 次美国人口普查时，有三种穿孔卡片设备参与竞争，赫尔曼的机器因为速度更快而获胜。

在拿到第 11 次美国人口普查的项目后，赫尔曼找工厂生产了大量的穿孔器和计数机。穿孔器与打字机类似，但是键盘更简单。

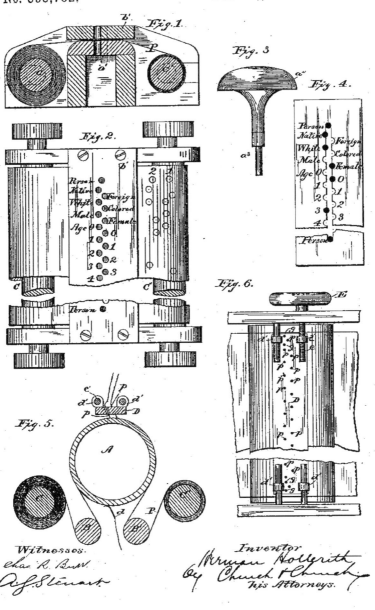

H. HOLLERITH.
ART OF COMPILING STATISTICS.

No. 395,782.

Patented Jan. 8, 1889.

图 9-1　赫尔曼专利中的卡片穿孔机械

图 9-2 卡片穿孔器（作者拍摄于美国计算机历史博物馆）

图 9-3 霍列瑞斯电动制表系统（作者拍摄于美国计算机历史博物馆）

计数机是由西部电力公司（Western Electric Company）生产的。1890 年 6 月，机器就绪。1890 年 9 月，赫尔曼收到美国人口调查局的第一批数据，统计工作在 1890 年 12 月完成，只用了 3 个月，如果人工统计的话，预计需要两年时间。

赫尔曼把自己的制表系统写成论文，提交给了他就读过的哥伦比亚大学，用来申请博士学位，他取得了成功。

赫尔曼的机器在美国的人口普查中获得成功应用后，消息很快传到了世界各地。后来，这种机器在很多国家（包括加拿大、挪威、澳大利亚、英国）的人口普查中得到了应用。

1896 年，赫尔曼成立了制表机器公司（Tabulating Machine Company）。此后，他又对制表机做了很多改进，包括自动添加卡片和自动整理卡片等。

在 1900 年的美国人口普查中，美国人口调查局再次使用了赫尔曼的制表系统。

1911 年 6 月 16 日，赫尔曼的公司与其他三家公司合并，组成一家新的公司，名叫计算制表记录公司（Computing-Tabulating-Recording Company），简称 CTR。

1914 年 5 月 1 日，CTR 聘用了一位新的经理，名叫托马斯·约翰·沃森（Thomas John Watson），11 个月后，沃森被任命为总裁。在沃森的带领下，CTR 快速发展。1924 年，沃森将 CTR 改名为国际机器公司，简称 IBM，这就是后来的"蓝色巨人"，它将在后面的很多章节中出现。

图 9-4 展示了赫尔曼的一张个人照。

1929 年，赫尔曼去世，但以他的名字命名的霍列瑞斯穿孔卡片（见图 9-5）

图 9-4　赫尔曼·霍列瑞斯（照片由 Charles Milton 拍摄于 1888 年，来自美国国会图书馆）

则一直使用到 20 世纪 60 年代。

霍列瑞斯穿孔卡片是在 1928 年出现的，高度为 8.25 厘米、宽度为 18.7 厘米，分为 12 行 80 列，第 0～9 行用来表示十进制数。第 0 行上方还有两行，用来表示其他字符。在 20 世纪 60 年代，对于 FORTRAN 编程来说，霍列瑞斯穿孔卡片是向 IBM 大型机输入程序的最常用方式。

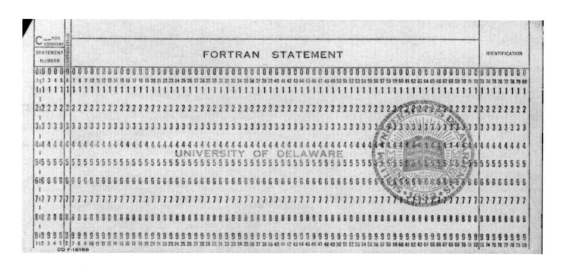

图 9-5　霍列瑞斯穿孔卡片

除了用于编程，在很长一段时间里，霍列瑞斯穿孔卡片一直都是标准的数据存储介质，在政府、企业等很多领域应用广泛。

赫尔曼发明的电动制表机是最早批量生产的穿孔卡片机器，具有自动处理卡片和统计的功能，是最早大规模使用的自动数据处理系统之一。根据电动制表机设计的标准卡片不仅成本低、可靠性高、简单易用，而且可以自动"读写"，是最早得到广泛应用的信息存储介质之一。电动制表机和标准穿孔卡片的流行，使得穿孔卡片进入公众视野，让更多的人看到了如何使用机器自动处理数据。从此，穿孔卡片成为存储数据的一种成熟技术，为现代计算机的大规模实现奠定了坚实的基础。

参考文献

[1] BLODGETT J H，SCHULTZ C K. Herman Hollerith:Data Processing Pioneer [J].
Journal of the American Society for Information Science & Technology, 2010,
20(3):221-226.

[2] O'CONNOR JJ, ROBERTSON E F. Herman Hollerith Biography MacTutor
History of Mathematics [EB/OL]. [1999-07].
https://mathshistory.st-andrews.ac.uk/Biographies/ Hollerith/.

第二篇

见龙在田

如果说巴贝奇发明分析引擎是将纺织业的成果引入自动计算领域的第一次伟大实践的话，那么图灵在 1936 年发表的图灵机模型便是对现代计算机的第一次理论建模。

图灵是历史上少有的数学天才，他用旷世奇才设计了一种万能的神奇机器。这台机器可以从指令表中读取指令，然后根据指令执行各种操作。

图灵所描述的指令表便是软件，图灵设计的这台抽象机器便是现代计算机的理论模型。

第二次世界大战为自动计算提供了刚性需求和难得的实践机会。从 1943 年开始，英国、美国相继以国家之力支持计算机的研发和制造。英国的巨神计算机、美国的马克一号和 ENIAC 代表着现代计算机的第一轮大规模实践。

出生在匈牙利的冯·诺依曼是人类历史上少有的另一位数学天才。1944 年 8 月，负责 ENIAC 项目的美国军方代表戈德斯坦在艾伯登火车站的站台上偶遇担任美国陆军顾问的冯·诺依曼。这次偶遇之后，戈德斯坦邀请冯·诺依曼做顾问，指导设计 ENIAC 的下一代计算机 EDVAC。

于是，从 1944 年 8 月到 1945 年春天的这段时间里，冯·诺依曼几乎每周都到摩尔学院，与那里的人讨论 EDVAC 的设计。在参与讨论的人中，既有冯·诺依曼和戈德斯坦这样的数学家，也有埃克特和伯克斯这样的电子学专家，而且其中的大多数人是参加过 ENIAC 项目的。

讨论的最主要成果体现在冯·诺依曼撰写的《第一草稿》中。《第一草稿》将现代计算机的部件分为 CA（中央算术）、CC（中央控制）、M（内存）、R（外存）、I/O（输入输出）五大部分，为现代计算机的设计和制造确定了基本纲领。这一基本纲领被称为冯·诺依曼架构。

根据冯·诺依曼架构，内存是软件的舞台，外存是软件的永久住所。当软件需要执行时，便被加载到速度很快的内存中；而当软件不需要执行时，便被保存在空间较大但速度较慢的外存中。

在从 1936 年到 1945 年的大约 10 年时间里，图灵和冯·诺依曼两位天才用他们的聪明大脑规划了现代计算机的宏伟蓝图，从此以后，现代计算机和软件的发展走上了快车道。

第 10 章　1936 年，图灵机

　　1912 年 6 月 23 日，艾伦·图灵在英国伦敦出生。他出生的地方当时是一家护理院，名叫沃灵顿妇产院（The Warrington Lodge Medical and Surgery Home for Ladies，见图 10-1），位于伦敦市梅达韦尔住宅区的沃灵顿大街（Warrington Avenue，Maida Vale，London）。

图 10-1　沃灵顿妇产院[①]

　　1935 年这家妇产院被改为宾馆，名叫海滨酒店（Esplanade Hotel）。1938 年夏，著名心理学家西格蒙德·弗洛伊德（Sigmund Freud）和妻子及小女儿曾在这家酒店居住一段时间，并留下一张宝贵的照片（见图 10-2）。

　　1944 年，海滨酒店改名为柱廊酒店（The Colonnade Hotel），一直延续到今天。柱廊酒店位于伦敦市区西部的帕丁顿区，距离著名的海德公园和摄政公园都不远，今天的地址为沃灵顿斜街 2 号（2 Warrington Crescent）。

图灵的父亲名叫朱蒂斯·马西森·图灵（Julius Mathison Turing），是英国政府派驻到印度的公务员。图灵的母亲名叫埃塞尔·萨拉·图灵（Ethel Sara Turing），出生在爱尔兰，她的父亲名叫爱德华·沃尔·斯托尼（Edward Waller Stoney），是一位铁路工程师，在位于印度的马德拉斯和南马赫拉铁路公司（Madras and Southern Mahratta Railways）工作。

朱蒂斯和萨拉在印度结识，他们当时都在印度工作。当图灵即将出生时，萨拉回到了伦敦。

图灵是朱蒂斯和萨拉的第二个，也是最后一个孩子。他们的第一个孩子名叫约翰·费里尔·图灵（John Ferrier Turing，1908—1983）。

在图灵的童年（见图 10-3），朱蒂斯和萨拉大多数时间在印度工作，他们把图灵兄弟俩托付给别人照顾。受托的照顾者有多人，时间较长的是一位退休上校（Colonel）。这位上校住在英国南部的港口城市黑斯廷斯（Hastings）。

1922 年，10 岁的图灵开始到位于萨塞克斯（Sussex）郡的黑泽尔赫斯特预备学校（Hazelhurst Preparatory School）读书。在这一年的圣诞节，图灵的母亲送给他一本书，书名叫《每个孩子都该知道的自然之谜》（Natural Wonders Every Child Should Know），作者是埃德温·滕尼·布鲁斯特 （Edwin Tenney Brewster），由纽约的格罗塞特和邓拉普出版社（Grosset & Dunlap）出版，出版时间为 1912 年，刚好是图灵出生的那一年。图灵的母亲在书里题写了一句简单的话：

"送给艾伦·图灵，妈妈，1922 年圣诞。"

（"Alan M. Turing, Mother, Xmas 1922"）

图灵在 1954 年不幸去世后，图灵的母亲在 1965 年把这本书和其他一些文

图 10-2　弗洛伊德在海滨酒店前

图 10-3　身穿海军军服的图灵（5 岁）

献捐赠给了图灵后来就读的舍伯恩中学，捐赠时她在书里又题写了一段话：

"图灵 10 岁半时，（我）送给他《每个孩子都该知道的自然之谜》。这本书极大地激发了他对科学的兴趣，他一生都珍爱这本书。"

图灵在黑泽尔赫斯特预备学校度过 4 年多的少年时光，于 1926 年毕业。关于他的这段生活，留存到今天的资料很少，其中最重要的就是他写给父母的信，时间最早的一封信是在 1923 年 4 月 1 日愚人节当天写的（见图 10-4）。

在这封信里，图灵介绍了他自己的一项发明，这是一种储液笔（fountain pen），这种笔有点儿像钢笔，前端是金属笔尖，后端可以存储墨水。钢笔的原型大约在 17 世纪就出现了，但是带有橡胶囊可以自动吸取墨水的钢笔是在 20 世纪才出现的。在图灵绘制的简单示意图中，E 部件像是一个小的气囊，挤压这个气囊，便可以吸取墨水。从这个角度看，图灵的这项发明很可能是较早的具有自动吸取墨水功能的钢笔之一。

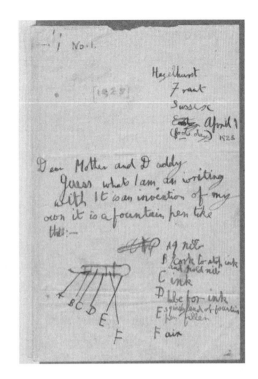

图 10-4　图灵 11 岁（1923 年 4 月 1 日）写给父母的信[①]

值得称赞的是，图灵不仅设想出一种"新式钢笔"，而且制作了实物来证明它的可用性，这封信就是用他制作的新钢笔写的。通过这封信，我们可以看出图灵在少年时就热爱发明。

从信中我们还可以看出，图灵写字很潦草，这种不太好的习惯伴随了他很多年。为了便于读者阅读，我们尽力将信的内容翻译如下：

第 1 号

黑泽尔赫斯特

弗兰特（Frant）[1]

萨塞克斯郡

4 月 1 日

（愚人节）1923

亲爱的妈妈和爸爸：

猜我在用什么写信？它是我自己的一项发明，是一种下面这样的储液笔：

A 笔尖

B 连接墨水和金属笔尖的软木塞

C 墨水

D 墨水管（tube for ink）

E 储液笔填注器的挤压端（squishy end of fountain pen filler）

F 空气

你们看，如果要填（墨水）进去，只要挤压 E 再松开，墨水就被吸上来，墨水管便满了。我已经想办法做到，如果我轻轻按压（笔尖），墨水便会流下来，但如果不按，墨水就会一直被堵塞住。

（后面部分与发明无关，省略）

1926 年，图灵的父亲从印度退休，一家人到法国居住。图灵的父母为图灵选择了英国的舍伯恩中学（Sherborne School）继续读书。

舍伯恩中学位于英格兰西南部的多塞特（Dorset）郡，是一所男子寄宿制学校，具有悠久的历史，大约 12 世纪时便作为修道院的一部分办学，在 17 和 18 世纪是一所免费的语法学校（Free Grammar School）。1855 年，著名学者和教育家丹尼尔·哈珀（Daniel Harper）到舍伯恩中学担任校长，直至 1877 年。丹尼尔对舍伯恩中学进行了大刀阔斧的改革，比如，扩大教职员队伍，利用新建好的铁路交通招收外地学生，实行寄宿制等。丹尼尔的改革非常成功，在他的带领下，舍伯恩中学不断发展和进步，成为能提供"一流教育"的学校，享誉英国。舍伯恩中学的成功，也让整个小镇成为多塞特郡的教育中心。1899 年，凯内尔姆·温菲尔德·迪格比（Kenelm Wingfield Digby）夫妇在这个小镇上创立了舍伯恩女子学校（Sherborne School for Girls），进一

---

[1] 难以辨认，似乎如此。

步增强了小镇的教育力量。

舍伯恩中学是寄宿制学校，四面八方的学生来这里学习和生活。新学年开始时，大多数学生乘火车来学校。图灵先从法国的圣马洛（St Malo）乘船到达英国的南安普敦（Southampton）。接下来，他原本该乘火车到舍伯恩火车站，下火车后离学校就不远了。但不巧的是，他正赶上了 1926 年 5 月 3 日到 12 日的铁路工人大罢工（General Strike），铁路停运。面对突发情况，少年图灵做出一个惊人的决定：骑自行车去学校。我们不知道他从哪里搞到了自行车，只知道他买了一幅地图便上路了。南安普敦距舍伯恩中学约有 105 公里，差不多一个半小时的汽车车程，骑自行车的话，一天很难骑完这么长的路。于是，图灵在差不多三分之二路程的布兰德福特福鲁姆（Blandford Forum）停下来，住进这个城里的皇冠酒店（Crown Hotel），休息了一个晚上。第二天他继续骑行，终于到了学校。1926 年 5 月 14 日的《西部公报》（Western Gazette）报道了图灵骑自行车上学的惊人之举。这篇报道让初来乍到的图灵在舍伯恩中学成了"名人"。不过，在一些思想保守者心中，这样的行为太怪异，图灵给他们留下的并不是什么好印象。

28 年后（1954 年），当 42 岁的图灵英年早逝后，图灵的宿舍管理员（house master）杰弗里·奥汉隆（Geoffrey O'Hanlon）在写信给图灵的母亲时，仍记着第一次见到图灵时的情景，他写道：

"我一直保存和珍惜着那个画面，在铁路大罢工期间，一个衣着有些凌乱的男孩赶来了，他是骑自行车来的，从南安普敦出发，经过布兰德福特福鲁姆最好的酒店。他见到我立刻大声报告：'我是图灵.'一个非常好的开场."[1]（ "the picture I keep and treasure is of a somewhat untidy boy arriving during the Railway Strike, after making his way on a bicycle from Southampton via the best hotel in Blandford Forum, and reporting, 'I am Turing.' It was a good start."）

2018 年 9 月 11 日，为了纪念图灵的单车壮举，舍伯恩中学举行了"艾伦·图灵单车骑行"（ALAN TURING BIKE RIDE）纪念活动。活动分为"密码（Enigma）赛"和"超级（Ultra）赛"两个项目。后者的骑行里程为 101 公里，与图灵当年的骑行距离相当，骑行的路线中也包括图灵当年入住过的

---

[1] 参考 Rachel Hassall（舍伯恩中学的档案管理员）在 OldShirburnian 网站上发表的文章《A Tour Around Alan Turing's Sherborne》。

皇冠酒店①。

图灵在舍伯恩中学学习了差不多 5 年——从 1926 年 5 月到 1931 年 7 月。在这里，图灵度过了他从 14 岁到 19 岁的少年时光（见图 10-5）。

2016 年，舍伯恩中学公开了图灵在这里学习时的一批档案，里面包含一份非常详细的成绩单和老师评语。

根据这份成绩单，我们得知图灵在舍伯恩中学学习的科目包括英语、拉丁语、希腊语、法语、数学、自然科学等（音乐和绘画是单独教导的）。在这些学科中，图灵的语言类（文科）成绩很不好。在第一学期的学期报告中，英语老师的评语是"如果不是因为懒惰，那么他在做作业时可能非常不用心"。拉丁语老师的评语只有两个单词——"Rather poor（相当差劲）。"法语老师的评语是"有非常大的提高空间。法语对他来说很简单，应该掌握得很好，我希望下学期他能做到"。希腊语老师的评语是"非常一般，作业反复无常"。

图 10-5　图灵在舍伯恩中学时的照片

相对于糟糕的文科成绩，图灵的理科（数学和自然科学）成绩非常优秀，第一学期分别排第 1 名和第 3 名。数学老师的评语是"很好，但他（的字迹）仍旧非常不整洁，他必须在这方面努力改进。"自然科学老师的评语是"他喜欢科学，有一种天生的爱好，不过，他的作业总是因为极度凌乱而一塌糊涂。"

从 1927 年的暑期报告中可以看出，图灵在这一学期的大多数时间都在逃课。英语老师的评语是"缺席"。法语、希腊语和拉丁语老师的评语都是空白。数学老师约翰·赫维·伦道夫的评语是"尽管逃课，但是他的考试成绩非常惊人，试卷第 1 名。我看他是个数学家"。图灵的宿舍辅导员杰弗里·奥汉隆在成绩单的背面也特别写道："他的考试成绩非常好，让很多人无法理解。"

---

① 参考 Michael McGinty 2018 年 9 月 11 日在 Sherborne 网站上发表的新闻稿《Alan Turing Bike Ride 2018》。

在经常逃课的情况下，数学考试还能拿第 1 名，这让图灵赢得了数学家的美誉，很多文科老师也听到了这个消息。因此，在 1928 年的暑期报告中，英语老师的评语是"真难以相信，一个在数学方面如此优秀的孩子在英语和拉丁语方面却这么弱。尽管他已经十分尽力，但我只能感受到很小的进步"。

俗话说，"一个人如果有 72 种聪明，那他就会有 72 种傻。"或许图灵的聪明都在数学和科学上了。又或许因为图灵对数学的兴趣太大了，才让他对其他学科提不起兴趣。英语老师的另一条评语也提到了兴趣方面的原因。

"不用怀疑，他肯定是有聪明才智的，不过他懒于把聪明才智用到他没什么兴趣的学科上。"

幸运的是，糟糕的文科成绩并没有影响图灵的学习生涯。1931 年，图灵凭借突出的数学成绩赢得剑桥大学国王学院在数学方面的公开奖学金（Open Scholarship）。这让图灵有机会进入剑桥大学并继续施展他在数学方面的才华。

1931 年 10 月，图灵进入剑桥大学国王学院。在这里，图灵的数学天赋得到了充分挖掘。他不仅遇到了很多名师，可以向菲利浦·赫尔（Philip Hall）和麦克斯·纽曼（Max Newman）等著名的数学家学习，而且遇到了一些十分杰出的同学，可以一起讨论和学习，比如，后来也成为著名数学家的大卫·加文·钱珀瑙恩（David Gawen Champernowne，1912—2000）便是图灵的同学。大卫与图灵的关系非常密切，对图灵的影响也很大，后面介绍的图灵论文便与大卫有关。

与中学时的情况不同，进入大学后，图灵的学业一帆风顺，捷报频传。1934 年，图灵获得剑桥大学国王学院的学士学位。1935 年，年仅 23 岁（实际上 22 岁，当时图灵还不满 23 周岁）的图灵就被推选为剑桥大学国王学院的院士（fellow），并因为"中心极限定理"（Central Limit Theorem）方面的院士论文而获得剑桥大学的史密斯奖（Smith's Prize）。

1933 年，图灵的同学和好朋友大卫发表了一篇关于常规数的论文，题目为《十进制常规数的构造》（The construction of decimals normal in the scale of ten）。大卫关于常规数的研究也引起了图灵的兴趣，图灵希望对大卫的结论进行推广和一般化（generalize）。图灵曾经写过一篇名为《常规数说明》（A note on normal numbers）的论文，但是没有发表过。随着研究的深入，图灵意识到自己在寻找一种定义十进制无限常规数的方法。

1935 年春，继续在剑桥大学读硕士的图灵参加了麦克斯的"数学基础"

（Foundations of Mathematics）讲座。在这个讲座中，麦克斯讲到了当时数学领域的一个未解难题——可判定性问题。这个问题由两位德国数学家大卫·希尔伯特（David Hilbert）和威廉·阿克曼（Wilhelm Ackermann）在 1928 年提出，问题的关键点是，能否找到一种方法，仅仅通过机械化的计算，就能判定某个数学陈述是对是错。

麦克斯的讲座激发了图灵的研究热情，让一向热爱数学的图灵开始向数学界的这个难题发起进攻。大约在 1936 年春，图灵把自己的研究成果写成了论文，他把写好的论文拿给麦克斯看，得到了麦克斯的肯定和鼓励，于是图灵把自己的论文发给了伦敦数学协会。伦敦数学协会在 1936 年 5 月 28 日收到了图灵的论文，可能因为伦敦数学协会提出了一些意见，图灵在 1936 年 8 月 28 日写了一些补充说明。图灵在把补充说明发给伦敦数学学会后，1936 年 11 月 12 日，伦敦数学协会再次阅读和评审图灵的论文。这次评审后不久，伦敦数学协会便在 1936 年 11 月 30 日的《伦敦数学协会学报》（Proceedings of the London Mathematical Society）上刊出了图灵这篇论文的正文，而后又在 12 月 23 日刊出了补充说明。这篇论文便是在计算机历史上具有里程碑意义的《论可计算数及其在可判定问题上的应用》（On Computable Numbers, with an Application to the Entscheidungsproblem），本书简称为“论可计算数”。此时图灵已经不在英国，他于 1936 年 9 月 23 日从南安普敦港乘坐轮船启程[①]，到美国的普林斯顿大学留学。

在伦敦数学协会 1936—1937 的学报合集（Series 2, Vol. 42）中，图灵的这篇论文出现在第 230～265 页（见图 10-6）。巧合的是，这篇论文也刚好 36 页，包括略微超过 33 页的正文以及接近 3 页的附录，附录就是图灵在 1936 年 8 月 28 日写的补充说明。伦敦数学协会在 1937 年第 43 期学报的第 544～546 页上刊出了这篇论文的补充说明。

---

② 参考图灵母亲写的回忆录。

230   A. M. TURING   [Nov. 12,

ON COMPUTABLE NUMBERS, WITH AN APPLICATION TO
THE ENTSCHEIDUNGSPROBLEM

By A. M. TURING.

[Received 28 May, 1936.—Read 12 November, 1936.]

图 10–6   "论可计算数"论文的标题部分

　　完全解读这篇论文超出了本书的讨论范围。我们仅解读这篇论文中对计算机和软件历史产生重要影响的部分。

　　用一句简单的话来概括，这篇论文的最大贡献是为现代计算机定义了一个概念模型。图灵给利用这个概念模型发明的机器取了一个后来广泛使用的名字——通用计算机（universal computing machine）。这是一个多么响亮的名字啊！根据笔者调查，这个名字也是图灵发明的。在图灵之前，很多人思考过自动计算，但他们使用的名字大多是像加法器、乘法器、计算器这样的名字。值得说明的是，在英文中，calculate 和 compute 都包含计算的意思，中文一般都翻译为"计算"。但这两个词在英文中是有差别的，calculate 是指数学运算，而 compute 具有更广泛的意义，带有使用机器求解问题的意思。举例来说，对近代科学做出巨大贡献的布莱兹·帕斯卡也曾研究过自动计算，他在 1842~1844 年发明了一种机械式计算器，这种计算器可以做加减法，帕斯卡给它取了一个名字，叫 Pascaline，我们今天一般把它称为帕斯卡计算器（Pascal's Calculator）。伟大的数学家巴贝奇将穿孔卡片引入了自动计算领域，自动计算的范围得到极大扩展，可以使用不同的指令卡片来扩展功能，实现通用性。但是，巴贝奇仍按照传统的计算思路把自己的机器命名为差分引擎和分析引擎。引擎带有驱动其他机械运转的意味。从这个角度看，使用引擎这个名字，算是带有了一点通用性的味道。而图灵发明的名字"通用计算机"则更进了一步。

　　首先，图灵明确使用了 universal 一词，看到这个词，大家可能立刻就会联想到与之密切相关的另一个词——universe，即宇宙。根据语言学家的研究，这两个词都源于拉丁语中的 universus/universeum/universa[①]，其中的 uni 代表"一"，versus 代表转变（turned），合起来便是"转变为一"（turned into one），代表把纷繁复杂的事物统一为一种。因此，"通用计算机"就是把很多种机器变为一种，同时让它具有很多种机器的能力，这里的"很多"意味着无穷多，就像宇宙一样没有边际。从这个意义上讲，通用计算机是万能的，将其理解为万能计算机也没错。后来的历史证明了"通用计算机"的确是万能的，它不仅可以执行计算，而且可以做许多我们想做的事情，它的能力每一天都在扩展，而赋予计算机这种无限能力的方法便是设计源源不断的软件。

总而言之，单单从"通用计算机"这个名字就可以看出图灵思想的深度和广度。

为了对图灵的发明与后来的通用计算机做区别，我们一般把图灵发明的通用计算机称为"图灵机"。

"论可计算数"论文由前言、11 章正文，以及附录构成，其中第 6 章的章名就是"通用计算机"（见图 10-7）。

6. *The universal computing machine.*

It is possible to invent a single machine which can be used to compute any computable sequence. If this machine $\mathfrak{U}$ is supplied with a tape on the beginning of which is written the S.D of some computing machine $\mathcal{M}$,

SER. 2.　VOL. 42.　NO. 2144.　　　　　　　　　　　　　R

图 10-7　"论可计算数"论文第 6 章的开头部分

图 10-7 中的 S.D 是标准描述（Standard Description）的缩写。论文第 6 章开头的第一段话可以翻译为：

有可能发明一种单一的机器，用它可以计算任何可计算的序列。如果给这个机器 $\mathfrak{U}$ 提供一条纸带，并且纸带的开头写着某个计算机 $\mathcal{M}$ 的标准描述，那么 $\mathfrak{U}$ 就会像 $\mathcal{M}$ 一样计算这个序列。

上面简简单单的两句话包含了非常丰富的内涵。首先，第一句话中的"可计算"这个概念非常重要。从表面上看，这似乎缩小了计算机的使用范围，让万能计算机的能力变小了。但与其这样说，不如说图灵给我们指明了一个

---

① 参见 Cognates 网站上对西班牙语和英语同源词的描述。

方向——把"不可计算"的问题转变为"可计算"的问题。后来的计算机历史恰好证明了现代计算技术就沿着这样的路线在发展，人类不断地把本来觉得不可计算的问题转变为可计算的问题。举例来说，人脸识别表面上看是不可以计算的，但借助神经网络模型，这个问题就变得可以计算了。在今天的软件产业中，大量的算法工程师在设计模型和算法。所谓模型，从某种意义上讲，就是把本来不可计算的问题转变为可计算的问题，以及把本来不方便计算的问题转变为方便计算的问题。在这个意义上，图灵的"论可计算数"论文可谓高屋建瓴，具有灯塔般的指导意义。

我们在第一篇介绍莱布尼茨时曾提过，莱布尼茨的梦想便是通过计算解决问题。"让我们计算，不需要无谓地纠缠，就能立刻看出谁是正确的。"

从莱布尼茨构想出"让我们计算"这个伟大愿景，到图灵发表"论可计算数"论文并构想出"通用计算机"模型，在时间上跨越了 251 年[①]。

"论可计算数"论文第 6 章开头的第二句话也意味深长。"如果给这个机器 $\mathfrak{u}$ 提供一条纸带，并且纸带的开头写着某个计算机 $\mathcal{M}$ 的标准描述，那么 $\mathfrak{u}$ 就会像 $\mathcal{M}$ 一样计算这个序列。"图灵在这里描述了计算机的"可重复性"，或者说一个计算问题的结果并不会因为计算机的不同而不同：使用 $\mathcal{M}$ 计算机计算的序列，如果交给机器 $\mathfrak{u}$，那么机器 $\mathfrak{u}$ 会像计算机 $\mathcal{M}$ 一样进行计算，并得到相同的结果。今天，我们已经对这一点坚信不疑。这个特征也是人脑和"电脑"的根本区别之一。对于人来说，同一个问题，时空变换后，常常会得出不同的答案；电脑则不同。莱布尼茨一生做了很多律师工作，调查过很多案件。在某种程度上，驱动他追求计算梦想的一个动力就是想用机器来解决争议。

讲到这里，大家一定急着想看看图灵机是什么样子。遗憾的是，图灵在论文中只是用文字和公式描述了这一伟大发明，而没有绘制图灵机的模型图。我们今天看到的图灵机模型图都不是出自图灵之手，而是其他人根据图灵的描述加上自己的理解绘制而成的。不过，虽然不同的人绘制的图灵机外观可能有较大差别，但实质应该是相同的，笔者绘制的版本如图 10-8 所示。

虽然我们不确定图灵何时知道巴贝奇发明的分析引擎，但可以确定的是，图灵在 1950 年的广播演讲中，多次提到巴贝奇和埃达。在图灵生活的时代，穿孔纸带已经是非常成熟且流行的技术。因此，在写论文时，图灵是

---

① 1936 − 1685 = 251（年）。

把纸带技术当作成熟技术来使用的。在图灵的论文中，"纸带"一词出现 29
次，从第一页到最后一页，贯穿始终。在某种程度上，图灵的论文就是以纸
带为线索来描述的。

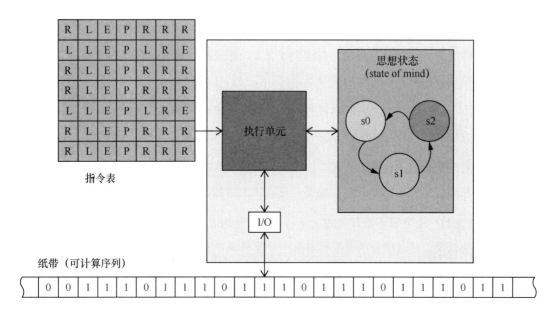

图 10-8　图灵机示意图

　　比如，图灵在论文的第 1 章提到："向这个机器输入一条纸带，纸带上
划分出很多个方格，每个方格都能够记录一个符号。"（The machine is supplied
with a "tape" (the analogue of paper) running through it, and divided into sections
(called "squares") each capable of bearing a "symbol".）

　　在论文的第 9 章，图灵又提到："我假定计算是在一条一维的纸带上完
成的，也就是在一条划分为很多格子的纸带上完成的。"(I assume then that the
computation is carried out on one-dimensional paper, i.e. on a tape divided into
squares.)

　　图灵在这里所说的"纸带"就是输入/输出媒介，纸带既可以承载要计算
的输入内容，也可以承载输出结果。如果某个方格是空的，那便可以在上面
打印最终结果或计算过程里的中间结果，当作草稿纸用，以辅助记忆（assist
the memory）。

在图灵机中,纸带可以左右移动,但每次只能移动一个方格(The machine may also change the square which is being scanned, but only by shifting it one place to right or left.)。图灵机可以读取纸带上的符号,也可以擦除纸带上的符号,还可以在纸带上打印符号。这意味着纸带不仅承担输入/输出(I/O)的作用,而且用于记录计算的中间结果。用今天的话讲,纸带还担任着内存的角色,用于存储计算所需的数据。

上面对纸带在图灵机中的作用做了基本介绍。为了进一步理解图灵机的作用,还需要介绍图灵机的另一个关键思想——图灵机的"状态"。图灵在论文中用人的思想来比喻机器,因此他把图灵机的状态称为"思想状态"(state of mind)。在 "论可计算数"论文中,"状态"一词出现了 22 次,"思想状态"这个词组出现了 13 次。

论文中还有一个与状态密切相关的概念,就是配置(configuration)。配置一词在图灵的这篇论文中出现了 108 次,是出现最频繁的单词之一。在论文第 2 章的开头,图灵先定义了什么是"自动机器",这个定义中便涉及配置。

图灵认为,"如果一台机器(见论文第 1 章的定义)在任意一个阶段的运动都可以完全由它的配置决定,那么我们就应该把这台机器称为'自动机器',简称 a 机(a-machine)。"(If at each stage the motion of a machine (in the sense of § 1) is completely determined by the configuration, we shall call the machine an "automatic machine" (or a-machine).)

关于"思想状态",图灵是这样描述的:"这种计算机在任意时刻的行为都由它正在观察的符号以及它在那一时刻的'思想状态'决定。"(The behavior of the computer at any moment is determined by the symbols which he is observing, and his "state of mind" at that moment.)

关于配置与"思想状态"的关系,图灵认为,"计算机的每个思想状态与这台机器的机器配置是一一对应的。"(To each state of mind of the computer corresponds an "m-configuration" of the machine.)

在图灵机中,机器配置和思想状态是等价的两个概念。

除机器配置以外,图灵还定义了完全配置(complete configuration)的概念。图灵认为,"在图灵机运作的任意阶段,图灵机已经扫描的方格数、纸带上所有符号的完全序列以及机器配置称为描述那个阶段的完全配置。"(At any stage of the motion of the machine, the number of the scanned square, the complete sequence of all symbols on the tape, and the m-configuration will be said to describe the complete configuration at that stage.）也就是说，完全配置是由 3 类条件——机器配置、已经扫描的方格数以及纸带上的符号序列组成的，其中机器配置是内部条件，其他两个是外部条件。

有了数据和状态的概念之后，图灵机中的第 3 个重要概念便是操作（operation）。什么是操作呢？简单来说，就是执行一个动作，在图灵给出的第一个示例中，就定义了如下 4 种操作，其中每一种操作都用一个大写的英文字母表示。

- P——打印，P0 代表打印 0，P1 代表打印 1。
- R——向右移动纸带。
- L——向左移动纸带。
- E——擦除纸带上的符号。

操作就是指令，它是计算机支持的基本动作。图灵把包含多个操作的操作序列称为表，这是受历史影响而使用的术语。本书第一篇曾提到过，埃达设计的第一个程序便是以表格形式出现的。用今天的话讲，操作序列就是程序。

图灵在论文中使用图 10-9 所示的表来描述我们今天所说的程序。用图灵的话讲，我们应该这样理解这种表："对于前两列描述的（完全）配置，如果执行了第 3 列所描述的操作，那么图灵机就会进入第 4 列所描述的状态。"（for a configuration described in the first two columns the operations in the third column are carried out successively, and the machine then goes over into the m-configuration described in the last column.）

Configuration		Behaviour	
m-config.	symbol	operations	final m-config.
b	None	P0, R	c
c	None	R	e
e	None	P1, R	f
f	None	R	b

图 10-9 图灵论文中使用表描述的程序

图 10-9 中表在图灵机中的执行过程如下：

- 初始时，机器处在配置 b，纸带上的符号为空。第 1 行的操作是先打印 0，再读右侧的方格，执行这两个操作后，机器进入配置 c。
- 第 2 行的操作是读右侧的方格，方格的内容为空，执行操作后，机器进入配置 e。
- 第 3 行的操作是先打印 1，再读右侧的方格，执行操作后，机器进入配置 f。
- 第 4 行的操作是继续读右侧的方格，方格的内容为空，执行操作后，机器回到配置 b。

简单来说，可以把图灵机概括为如下形式。

（当前状态，当前符号，新的状态，新的符号，向左/向右移动）

(current_state, current_symbol, new_state, new_symbol, left/right)

含义如下：当图灵机处于当前状态时，它的读写头读到当前的符号，于是执行操作，进入新的状态，并且可能输出新的符号，然后向左或向右移动读写头。

关于状态的数量，图灵在论文中明确假定了"需要考虑的状态数量是有限的"。（We will also suppose that the number of states of mind which need be taken into account is finite.）

正因为如此，图灵机有时也称为有限状态机，意思是图灵机在工作时会在有限数量的状态之间切换，切换的条件便是当前状态和读取到的输入。图灵的有限状态机思想在很多领域中有应用，比如，著名的 JTAG 调试技术便是以有限状态机方式定义的。在计算机算法领域，有限状态机则是一种简单易用且长盛不衰的方法。

从数学的角度看，图灵的论文回答了数学界的"可判定性问题"。图灵使用图灵机展示了可以定义出某种计算，这样的计算永远不会结束，这足以证明有些数学命题具有不可判定性（undecidability）。也就是说，并不是所有的数学问题都是可判定的。在图灵之前，普林斯顿大学的丘奇教授使用 lambda 表达式证明了"可判定性问题"，虽然使用的方法不同，但得出的结论是相同的。图灵使用的方法应该在正式发表之前就流传到了美国，这应该也是他到普林斯顿大学留学的主要原因。

图灵的思想是超越时代的，"论可计算数"论文在数学、计算机和软件历史上是一个重要的里程碑，具有开创性意义。图灵在穿孔卡片的基础上，第一次提出了通用计算机的概念和模型。图灵还用严谨的数学语言设计出了一个理论模型，证明了只要执行"有限次"的简单操作就可以"计算"出所有的可计算问题。"不怕做不到，就怕想不到"。这篇论文是暗夜里的一盏明灯，为后人照亮了探索之路；这篇论文还是一个高高的灯塔，它为现代计算机指明了方向，在这个灯塔的指引下，群雄并起，各显神通。

参考文献

[1] ZITARELLI D E. Alan Turing in America [M]. PhiLadelphia:Temple University, 2015.

[2] 张银奎. 软件调试（第 2 版）[M]. 北京：人民邮电出版社，2018:213-232.

第 11 章   1938 年，Z1

　　莱布尼茨去世将近 200 年后，1910 年 6 月 22 日，德国又出生了一位在计算机和软件历史上享誉盛名的伟大人物，他就是康拉德·楚泽（Konrad Zuse）。小楚泽的父亲名叫埃米尔·威廉·艾伯特·楚泽（Emil Wilhelm Albert Zuse，1873—1946），他是政府的公职人员，在邮局工作。埃米尔在日耳曼语中是勤奋的意思，根据康拉德·楚泽退休后的回忆，他的父亲的确是个十分勤奋尽职的公务员——工作 40 年，没有请过一天病假[1]。小楚泽的母亲名叫玛丽亚·克罗恩·楚泽（Maria Crohn Zuse，1882—1957）。小楚泽是家里的第二个孩子，他有个姐姐，比他大两岁。

　　小楚泽两岁时（1912 年），他的父亲被安排到东普鲁士的布劳恩斯贝格（Braunsberg），在那里的邮局做管理工作。于是，小楚泽一家便从柏林搬到布劳恩斯贝格。布劳恩斯贝格离柏林很远，是波罗的海的格但斯克（Gdansk）海湾边上一个安静的小镇，1945 年被苏联红军占领，后来变为波兰的一部分，现在的名字是布拉涅沃（Braniewo）。布拉涅沃已经发展成为瓦尔米亚地区的第二大城市，是这个地区的重要历史中心城市。在布劳恩斯贝格，小楚泽一家就居住在邮局大楼里，邮局的对面就是庄严的议事厅大楼。邮局局长一家也住在邮局大楼里，他家有几个非常淘气的孩子，他们做各种各样的坏事。在他们的影响下，小楚泽也很难洁身自好，常常跟局长的淘气孩子打成一片。他们的一个得意之作便是在邮局院子里演杂技，小楚泽站在一个老旧的空沥青桶的上面，模仿小丑，做各种动作，展示自己的平衡力和功夫，引来很多人观看。除白天做各种表演之外，晚上他们也不消停。那时，邮局大楼刚刚开始使用电灯来照明，每一层楼梯都安装了电灯，并且有开关可以控制。这给邮局大楼里的坏孩子们提供了绝佳的道具，他们藏在楼上的隐蔽地方，当看到陌生人上楼时，他们就悄悄关闭电灯，让楼梯变得漆黑一片，然后把一件挂在大衣架上的白衬衫垂下去，把陌生人吓得撒腿就跑。因为这些举动，布劳恩斯贝格小镇的很多人知道邮局的院子里有一群坏孩子。

　　童年时，小楚泽表现出非常高的绘画天赋。上学读书后，小楚泽仍喜欢画画，他曾经在自己的拉丁文课本上画火车头，被拉丁语老师看到后，拉丁语老师把书交给艺术老师看，艺术老师又把书交给小楚泽的父亲看。绘画这个爱好伴随了楚泽的一生，他退休后写自传时，精选以前的画作，再加上一些新创作的油画，作为插图放在了书里[1]。

6 岁时，小楚泽到布劳恩斯贝格的荷西安教会学校（Gymnasium Hosianum）读书。荷西安教会学校创办于 1565 年至 1566 年之间，由红衣主教斯坦尼斯劳斯·霍西乌斯（Stanislaus Hosius，1504—1579）创建①。

在老师的印象里，小楚泽并不是一个很好的学生。上课时，他经常溜号，人虽然坐在那里，但是思绪早已经飞到别的地方。一位老师曾经说，有一个名字里带"宙斯"（Zuse）的学生，经常睡不醒的样子，他应该叫"钝斯"（Dozy）才对。

在小楚泽的童年时光里，让他无法忘却的记忆是第一次世界大战。他目睹了很多难民坐着马车来到布劳恩斯贝格，镇上的很多地方燃起大火。

1923 年，埃米尔的工作发生变动，他被调遣到位于霍耶斯韦达（Hoyerswerda）的邮局担任局长，于是小楚泽一家离开布劳恩斯贝格，搬迁到霍耶斯韦达。小楚泽于是转到那里的"改革现实"中学（Reform-Real-Gymnasium，见图 11-1）继续他的中学学业。这所学校于 1922 年建成，1923 年时共有 237 名学生在校就读，其中外国学生 93 人，学校共有教师 13 人。1937 年，这所学校改名为莱辛高中（Lessing-Oberschule）②。

1927 年 1 月 10 日，德国著名电影导演弗里茨·朗（Fritz Lang）导演的电影《大都会》在柏林首映。这部电影对少年楚泽产生了很大的影响，他梦想设计和建造一座巨大的未来城市，就像电影中描绘的那样。为了这个梦想，楚泽在 1928 年高中毕业规划自己的未来方向时，放弃了之前喜爱的艺术方向，选择了柏林夏洛滕堡科技学院（Technischen Hochschule Charlottenburg）的土木工程专业。柏林夏洛滕堡科技大学成立于 1879 年，是最早在名字里包含"科技"的德国大学，这所大学如今的名字是柏林科技大学（Technical University of Berlin，TU），下文统一使用柏林科技大学来称呼。

---

① 参考维基百科关于荷西安教会学校的介绍。
② 参考莱辛高中网站的校史页面。

图 11-1 楚泽就读过的"改革现实"中学（来自莱辛高中网站校史页面，约拍摄于 1937 年）

大学阶段的楚泽有了更多的梦想：他曾构想征服太空，在太阳系之外的卫星上建造空间站；他还曾设想建造载人火箭，可以容纳 100～200 名乘客，飞行速度是光速的千分之一；他对显影技术也很感兴趣，曾经发明了一种可以对胶片进行投影的特殊系统。

1935 年，楚泽从柏林科技大学毕业。楚泽毕业后的首个雇主是位于柏林舍内费尔德的亨舍尔公司。亨舍尔公司是一家飞机制造厂，这家飞机制造厂从 1933 年开始制造军用飞机。亨舍尔公司分配给楚泽的工作是做计算——制造飞机零件所需的各种冗长的计算。在大学读书期间，在做土木工程方面的计算时，楚泽就十分厌烦做冗长的计算，他曾经思考过如何用机器来实现自动计算[1]。于是，楚泽在亨舍尔公司只工作了几个月便辞职了。他想建造自动计算的机器，用机器来自动完成各种冗长的计算任务，他还想成立自己的公司来经营这样的机器。

在确定了方向后，就没有什么能让楚泽停下前进的脚步了。楚泽的父母对于儿子的新方向并不像楚泽有那么高的热情，但是既然儿子决定了，他们只好尽力支持，他们同意楚泽使用他们的房子来制造新机器。

有了场地后，还需要资金，楚泽的第一批资金主要来自他的父母和姐姐。在大学读书时，楚泽是柏林科技大学学术俱乐部 Akademischer Verein Motiv 的成员，这个俱乐部里的几个学生也为楚泽提供了一些资金，还有一位名叫

---

[1] 参考康拉德·楚泽长子 Horst Zuse 写的文章《The Life and Work of Konrad Zuse》。

库尔特·潘克（Kurt Pannk）的柏林企业家也是出资者。

起初，楚泽将自己设计的第一台计算机命名为 V1，V 是"Versuchsmodell"（试验）的首字母，代表试验模型。第二次世界大战后，楚泽将 V1 改名为 Z1，原因是第二次世界大战期间德国军方使用的地对地火箭的简称是 V-1，由于这种火箭飞行时发出"嗡嗡"声，俗称"嗡嗡炸弹"。

除楚泽自己之外，与他一起设计和制造 Z1 的是其好友赫尔穆特·施赖尔（Helmut Schreyer，1912—1984）。施赖尔的父亲做过德国的部长/外长，其父在巴黎工作时，施赖尔在巴黎读书。1934 年，施赖尔进入柏林科技大学读书，学的是电子和通信工程专业。在学术俱乐部里，他认识了同为会员的楚泽，两人成了好朋友。在第二次世界大战期间，施赖尔曾经参与研制 V-2火箭和一些军用通信项目。

大约用了两年的时间，Z1 在 1938 年完成了，就摆放在楚泽父母家的客厅里（见图 11-2）。除用以提供驱动力和 1Hz 主频的电机之外，Z1 的其他部件都是机械式的，而且大多数是金属片形式的，它们都是楚泽与伙伴使用钢锯（jigsaw）加工出来的。

Z1 的内存（memory）也是机械式的，由楚泽发明，被称为"机械中继内存"（Mechanical Relay Memory），见图 11-3。机械中继内存的每个记忆单元由 3 个金属片和 1 个金属杆组成。金属片上有孔，套在金属杆上，金属片的位置可以向左或向右转动，分别代表 0 和 1。

图 11–2　摆放在客厅里的 Z1 计算机

与帕斯卡计算器等机械式的计算设备相比，Z1 最大的不同在于它是使用程序来控制的，用今天的话讲，Z1 是可以自由编程的。楚泽把控制 Z1 的程序称为"计算规划"（Rechenpläne）。Z1 使用了穿孔卡片技术，不过使用的材质不是纸，而是 35 毫米的标准胶卷，也就是通过在胶卷上穿孔来表达信息：先将设计好的程序穿孔到胶卷上，再送到 Z1 的阅读器中。

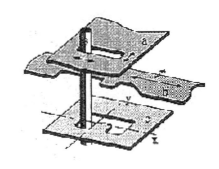

图 11-3　楚泽发明的机械中继内存

Z1 的每条指令有 8 位。用今天的话讲，Z1 指令的机器码很短，只有 1 字节。

Z1 一共有 8 条指令，如表 11-1 所示。

表 11-1　Z1 的 8 条指令

指令	功能
Pr z	把内存单元 Z 的内容读到寄存器 R1 或 R2 中
Ps z	把寄存器 R1 的内容写到内存单元 Z 中
Ls1	把寄存器 R1 和 R2 中的两个浮点数相加
Ls2	把寄存器 R1 和 R2 中的两个浮点数相减
Lm	把寄存器 R1 和 R2 中的两个浮点数相乘
Li	对寄存器 R1 和 R2 中的两个浮点数做除法
Lu	调用输入设备以读入十进制数
Ld	调用输出设备以输出十进制数

Z1 的 8 条指令，虽然数量不多，但是已经包含访问外部设备做输入输出、读写内存和执行加减乘除 4 种基本计算。另外，Z1 的数学运算都是针对寄存器进行的，也就是把想要计算的内容先从内存读到寄存器中，确保数学单元只需要访问寄存器就可以获取所有操作数，这样可以简化设计。用今天的话讲，Z1 的指令属于"精简指令集"风格，十分先进。

从 Z1 的指令集也可以看出，Z1 已经有了多级存储的思想：程序保存在外部的穿孔胶卷上，计算过程中使用的数据可以暂时放在内存中，计算过程中急需的操作数则放在寄存器中。

从数量上讲，Z1 一共有两个寄存器，分别名为 R1 和 R2。Z1 的内存一共有 16 个字，每个字有 22 位。

Z1 的结构如图 11-4 所示。值得说明的是，Z1 的内部单元使用的都是二进制数，但输入参数是十进制的。Z1 会把用户输入的十进制数转换为内部的二进制数，完成计算后，Z1 在输出结果时，再把二进制数转换为更易于人类理解的十进制数。

楚泽选择使用二进制是经过深思熟虑的，他很早就知道莱布尼茨，熟悉莱布尼茨的二进制思想，并充分认识到二进制更适合机器操作。

Z1 也使用了卡片，用卡片来承载程序，继承了雅卡尔织机的智慧。

Z1 是完全机械式的，一共有 2 万个零件，重量超过了 1 吨。

遗憾的是，组装好的 Z1 并不能稳定工作。主要原因是，那么多机械结构的零件组合到一起后难以协同运转，容易发生故障。

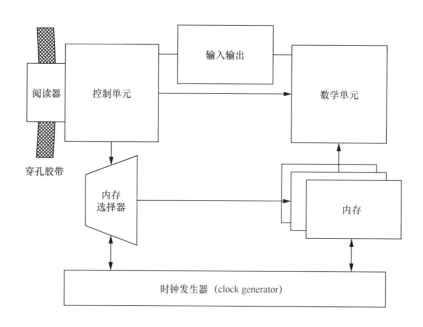

图 11-4 Z1 的结构（作者根据 Z1 资料绘制）

为了解决这个问题，楚泽在 Z1 的下一代 Z2 中，改用继电器来实现数学单元和控制单元。内存部分仍使用与 Z1 相同的机械式内存。Z2 使用了 800

个从电话公司买来的旧继电器，目的是验证使用继电器的效果，看是否可以解决 Z1 的稳定性问题。

Z2 在 1940 年完成，楚泽向德国航空和航天中心（DVL）展示了 Z2，观众中包括来自 DVL 的阿尔弗雷德·泰希曼（Alfred Teichmann）教授。泰希曼教授在看了 Z2 后，很认可这个方向，他帮助楚泽申请了一些政府资金，以支持楚泽研制新的计算机。

楚泽通过 Z2 证明了使用继电器的好处，于是在 Z3 中，继电器成为最主要的零件，不仅数学单元和控制单元使用了继电器，而且内存也是基于继电器的。每个继电器实现一个比特，楚泽通过继电器的离合状态来表示二进制的 0 或 1。

有了前面的基础和政府资金后，建造 Z3 时，楚泽在柏林的克罗伊茨贝格（Kreuzberg）区选了一个更大的场地作为建造车间。楚泽把之前建造的 Z1、Z2 以及所有设计图纸和工具都搬到了这个新场地。新场地的具体位置是 Methfesselstraße 街 7 号。

建造 Z3 的工作是从 1939 年开始的，于 1941 年 5 月 12 日完成并公开展示，观众中有很多科学家，包括泰希曼教授和 C. Schmieden 教授。

Z3 使用了 2600 个继电器，用键盘作为输入设备，由很多个灯泡组成的面板作为输出设备。为了便于输入和观察结果，键盘和输出面板（见图 11-5）被制作在一起，形成一个控制台，这样的控制台后来成为大型机的标准设备。

楚泽绘制的 Z3 如图 11-6 所示。

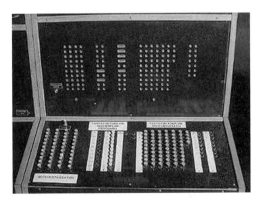

图 11-5　Z3 的键盘和显示面板

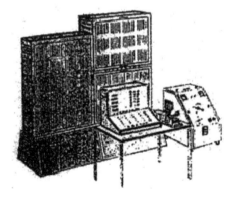

图 11-6　楚泽绘制的 Z3

在指令集方面，与 Z1 相比，Z3 增加了一条用于求平方根的 Lw 指令。在执行这条指令时，Z3 会对寄存器 R1 中的浮点数求平方根，结果则放在 R1 中，即 R1 := SQR(R1)。

从逻辑结构看，Z3 和 Z1 的总体结构是相同的，核心部件分为穿孔胶带阅读器、控制单元、输入输出单元、内存、数学单元、寄存器（R1 和 R2）以及时钟发生器。

有了前两代的基础，于 1941 年完工的 Z3 可以很稳定地工作。因此，今天有很多人认为 Z3 是世界上第一台可以完全工作的可编程计算机（world's first fully functional programmable computer）。

为了更好地推进自己的计算机事业，实现经营计算机的梦想，楚泽在 1941 年成立了自己的公司，名字就叫楚泽机器（Zuse-Apparatebau）。楚泽机器公司的办公地点就在 Methfesselstraße 街 7 号。

楚泽机器公司成立后，于 1942 年接到楚泽当年工作过的亨舍尔公司的订单。于是，楚泽与自己的员工们开始按照亨舍尔公司的要求定制新的计算机，这便是 Z4。

遗憾的是，在楚泽的事业进入高峰时，第二次世界大战的阴霾日益加重，各种物资变得匮乏。特别是到了 1945 年，柏林不断受到轰炸，每天有 800 多颗炸弹爆炸，从早到晚。在这种情况下，楚泽不得不选择新的生产场地，撤离柏林。

1945 年 3 月，楚泽和他已经怀孕的妻子吉塞拉（Gisela）冒着极大的风险再次来到 Methfesselstraße 街 7 号。他们想办法使用军方的卡车把没有完成的 Z4 运出了柏林。Z4 当时的名字还叫 V4，对于参与这次特别运送的很多人来说，他们以为车上装的是 V-2 火箭的新一代。

没有完工的 V4 运离柏林后，Methfesselstraße 街 7 号在轰炸中被炸成废墟，没来得及运走的 Z1、Z2、Z3 以及所有的设计图纸、照片都化为乌有。

今天的 Methfesselstraße 街 7 号是一个小小的葡萄园，镶嵌在一个三面临街的街心公园里，东面是 Mehringdamm 街、西面是 Methfesselstraße 街、北面是 Kreuzbergstraße 街，南面则建起了一些楼房。

Methfesselstraße 街 7 号的门口有一个纪念牌（见图 11-7），牌上的文字简要描述了这里曾经是建造 Z3 的场地。

图 11-7　Methfesselstraße 街 7 号门口的纪念牌

从 1936 年到 1945 年的 9 年时间里，楚泽机器公司设计和制造了 6 款计算机，名字分别是 Z1、Z2、Z3、Z4 和 S1、S2。其中的 S1 和 S2 是专门为 DVL 研制的，供导弹使用。

1945 年 1 月，楚泽与自己的员工吉塞拉·露特·布兰德斯（Gisela Ruth Brandes）结婚。当年 11 月，他们的第一个儿子霍斯特（Horst）出生。成年后，霍斯特继承了父亲的事业，成为计算机科学博士，致力于软件工程。

离开柏林后，为了躲避战争，楚泽与妻子来到德国南部一个名叫欣特施泰因（Hinterstein）的小村庄。为了谋生，楚泽发挥自己的绘画技能，制作木版画，出售给村民和军人。

从 1945 年到 1947 年的两年时间里，楚泽没有机会恢复 Z4 的建造工作。在这段时间里，他想到了之前开始但没有完成的一项工作，那就是如何更方便地为计算机编写程序。早在柏林时，楚泽就意识到使用机器指令编写程序太复杂了，尤其是对那些想使用计算机的普通用户来说，学习使用机器指令进行编程需要的时间太长了。因此，楚泽在设计 Z4 的时候，想到了一种方法，那就是设计一种更简单易学的编程语言，他给这种编程语言取名为 Plankalkül。Plankalkül 是楚泽把 Plan 和 kalkül 两个词组合起来创造的一个新词，前者代表程序规划，后者代表 calculus，calculus 是算子和运算的意思。早在柏林时，楚泽就有了很多设想，但是没时间深入和细化。来到欣特施泰因后，他有了充足的时间详细设计这种编程语言。用今天的话讲，楚泽开创性地设计了一种高级编程语言。他不仅详细设计了数据类型和结构体以及赋值、比较、循环、条件判断等结构，而且编写了很多例子来演示这种编程语言的用法。例如，楚泽编写了一段很复杂的程序——用 Plankalkül 语言设计了一个国际象棋程序。

1948 年，楚泽在施普林格（Springer）的《数学档案》（*Archiv der Mathematik*）上发表了一篇论文来介绍 Plankalkül 语言，并在 GAMM（应用数学与力学学会）的年会上展示了 Plankalkül 语言。

瑞士著名数学家和 ALGOL 语言的设计者之一海因茨·鲁蒂斯豪泽（Heinz Rutishauser）曾说："早在 1948 年，楚泽就第一次尝试设计一种算法语言。楚泽使用的表示方法十分通用，不过他的提议并没有得到应有的重视。"（The very first attempt to devise an algorithmic language was undertaken in 1948 by K. Zuse. His notation was quite general, but the proposal never attained the consideration it deserved.）

1948 年，战争的阴霾逐渐散去，形势开始向好的方向发展。苏黎世联邦理工学院（ZTH，简称苏黎世理工）的爱德华·施蒂菲尔（Eduard Stiefel）教授想建立一个新的应用数学学院。施蒂菲尔教授为这个学院确定的目标是可以进行高级数学分析。为了这个目标，他四处寻找能提供强大算力的方式。施蒂菲尔教授听说美国正在研制新的计算机器，于是便派了两个助手（Heinz Rutishauser 和 Ambros Speiser）到美国考察。

当时，楚泽已经在霍普费劳（Hopferau）找到了场地，恢复了 Z4 的制作。施蒂菲尔听说了 Z4 后，便在 1949 年亲自到霍普费劳考察 Z4。楚泽向施蒂菲尔详细介绍了 Z4 的技术指标，施蒂菲尔对 Z4 非常感兴趣。施蒂菲尔交给楚泽一个差分方程来测试 Z4 的能力。楚泽很快编写了程序，制成穿孔胶带，然后交给 Z4 计算。Z4 计算出来的结果完全正确。

1948 年，IBM 公司派人和楚泽会谈，希望使用他的专利。

楚泽在 1949 年成立了一家新的公司，名为楚泽合伙公司（Zuse KG）。Zuse KG 成立时只有 5 名员工，地点是在一个名叫诺伊基兴（Neukirchen，见图 11-8）的小村庄，位置在法兰克福以北 120 公里，公司的厂房以前是邮局的一个货栈（post relay station）。

图 11-8 "楚泽合伙公司"的最初办公场地

Zuse KG 成立后的第一个任务便是完成 Z4 并尽早运送给苏黎世联邦理工。大家先把 Z4 从 500 千米之外的霍普费劳运到诺伊基兴，之后再为 Z4 增加新的功能，包括增加条件转移能力，把计算结果输出到打字机或穿孔胶带上，并且改进机器的外观。Z4 的控制台如图 11-9 所示。

图 11-9 Z4 的控制台（左侧是输入键盘和显示面板，中间是穿孔胶带读入和输出装置，右侧是辅助编程的程序构建单元）

1950 年 7 月 11 日，Zuse KG 顺利地完成 Z4。一个多月后，也就是同年 9 月，Z4 被运送到苏黎世理工。没过多久，机器便安装完毕，可以运行了。Z4 工作很稳定，故障率不高。它可以在晚上自动运行，不需要人看管。这样的表现让所有人都非常满意，楚泽本人当然是最开心和骄傲的。他很幽默地说："Z4 继电器的咔嗒声是苏黎世理工夜间最动听的声音。"

苏黎世理工为购买 Z4 投入 5 万德国马克，这在当时是很大的一笔钱，但 Z4 带来的收益也是巨大的。Z4 在苏黎世理工稳定工作后，一些重大的计算任务很快便开始使用 Z4 来完成，而且立刻就取得一些惊人的成果。在接下来的几年时间里，拥有 Z4 的苏黎世理工是数学分析方面最先进的研究中心之一。这样的巨大成功也是施蒂菲尔教授最初没有预料到的。

有了 Z4 在苏黎世理工的成功应用后，Zuse KG 进入高速发展期，客户越来越多。从 1949 年到 1969 年的 20 年时间里，Zuse KG 一共生产了 251 台计算机，价值 1.02 亿德国马克。Zuse KG 的公司规模也不断壮大，到 1964 年时，这家公司已经有大约 1200 名员工。

1964 年，因为公司债务等问题，楚泽将 Zuse KG 出售给了西门子，他本人则继续留在公司做顾问。1969 年，楚泽从公司退休，退休后，他仍很忙碌。1986 年，楚泽开始重建毁于战火的 Z1，用了 3 年时间在 1989 年完工。Z1 目前陈列在德国科技博物馆里。

1970 年，楚泽出版了自传，书名为《计算机——我的人生》（见图 11-10）。1995 年，楚泽因为心脏病去世。诚然，楚泽将自己一生的大部分时间放在了设计和制造计算机上，他是为计算机而生的。

楚泽于 1938 年完成的 Z1 以及于 1941 年完成的 Z3 在计算机历史上具有重大的里程碑意义。Z1 比 Z3 早 3 年，意义更大。但遗憾的是，Z1 和 Z3 都在战火中消失了。虽然楚泽分别在 20 世纪 60 年代（1962 年）和 80 年代重建了 Z3 和 Z1，但是重建的毕竟不同于最初的。更糟糕的是，Z1 和 Z3 的最初设计文档也留存很少。正因为这些，今天的很多学者对楚泽在计算机历史上的地位持怀疑态度。

Konrad Zuse

The Computer–
My Life

With Forewords
by F. L. Bauer
and H. Zemanek

图 11-10　楚泽
自传：《计算机
——我的人生》

关于 Z1 和 Z3 的原始设计，留存到今天的一个重要文献是楚泽在 1936 年所写的专利申请稿[1]，上面标注的时间是 1936 年 4 月 11 日。这时楚泽刚好完成 Z1 的设计。楚泽所申请专利的编号为 Z23139/GMD Nr. 005/021，标题为"使用计算机辅助的自动计算方法"（Method for Automatic Execution of Calculations with the Aid of Computers）。遗憾的是，这个专利被驳回了。在这个专利中，楚泽围绕内存单元很详细地描述了 Z1 的设计思想。他特别指出，内存可以用来存储很多种不同的东西，可以是陈述、名字、参考数字、级别、数据、指令、消息、结论等。这说明楚泽的心中已经有了一幅通用计算机的蓝图。

讲到这里，我们自然会想到图灵。楚泽比图灵大两岁，他们是同时代的人。他们一个在德国，一个在英国。他们的经历和个性差别很大，但相同的是，他们都在 20 多岁时思考了通用计算这一伟大的命题，而且都在 1936 年设计出了自己心目中的自动计算机器。所不同的是，天生擅长数学的图灵，用抽象的数学语言设计出了一个概念性的通用模型；而擅长绘画和学习土木工程的楚泽，则设计出了一台可以生产制造的机器。他们一个侧重理论，一个侧重实践。他们从两个不同的方向，得出了非常相似的结论，那就是可以制造出一台万能的计算机器。另外，他们都利用了穿孔纸带和二进制这两个流传已久的人类智慧。

有学者试图研究图灵和楚泽的关系，比如他们是否见过面，是否知道对方，楚泽什么时候看到了图灵的《论可计算数及其在可判定问题上的应用》论文，等等。遗憾的是，他们都已经去世了，我们今天所能做的，只是从第三者的角度进行观察和推理。第二次世界大战结束后，图灵曾经访问过德国，理论上，他是有可能与楚泽见面的。

参考文献

[1] ZUSE K. The Computer—My Life [M]. Springer , 1993.

[2] ZUSE K. Verfahren zur selbsttätigen Durchführung von Rechnungen mit Hilfe von Rechenmaschinen:Z23139/GMD Nr. 005/021[P].1936-04-11.

第 12 章　1939 年，ABC

1903 年 10 月 4 日，约翰·文森特·阿塔纳索夫（John Vincent Atanasoff）出生在美国纽约汉密尔顿以西几英里的地方。他的父亲名叫伊万·阿塔纳索夫（Ivan Atanasov），出生在保加利亚。伊万 13 岁时（1889 年）随叔父来到美国。1901 年，伊万毕业于科尔盖特大学（University of Collgate）。小阿塔纳索夫的母亲名叫伊娃·卢塞纳·珀迪（Iva Lucena Purdy），是一位数学老师。伊万夫妇有 8 个孩子，小阿塔纳索夫是老大。

小阿塔纳索夫出生后，伊万接受了一个在佛罗里达州从事电子工程的工作，于是小阿塔纳索夫一家搬到佛罗里达州，先住在奥斯特滕（Osteen），后来又搬到布鲁斯特（Brewster）。在搬到布鲁斯特后，他们的房子里有了电灯。有一次，家里的电灯出了故障，9 岁的小阿塔纳索夫在屋后走廊发现了接线问题，并且成功排除了故障。[1]

童年时的阿塔纳索夫很喜欢数学，在母亲的引导下，他很早就开始读 J.M. 泰勒写的《大学代数》（*A College Algebra*），此外他还从母亲那里学会了二进制数。[1]

1921 年，18 岁的阿塔纳索夫考入佛罗里达大学。读中学时，阿塔纳索夫就希望成为一名理论物理学家，但是佛罗里达大学没有理论物理专业，于是他选择了电子工程专业。1925 年，阿塔纳索夫获得电子工程专业的学士学位，以全"A"的专业成绩从佛罗里达大学毕业。

1925 年夏，阿塔纳索夫来到爱荷华爱荷华州的艾姆斯，这里是爱荷华爱荷华州立大学（Iowa State University）的所在地，阿塔纳索夫到这里读硕士。

1926 年 6 月，阿塔纳索夫获得爱荷华州立大学数学专业的硕士学位。几天后，阿塔纳索夫与卢拉·米克斯（Lura Meeks）结婚。一年多以后，他们有了第一个女儿，名叫埃尔茜（Elsie）。

在埃尔茜一岁时，阿塔纳索夫一家搬到威斯康星州的麦迪逊，原因是阿塔纳索夫要到那里读博士。阿塔纳索夫的博士论文是《氦的介电常数》（The Dielectric Constant of Helium）。在准备这篇论文时，阿塔纳索夫需要做很多计算。他找了很多辅助计算的工具，但是都不满意。从那时起，阿塔纳索夫开始思考如何能研制出一台可以自动做复杂计算的机器。

1930 年 7 月，阿塔纳索夫获得博士学位，方向是理论物理，这圆了他少年时成为理论物理学家的梦想。

获得博士学位后，阿塔纳索夫又回到爱荷华州立大学，成为数学和物理方面的助理教授。没过多久，他被提升为副教授，搬到物理大楼办公。

回到爱荷华州立大学后，阿塔纳索夫决定实现自己读博时制造计算机器的梦想，他开始进行各种尝试。最初的几年，他尝试的方向是使用“模拟设备”。模拟设备的基本原理是利用两个量的比例关系，把一种变量映射到另一种变量。举例来说，机械钟表便属于模拟设备，其工作原理是把零件的运动转换为时间。1936 年，阿塔纳索夫和爱荷华州立大学的一位原子物理学家一起研制出一个名为“拉普拉斯记”（Laplaciometer）的模拟计算器，用于分析平面的几何特征。仪器制作好之后，测试时发现的最大问题便是计算结果不够精确，这是很多模拟设备存在的普遍问题。多次尝试模拟方向后，阿塔纳索夫得出结论：模拟设备无法达到想要的精度，他应该选择新的方向。[2]

1937 年冬天的一个晚上，因为一连串不顺心的事情而感觉精神疲惫的阿塔纳索夫打算开车出去散散心。他钻进车里，漫无目的地上路了，他穿过密西西比河，向东行驶了 320 多公里。他已经开出了爱荷华州，到了伊利诺伊州。他有点累了，便在路旁的一栋房子边上停下来。他坐下来，喝了一杯波旁威士忌，心情好了很多。心情平静下来以后，他又想起了多年来日思夜想的计算机器。可能是因为换了新鲜的环境，他发觉自己的大脑非常活跃，思路大开，一个个新想法迸发出来。这些想法在他脑海中汇聚，很快，一台使用电子技术的数字计算机的蓝图便在他的脑海里形成了。他找到一张餐巾纸，把新想法的要点记了下来。他为自己的新机器确定了以下 4 条设计原则（或者说 4 个特征）[1]：

- 使用二进制数；
- 使用电和电子技术；
- 直接通过逻辑操作进行运算，不再采用模拟计算设备的测量方式；
- 使用电容器作为内存，通过“再生的”（regenerative）方法解决电容漏电导致的数据丢失问题。

上面的第 3 条原则表明新机器使用是的数字电路而不是模拟电路。很多专家认为，"模拟计算机"这个词最早便是由阿塔纳索夫发明的。从这条原则看，此时阿塔纳索夫的脑海中已经有了数字计算机的蓝图。以上 4 条原则中的前 3 条原则是关于总体设计的，简单概括后，满足这 3 个特征的便是二进制电子数字计算机。这 3 条原则就像 3 座灯塔，为现代计算机的发展指明了方向，直到今天，这 3 条原则仍是适用的。第 4 条原则描述了实现内存的关键技术。内存一直是计算机的关键部件，如果把计算机看作大脑，那么内存便是脑细胞。阿塔纳索夫创造性地使用电容来实现记忆，并且设计了使用"刷新再生"的方法来保持记忆，这是非常伟大的创举。直到今天，使用广泛的 DRAM 内存仍是基于这样的原理而设计的，每个存储单元对应一个电容和一个晶体管（见图 12-1）。

图 12-1　DRAM 的基本存储单元，C 代表电容

有了基本的设计原则后，阿塔纳索夫又花了很长时间来落实自己的设计。有了设计后，下一步便是实现。阿塔纳索夫向爱荷华州立大学申请立项，希望得到学校的支持。

1939 年 3 月，阿塔纳索夫收到了学校的批复，得到了 650 美元的资金支持。

有了资金后，项目就可以开始了。阿塔纳索夫需要一位助手，他请电子工程专业的同事哈罗德·安德森（Harold Anderson）为他推荐一名研究生。安德森向他推荐了克利福德·贝里（Clifford Berry）。贝里不仅在电子工程方面很有天赋，而且他的经历和生活背景也与阿塔纳索夫有很多相似之处，二人一拍即合。

阿塔纳索夫发现物理大楼（见图 12-2）的地下室是个不错的地方，偌大的空间里，只有一个学生商店。另外，地下室里很干燥，夏季相对比较凉快，这些都很合适。于是，他从学生商店划出大约 12 米宽的一块地方，解决了场地问题。

图 12-2　物理大楼

1939 年 8 月，阿塔纳索夫和贝里的电子计算机项目正式启动。因为准备十分充分，所以进展很顺利。他们的想法是先制作一个原型，越简单越好，而不是一下子把摊子铺太大。本着这个思路，几个星期后，基本的原型便有了样子，一些电子元件被焊在一个面包板上。面包板不大，很容易移动，但里面包含完整计算机所需的关键部件，足够阿塔纳索夫和贝里验证想法。

组装过程也很顺利，而且机器组装完成后就工作得很好。他们的原型包括如下部件：

- 支持加减法的数学单元；
- 使用电容实现的内存磁盘（disk），磁盘的每面有 25 个电容；
- 刷新内存数据的"再生"逻辑电路；
- 进位电容；
- 电源；
- 驱动电动机。

这个原型的基本工作原理如图 12-3 所示：在内存圆盘上记录想要计算的数字，数字是以二进制表示的，每个比特对应一个电容；在电动机的带动下，磁盘以稳定的速度转动，这样便可以读到磁盘上的每一位；加减法逻辑电路可以对内存磁盘上的数字进行相应的运算。

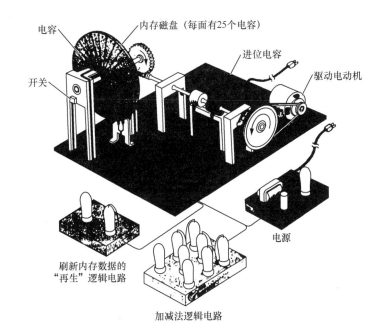

内存磁盘（每面有25个电容）

电容

进位电容

驱动电动机

开关

刷新内存数据的"再生"逻辑电路

电源

加减法逻辑电路

图 12-3　阿塔纳索夫和贝里的计算机原型

　　虽然只花了两三个月的时间，但是阿塔纳索夫和贝里的计算机原型已经取得多项具有划时代意义的成果，以下是其中的一部分。

- 除时钟系统是机械的以外，其他计算部分是电子的；
- 第一次使用了真空电子管（vacuum tube）；
- 使用电容作为内存，一个可以旋转的圆鼓包含了多个电容；
- 通过"再生"过程刷新内存中的数据，保证内存的记忆力。

　　项目的 650 美元资金中，有 200 美元用于购买材料，另外 450 美元全部发给了贝里作为他的工资。[3]

　　1939 年 10 月，阿塔纳索夫和贝里第一次演示了他们的作品。同年 11 月，他们还向一些参观者做了几次演示。很多参观者在看到这台机器能够把结构很复杂的加减法做得正确无误后，都感到很惊讶。而要想把其中的工作原理说清楚，阿塔纳索夫和贝里就必须先解释二进制数的基本原理。

　　1939 年 12 月，阿塔纳索夫和贝里向爱荷华州立大学的领导演示了他们的作品。领导看了他们的演示后，认为这个项目非常成功，同意继续出资支持他们制造全规模的机器。

　　大约在 1940 年的冬季，阿塔纳索夫写了一份报告，报告的题目为《用于求解大型线性方程组的计算机器》（Computing Machines for the Solution of Large Systems of Linear Algebraic Equations）。在这篇长达 35 页的报告里，阿塔纳索夫详细描述了一台计算机器。这份报告的前 10 页介绍了机器的用途以及阿塔纳索夫的设计思想，包括设计思想的演变过程。从第 11 页开始，在接下来的 20 页中，阿塔纳索夫详细阐述了自己的设计，具体分为如下几部分：

- 计算机器的一般原则；
- 使用机械求解线性代数系统的方法；
- 计算机的关键部件；
- 二进制卡片的读写机制；
- 与十进制的转换；
- 零散细节；
- 应用这台机器求解线性方程组系统；
- 构建和设计进度。

从第 31 页开始的最后 5 页是财务报告，阿塔纳索夫详细描述了项目的收支情况，包括已经获得的资金、已经产生的费用以及未来需要的费用。他预估完成整个项目还需要 5000 美元的支持，希望能得到批准。[4]

阿塔纳索夫的资金申请很快得到批准，他和贝里继续建造全规模的数字计算机。阿塔纳索夫还为这台数字计算机起了个名字，叫阿塔纳索夫–贝里计算机（Atanasoff–Berry Computer），简称 ABC。阿塔纳索夫对助手贝里非常好，并没有因为他是研究生而亏待他，不仅付给他工资，而且还把他的名字与自己的名字并列放在了这台数字计算机的名称里，而阿塔纳索夫自己始终没有从项目资金里拿一分钱劳务费。在和阿塔纳索夫一起合作 ABC 项目的时候，贝里还收获了爱情。在做这个项目的时候，贝里结识了同在物理系工作的玛莎·琼·里德（Martha Jean Reed），玛莎也是爱荷华州立大学的毕业生，她当时是阿塔纳索夫的秘书。1942 年 5 月 30 日，贝里（见图 12-4）和玛莎在埃姆斯举行了婚礼①。

---

① 参考 JVA 倡议委员会和爱荷华州立大学 2011 年在 JVA 网站上发表的文章《Clifford Berry Biography》。

图 12-4　工作中的贝里，大约拍摄于 1941 年末或 1942 年初

建造全规模 ABC 的工作是从 1940 年初开始的，进展也很顺利，部件制作和组装工作在 1941 年底就基本完成了，用了差不多两年的时间。

全规模的 ABC 主要由如下部件组成。

- 数学单元，包含 30 个加减法模块，其中每个模块实现在一块电路板上，可以单独插拔，并且每个模块包含 7 个双三极管（dual triode）。

- 两个内存圆鼓，一个名叫 ca，另一个名叫 ka。因为都是圆盘形的，所以它们又称为"算盘"（Abacus）。每个内存圆鼓可以记忆 30 个数字，每个数字包含 50 位。也就是说，每个内存圆鼓的容量是 1500 位[3]。

- 时序控制触点（timing control contact）；

- 二进制输入/输出；

- 十进制和二进制的转换；

- 内存刷新电路；

- 来自 IBM 公司的卡片阅读器；

- 基于闸流管的打孔机（thyratron-based puncher）；

- 马达；

- 电动机。

全规模的 ABC 一共使用了 600 个真空管（见图 12-5），其中 300 个用在数学单元中，用来实现加法和减法，另外 300 个用来实现控制和内存。[3]

ABC 的基本工作过程如下：把想要计算的两个操作数分别加载到 1 号和 2 号内存圆鼓中，数学单元负责对它们进行计算，结果则被放到 1 号内存圆鼓中，1 号内存圆鼓的内容可以复制到 2 号内存圆鼓中。

1942 年 4 月 7 日，有媒体报道了 ABC，新闻的标题为《ISC 物理学家建造的最大、最快计算器》（Biggest, Fastest Calculator Built By ISC Physicist，见图 12-6）。

1942 年年初，阿塔纳索夫和贝里开始对 ABC 进行运行测试，所有数学单元和两个内存圆鼓都工作得非常好，但是基于闸流管的打孔机（thyratron-based puncher）工作不稳定，经常停止工作，大约有万分之一的故障率。除输出最终结果之外，打孔机还起着存储中间过程的外存作用。打孔机不稳定导致整台机器无法顺利工作。

图 12-5　用来建造 ABC 的重要零件——真空三极管

Biggest, Fastest
Calculator Built
By ISC Physicist

Ames, Iowa, April 7 — A machine that can solve linear algebraic equations involving 30 unknowns many times faster than any present device has been developed by Dr. John V. Atanasoff, member of the Iowa State College mathematics and physics staff.

The high speed calculator, which is about the size of an office desk, works on electrical principles and employs several hundred vacuum tubes in its operation It computes simultaneously in 450 digits.

The machine, probably the largest ever built, will replace 100 expert computers with calculating machines when in action. The completion and trial of the machine has been delayed by Iowa State College activities in connection with national defense, Atanasoff said. He expects to give the machine its initial trial before summer.

Dr. Atanasoff lists the following problems for which the machine will be used: electrical circuit analysis, analysis of elastic plates, and analysis of elastic building and bridge structures. Other uses will include the approximate solution of many problems in atomic structure, application of quantum mechanics to problems in chemistry, investigations into the study of vibration of molecules, and the investigation of various mechanical and electrical vibration problems.

"All of these problems involve a certain amount of mathematical drudgery," Atanasoff said. "Often an engineering design is based on rather arbitrary rules of thumb because of the enormous amount of labor involved in a complete solution. With this machine we hope to be able to solve many problems completely and many others with greater accuracy."

The work by Dr. Atanasoff and his staff has been carried on under a grant by Research Corporation.

-1942-

图 12-6　关于 ABC 的专门报道

正当阿塔纳索夫和贝里准备着手解决打孔机的问题时，战争来了。1941年12月，美国加入第二次世界大战。1942年7月，贝里被征调到加利福尼亚工作，同年9月，阿塔纳索夫也收到命令，被征调到位于华盛顿特区的美国海军军械实验室（Naval Ordnance Laboratory）工作。

阿塔纳索夫在美国海军军械实验室工作了很多年，担任声学部门（Acoustics Division）的主管，负责为美国海军开发计算机，同时他还参与了第一次原子弹实验。

在1948年回埃姆斯探亲时，阿塔纳索夫得到一条令他惊讶和极度失望的消息，因为物理大楼的布局发生改变，他的计算机被搬出了物理大楼，而且被拆解了，只剩下几个零件，其中包括一个内存圆鼓。在拆毁计算机时，没有人通知阿塔纳索夫，也没有人通知贝里。

1952年，阿塔纳索夫与自己的老朋友和学生大卫·贝歇尔（David Beecher）成立了一家公司，名叫军械工程公司（Ordnance Engineering Corporation）。1957年，航空发动机通用公司（Aerojet General Corporation）收购了军械工程公司。阿塔纳索夫留在航空发动机通用公司担任管理工作，直到1961年退休。

退休后，阿塔纳索夫做了一些私人项目。

1963年冬，阿塔纳索夫得到一条不幸的消息，曾经与他共同建造ABC的贝里在1963年10月30日去世了。贝里出生于1918年，比阿塔纳索夫小15岁。离开爱荷华州以后，贝里一直住在加州的帕萨迪纳（Pasadena）。想起并肩建造ABC的日子，阿塔纳索夫很为这个伙伴英年早逝而难过，他特意赶到帕萨迪纳，与贝里的遗孀玛莎一起整理贝里留下的文件。

1966年，一本名为《电子数字系统》（*Electronic Digital Systems*）的书出版，书中十分认真地探索了电子数字系统的起源和发展过程，而且赞成把ABC看作第一台电子数字计算机。要知道，当时大多数人普遍认为ENIAC是第一台电子数字计算机，很少有人知道ABC。这本书的作者是R.K.理查德，理查德是爱荷华州立大学电子工程专业1943年的毕业生[①]，因此认识贝里，所以他很了解ABC的详细情况。

1967年春，有律师来找阿塔纳索夫，从此他的生活变得忙碌起来，因为

————————————

① 参考艾奥瓦州立大学官网上关于计算机历史的介绍。

他加入了一场关于计算机器的新战役。这场战役不是在实验室里，而是在法庭上。这便是计算机历史上著名的 ENIAC 专利案。

ENIAC 是美国军方出资在宾夕法尼亚大学建造的计算机，在 1943 年签订合同，于 1945 年完工，是公认的第一台通用数字计算机。1946 年，ENIAC 的主要设计者从宾夕法尼亚大学辞职，成立了一家专门的公司，名叫埃克特-莫奇利计算机公司，公司名字中的埃克特和莫奇利分别代表 ENIAC 的两个主要设计者约翰·威廉莫奇利和普雷斯珀·埃克特。1947 年，莫奇利和埃克特申请了名为"电子数字积分器和计算机"（Electronic Numerical Integrator and Computer）的专利，并于 1964 年获得批准。1950 年，埃克特-莫奇利计算机公司被雷明顿兰德（Remington Rand）公司收购，后者在 1955 年与斯佩里公司合并组成了斯佩里-兰德公司。因此，名为"电子数字积分器和计算机"的专利一经批准后，便属于斯佩里-兰德公司所有，其他生产计算机的公司都要向斯佩里-兰德支付专利费，当时生产计算机的公司包括 IBM、霍尼韦尔（Honeywell）、控制数据公司（Control Data Company，CDC）和 GE 等。

霍尼韦尔与 CDC 的律师从某个渠道听说了阿塔纳索夫和 ABC，于是便找到阿塔纳索夫，请他当顾问并提供证据，目标是证明莫奇利和埃克特的专利使用了 ABC 的思想，请法院撤销已经批准的专利。阿塔纳索夫同意了请求，愿意出庭作证。

1967 年 5 月 26 日，霍尼韦尔公司向明尼阿波利斯（Minneapolis）地区法院提交了诉讼。计算机历史上最著名的专利案之一正式开始了。

阿塔纳索夫非常认真地提供证据和准备材料，为案件的进展尽心尽力。从 1968 年 11 月 11 日到 12 月 6 日的近一个月时间里，他与多名律师一起，录制了一份非常长的证词（见图 12-7），整理后的打印稿件长达 1252 页①。

在自己的证词中，阿塔纳索夫描述了他与莫奇利的一些交往，特别是莫奇利到爱荷华州立大学参观 ABC 的经过。

在 1940 年 12 月的一次技术会议上，阿塔纳索夫认识了莫奇利，并向莫奇利介绍了自己正在研制的计算机器。当莫奇利提出想要实地参观一下时，阿塔纳索夫同意了。

---

① 参考明尼苏达州地区法院公开的证词资料。

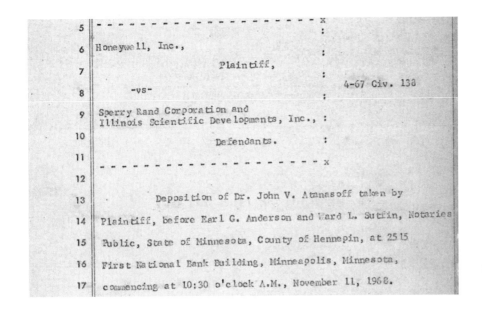

图 12-7 阿塔纳索夫证词首页的局部

1941 年 3 月 7 日，阿塔纳索夫写了一封信给莫奇利（参见图 12-8），盛情邀请莫奇利到爱荷华州立大学访问和参观。

1941 年 6 月 13 日，莫奇利来到埃姆斯，到阿塔纳索夫家里做客，一直待到 6 月 18 日早晨。在这次交往中，有三四天时间莫奇利和阿塔纳索夫一起到阿塔纳索夫的物理大楼办公室，并在阿塔纳索夫和贝里的陪同下参观 ABC。阿塔纳索夫和贝里向他演示了 ABC 的各种功能，而且阿塔纳索夫还允许莫奇利阅读自己撰写的关于 ABC 细节的技术文档（前面提到的那份 35 页报告）。

此外，阿塔纳索夫还提供了一份强有力的证据，那就是在 1941 年 9 月 30 日，莫奇利写信给阿塔纳索夫，提出合作开发一种阿塔纳索夫计算机，并询问如果在自己考虑构建的计算机中使用阿塔纳索夫的一些概念，他是否反对。

1971 年 6 月 1 日，法院开庭审理这个案件。庭审前后用了 135 天，有 77 个证人出庭作证，另外还有 80 个证人以笔录方式提供了证据。

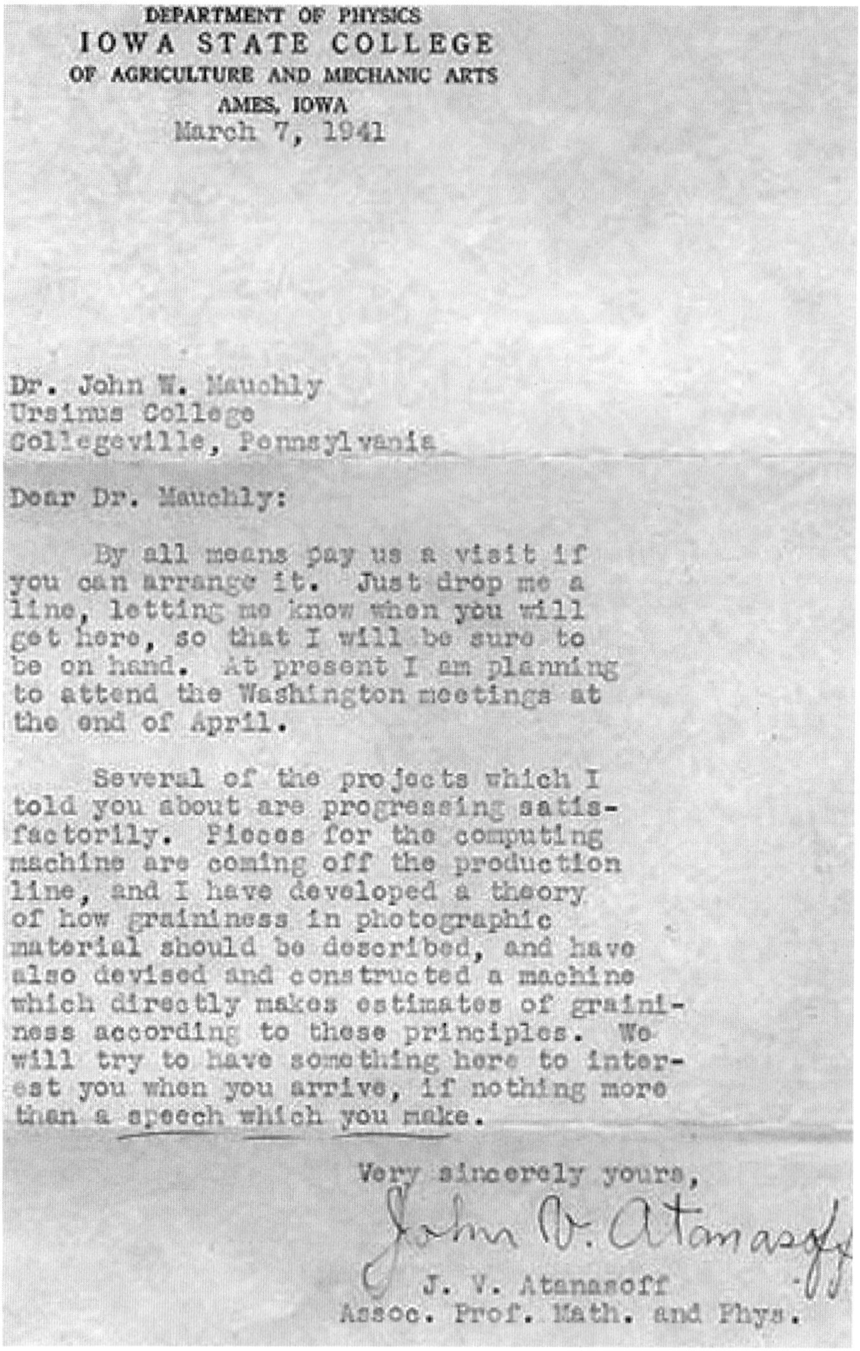

DEPARTMENT OF PHYSICS
IOWA STATE COLLEGE
OF AGRICULTURE AND MECHANIC ARTS
AMES, IOWA
March 7, 1941

Dr. John W. Mauchly
Ursinus College
Collegeville, Pennsylvania

Dear Dr. Mauchly:

By all means pay us a visit if you can arrange it. Just drop me a line, letting me know when you will get here, so that I will be sure to be on hand. At present I am planning to attend the Washington meetings at the end of April.

Several of the projects which I told you about are progressing satisfactorily. Pieces for the computing machine are coming off the production line, and I have developed a theory of how graininess in photographic material should be described, and have also devised and constructed a machine which directly makes estimates of graininess according to these principles. We will try to have something here to interest you when you arrive, if nothing more than a speech which you make.

Very sincerely yours,

J. V. Atanasoff
Assoc. Prof. Math. and Phys.

图 12-8 阿塔纳索夫写给莫奇利的信

1973 年 10 月 19 日，美国地方法院的法官厄尔·拉尔森签署了判决书（见图 12-9）。法官认为 ENIAC 的基本思想来源于阿塔纳索夫，判决 ENIAC 专利无效，斯佩里-兰德公司对霍尼韦尔公司的专利索赔被驳回。

为了这场诉讼，阿塔纳索夫付出很多，但收获也很大，法官的判决从法律上认定了阿塔纳索夫是第一台电子数字计算机的发明者。

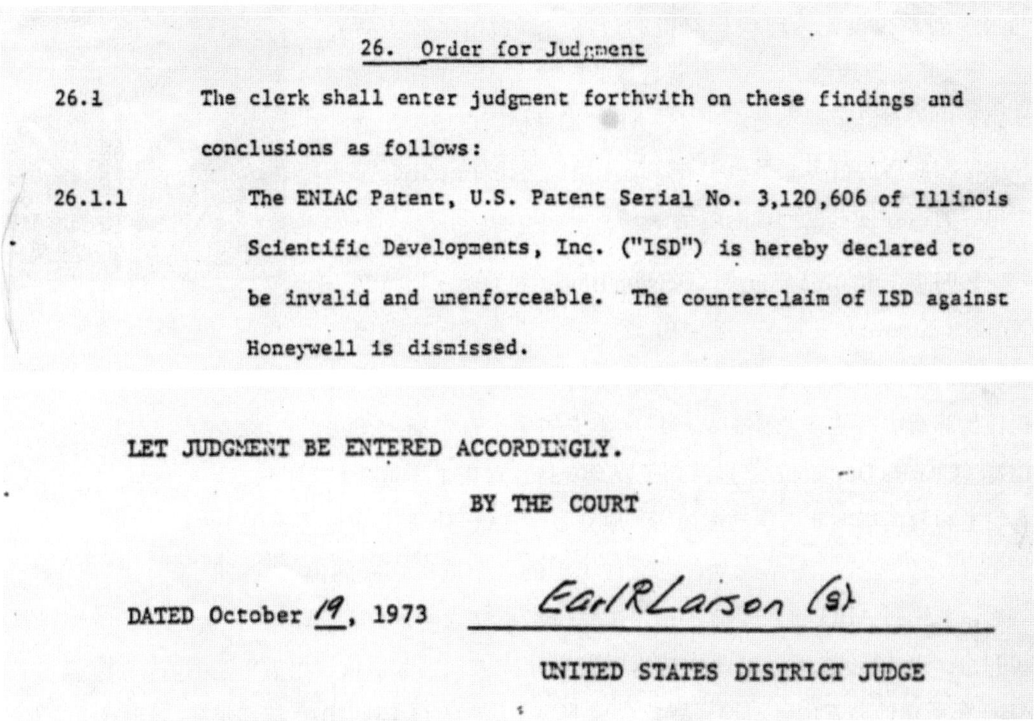

26. Order for Judgment

26.1   The clerk shall enter judgment forthwith on these findings and conclusions as follows:

26.1.1   The ENIAC Patent, U.S. Patent Serial No. 3,120,606 of Illinois Scientific Developments, Inc. ("ISD") is hereby declared to be invalid and unenforceable. The counterclaim of ISD against Honeywell is dismissed.

LET JUDGMENT BE ENTERED ACCORDINGLY.

BY THE COURT

DATED October 19, 1973   _Earl R Larson (s)_

UNITED STATES DISTRICT JUDGE

图 12-9　撤销 ENIAC 专利的判决书

但阿塔纳索夫是证人，不是原告，诉讼赢了给他带来的只是荣誉，并没有直接的经济收益。事实上，从始至终，阿塔纳索夫都没有通过自己的发明来赚钱，他把自己的伟大发明无私地贡献给了全人类。1970 年，保加利亚授予阿塔纳索夫该国最高的荣誉——圣西里尔和美多德修士勋章（Order of Saints Cyril and Methodius）。1990 年，美国政府向阿塔纳索夫颁发美国科技奖章（United States National Medal of Technology），这是美国政府向在科技方面做出突出贡献的个人授予的最高荣誉。

1995 年 6 月 15 日，与疾病战斗多年后，阿塔纳索夫（见图 12-10）在位于马里兰的家中去世。

阿塔纳索夫花费十多年时间精心设计的 ABC 在计算机历史上具有重大意义。虽然 ABC 不可以编程，只能完成像求解线性方程组这样的特定任务，不能算是通用计算机；但是 ABC 的很多创新性设计为现代计算机的最终出现做出了重大贡献，对几年后出现的 ENIAC 有着直接的影响，ABC 的一些设计思想也一直沿用到今天。比如，ABC 最早使用电子管，这种做法在此后的很多大型机中被广泛采用。再比如，ABC 基于电容的内存技术也一直沿用至今。

图 12-10　阿塔纳索夫（1903—1995）

1994 年，德尔温·布卢（Delwyn Bluh）和乔治·斯特朗（George Strawn）发起了重建 ABC 的义举。布卢当时在美国能源部的埃姆斯实验室工作，而斯特伦曾在爱荷华州立大学担任计算机中心主任。他们从阿塔纳索夫的学生查尔斯·德拉姆（Charles Durham）那里得到了资金支持，召集了埃姆斯实验室和爱荷华州立大学的志愿者，成立了一支重建团队。重建项目于 1997 年 10 月 8 日完成并演示成功，之后在美国的多个城市巡回展出[①]。巡回展出后，重建的 ABC 回到爱荷华州，在爱荷华州立大学的达勒姆中心展示。2009 年，美国计算机历史博物馆与爱荷华州立大学签订协议，租借重建的 ABC 在新建的硅谷山景城展厅展览，租期为 10 年或 15 年。2010 年，重建的 ABC（见图 12-11）被运送到美国计算机历史博物馆，接受更多观众的参观。

图 12-11　重建的 ABC

---

① 参考 John Gustafson 在 Johngustafson 网站上发表的文章《Reconstruction of the Atanasoff-Berry Computer》。

参考文献

[1] CLARK R M. Atanasoff:Forgotten Father of the Computer [J]. Oral History Review, 1990, 18(1):175-176.

[2] BOYANOV K. John Vincent Atanasoff – The Inventor of the First Electronic Digital Computing [C]. CompSysTech, 2003.

[3] BERGIN T J. John Vincent Atanasoff (1903—1995) [M]. American University: Computing History Museum, 2012.

[4] ATANASOFF J V. Computing Machine for the Solution of large Systems of Linear Algebraic Equations [M]. Springer Berlin Heidelberg, 1982.

第 13 章　1943 年，巨神计算机

　　无线电通信技术在第二次世界大战中被广泛使用，成为传递军事消息的一种重要手段。为了防止通信数据被敌方接收到而泄露军事情报，在发送数据前进行加密成为必不可少的步骤。但即使加密了，发送的军事情报也可能被敌方破解。因此，加密和解密技术成为交战双方进行较量的另一个战场。

　　在英国伦敦西北方向大约 80 公里的地方，有个名叫米尔顿-凯恩斯（Milton Keynes）的小镇，小镇有一个建于 19 世纪末的庄园，庄园的主体建筑是由赫伯特・莱昂爵士（Sir Herbert Leon）在 1882 至 1883 年修建的维多利亚式官邸。整个庄园有个很好听的名字，叫布莱切庄园（Bletchley Park，见图 13-1）。第二次世界大战期间，这里便是盟军设在英国的密码破解中心，代号为"X 电台"（Station X）。为了保密，盟军为 X 电台取了个具有掩护性的名字，叫"里德利上校的射击俱乐部"（Cpt Ridley's Shooting Party）。

图 13-1　布莱切庄园的早期聚会（照片拍摄于 1938 年，照片版权属于 Bletchley Park Trust）

　　1938 年 5 月，英国政府买下了布莱切庄园，开始着手各项建设工作，其中最重要的就是快速召集大量的数学人才到这里工作。

1939 年 8 月 15 日，英国的政府密码学院（Government Code and Cypher School，GC&CS）首先搬到布莱切庄园。从此，维多利亚式的赫伯特·莱昂爵士官邸成了 GC&CS 在第二次世界大战期间的总部。随后，不同角色的工作人员纷至沓来，原来的建筑都尽可能被利用起来，本来马夫和仆人住的房子改成了办公室，本来的马圈也被改造成了车库。即便如此，原来的建筑还是很快就不够用了，于是便在官邸周围紧急建设了一些低矮的木板房，称为棚屋（Hut)。人数最多时，布莱切庄园和米尔顿-凯恩斯小镇有大约 7000 多名 X 电台的工作人员，大大小小的棚屋有 13 个。包括图灵在内的很多数学天才和密码学家在这里工作过，当时的英国首相丘吉尔也曾亲自到这里视察。

1940 年 11 月 20 日，一枚德国炸弹落在 4 号棚屋旁边的一棵树下爆炸，将树掀倒，4 号棚屋也平移了 1 米。为了安全，此后的新建筑大多是用砖和混凝土建造的。最早建成的 A 楼（Block A）在 1941 年投入使用，海军情报小组从 4 号棚屋搬进了 A 楼[①]。

1943 年 12 月，几个高大的机柜连同很多电子部件被运到布莱切庄园，这就是名为"巨神"（Colossus）的计算机，它是由汤米·弗劳尔斯（Tommy Flowers，1905—1998）设计和领导制造的。

弗劳尔斯于 1905 年 12 月 22 日出生在伦敦东端的波普勒区雅培路 160号（160 Abbott Road in Poplar），他的父亲是一位瓦工。16 岁时，弗劳尔斯便到英国皇家军火库（Royal Arsenal）当学徒，上班地点在伦敦。弗劳尔斯勤奋好学，为了学到更多知识，他在 1922 年参加了伍尔维奇理工学院（Woolwich Polytechnic）的夜校，白天当学徒，晚上去上课。经过 4 年的努力，他在 1926 年通过了工程类中级考试（Intermediate Exam Engineering），获得了电子工程专业的学士学位。今天，伍尔维奇理工学院是格林威治大学（University of Greenwich）的一部分。

1926 年，弗劳尔斯到英国邮局工作，在工程部门做试用检查员。

1930 年，弗劳尔斯转到邮局研究站（Post Office Research Station）工作，在多里斯山实验室（Dollis Hill Laboratory）做电子方面的助理工程师。

1931 年，弗劳尔斯开始探索使用电子技术实现电话线路的自动切换

---

① 参考 Tony Sale 在布莱切庄园网站上发表的文章《A Virtual Tour of Bletchley Park》。

（telephone exchanges），经过大量的研究和试验后，他相信可以用真空管建造出全自动的电话切换系统，代替人工接线员的手动切换。1935 年，弗劳尔斯设计制作了一套拨号电路和做切换线路的原型系统，并成功拨通了自己未婚妻的电话。

因为表现优秀，弗劳尔斯成为交换技术部（Switching Group）的主管，该部门有 50 位员工，包括大约 10 位工程师。

1939 年 8 月，弗劳斯到柏林参加技术会议。在返回时，他幸运地赶上了战争爆发前的最后一趟火车。

1941 年 2 月，弗劳尔斯接到任务，要为布莱奇切庄园制造一台电子机械设备。提出这个任务的便是图灵。在接下来的 6 个月里，弗劳尔斯和图灵一起改进图灵设计的名为"炸弹机"（Bombe）的密码破解机。图灵的办公室在 8 号棚屋的第 3 扇窗里面，他设计的炸弹机引擎专门用来破解德军使用 Enigma 机器加密的信息。

1942 年 9 月，图灵在剑桥大学时的老师麦克斯·纽曼（Max Newman）也到布莱奇切庄园工作，开始研制一种绰号为"希斯·鲁滨逊"（Heath Robinson）的密码破解机器，用于破解更复杂的洛伦茨（Lorenz）加密算法。图灵很欣赏弗劳尔斯，将他介绍给了纽曼。于是，弗劳尔斯开始帮助纽曼设计"希斯·鲁滨逊"的合成单元（combining unit）。一段时间后，因为对原设计不满意，弗劳尔斯根据自己的想法做了新的设计。1943 年 2 月，弗劳尔斯把自己的新设计介绍给了纽曼和其他一同工作的人，这些人听了后，都觉得他的设计不可行。

弗劳尔斯坚信自己的设计是可行的，但又说服不了其他人。于是，他向邮局研究站的领导 W.戈登·拉德利（W Gordon Radley）申请，希望能在邮局研究站实现自己的设计。拉德利同意支持弗劳尔斯，于是弗劳尔斯回到多利斯山实验室，开始着手设计和制造新的机器，取名为"巨神"（Colossus）。弗劳尔斯带领大约 50 个邮局研究站的同事一起工作，除邮局研究站的资金投入之外，弗劳尔斯自己也出了一些钱。他们从 1943 年 2 月开始工作，用了大约 10 个月的时间。到 1943 年 12 月 8 日时，"巨神"可以比较稳定地工作了。整个机器用了 1500 个真空管，8 个 2.3 米高的机柜分成两行，每一行有 5.5 米长（见图 13-2）[①]。

多利斯山实验室距离布莱切庄园有几十公里。"巨神"非常庞大，无法直接运输。为了便于运输，大家不得不把它拆解成适合运输的很多个部分。

1943 年圣诞节前，"巨神"被运到布莱切庄园，在 H 楼的一个大房间里重新组装起来，并于 1944 年 1 月 18 日开始运行。

1944 年 2 月 5 日，在重新安装后不到一个月，"巨神"就成功破解了一条德军的消息，"巨神"把破解洛伦茨密码的时间从几周缩短到了几小时。取得这样的成功后，英国政府立刻希望弗劳尔斯继续生产改进型号的"巨神"，仅在 1944 年 3 月就订购了 4 台，到 4 月底增加到了 12 台。

"巨神"的功耗为 5.5 千瓦，第二次世界大战结束前，共有 10 台"巨神"在布莱切庄园工作，为了保证它们的供电，专门有一栋建筑，里面安装着备用的发电机。

图 13-2 巨神计算机的侧面照片

---

① 参考 Tony Sale 的回忆文章《The Colossus, Its Purpose and Operation》。

改进后的"巨神"包含如下主要部件：

- 一个磁带传输器，可以从磁带上读取信息；
- 一个 6 字符的"先进先出"（FIFO）移位寄存器；
- 由 12 个闸流管组成的环形存储器；
- 多个用于编程的开关面板；
- 一组可以执行布尔运算的函数单元；
- 一个主控制器，用于管理时钟脉冲、处理开始和停止信号等；
- 5 个电子计数器；
- 一个电传打字机。

"巨神"具有可编程能力，可以通过面板上的开关（见图 13-3）来选择想要进行的运算和配置输入/输出参数等。但是"巨神"的编程能力很有限，不能称为通用计算机。所以，现在通常认为"巨神"是第一台投入使用的可编程电子计算机。后来的 ENIAC 因为具有通用性，被称为第一台通用电子计算机。

布莱切庄园和巨神计算机的所有信息在很长一段时间里都是保密的，直到 1975 年 10 月才逐渐公开。正因为如此，巨神计算机对现代计算机的影响比较小。不过，巨神计算机为英国计算机的发展培养了人才，为后来 ACE 和曼彻斯特计算机的成功奠定了基础。

1998 年 10 月 28 日，弗

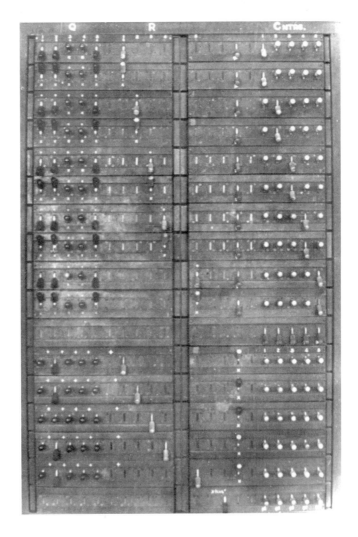

图 13-3　"巨神"的 K2 开关面板（左侧用于选择算法，右侧用于选择计算器）

劳尔斯（见图 13-4）在位于伦敦磨坊山（Mill Hill）的家中去世。

图 13-4 汤米·弗劳尔斯（来自格林威治大学网站）

2008 年，巨神计算机的重建项目在托尼·塞尔（Tony Sale）的领导下顺利完成。重建后的巨神计算机被永久保存在位于布莱切庄园的英国计算博物馆（The National Museum of Computing），接受公众参观。

参考文献

[1] METROPOLIS N. A History of Computing in the Twentieth Century [M]. Pittsburgh:Academic Press, 1980.

第 14 章　　1943 年，马克一号

1900 年 3 月 8 日，霍华德·哈撒韦·艾肯（Howard Hathaway Aiken）出生在美国新泽西州的霍博肯（Hoboken）。他的父亲名叫丹尼尔·H.艾肯（Daniel H. Aiken），母亲名叫玛格丽特·艾米莉·米里施·艾肯（Margaret Emily Mierisch-Aiken），她是德国移民的后裔。小艾肯是父母唯一的孩子。

小艾肯在十几岁时，随父母和外祖父、外祖母搬家到印第安纳州的印第安纳波利斯（Indianapolis）居住。丹尼尔·H.艾肯出生在一个富有的印第安纳家庭，很早就染上了酗酒的坏习惯，经常喝得醉醺醺。更过分的是，喝醉了之后，他还经常打骂妻子。小艾肯看到妈妈被欺负很难过。小艾肯 12 岁时，就已经长得很健壮。有一天，当他看到父亲又喝醉了酒打骂母亲时，小艾肯积蓄已久的愤怒爆发了，他抓起壁炉边上的炉钩子把父亲赶出了家门。没有家庭责任感的丹尼尔在被赶出家门后，一走了之，从此失踪了。[1]

丹尼尔失踪后，小艾肯的父系亲属十分怨恨小艾肯和他的母亲，不给他们提供任何经济帮助。为了帮助母亲和外婆解决家里的经济问题，小艾肯读到九年级时不得不辍学找活做。他找到了一份安装电话的工作，每天要工作 12 小时。小艾肯一边工作，一边学习工作所需的知识。

小艾肯的一位老师看到了他身上的聪明才智，觉得让他辍学十分可惜，便去找小艾肯的母亲，希望小艾肯能回学校继续读书。小艾肯的母亲迫于经济压力，没有答应。但这位老师没有放弃，他给小艾肯找了一份夜间上班的工作，给印第安纳波利斯电灯和供暖公司的电气技师当助手，只要每天晚上工作 8 小时。小艾肯接受了这份工作，每天白天到学校读书，晚上工作挣钱。

1919 年，艾肯从印第安纳波利斯的阿森纳技术高中（Arsenal Technical High School）毕业。这是一所中等技术学校，名字中的阿森纳是军工的意思，艾肯在这所学校里既完成了中学学业，又学到了一些专业知识。

从阿森纳技术高中毕业后，艾肯找到了一份工作，工作单位是美迪逊煤气和电子公司（Madison Gas and Electric Company）。这家公司和威斯康星大

学（University of Wisconsin）刚好在同一座城市，于是艾肯继续自己的半工半读模式，晚上在美迪逊煤气和电子公司工作，白天在威斯康星大学读书。1923 年，艾肯（见图 14-1）获得威斯康星大学电子工程专业学士学位。

大学毕业并继续工作了几年后，艾肯想继续深造。1932 年，艾肯到芝加哥大学读硕士，因为不喜欢那里的课程设置，1933 年，他改去哈佛大学学习。从那以后，艾肯在哈佛大学读书和工作了近 30 年，直到 1961 年退休。

艾肯在 1937 年 6 月获得哈佛大学物理学硕士学位，1939 年 2 月被授予物理学博士学位。

图 14-1　青年时的艾肯

与阿塔纳索夫的经历十分类似，艾肯也是在准备论文时萌生了研制自动计算机的想法。在花费大量时间计算各种公式和方程的过程中，艾肯十分厌烦这样的单调计算，完成的计算越多，他越发觉得这样的计算可以用机器自动完成。

1937 年年初，艾肯拿着自己设计的计算器寻找公司合作制造，但找了两家公司都被拒绝了。这时，有人把巴贝奇的儿子 70 年前送给哈佛大学的演示设备拿给艾肯看。这让艾肯开始深入研究巴贝奇和他的分析引擎，并把分析引擎纳入自己的设计中。艾肯不仅吸收了分析引擎的设计思想，而且对巴贝奇规划的分析引擎做了"完整实现"。在深入了解巴贝奇后，艾肯很敬佩巴贝奇的开创精神，他把自己当作巴贝奇的思想后裔。

艾肯把自己设计的机器取名为自动序列控制计算器（Automatic Sequence Controlled Calculator, ASCC），后来改名为哈佛大学马克一号（Harvard Mark I）。

1937 年 11 月，艾肯把自己的设计和想法介绍给了 IBM。IBM 的发明家和科学家詹姆斯·布赖斯（James Bryce）很喜欢艾肯的设想，于是让 IBM 的工程师对艾肯的设计进行了可行性评估。

1939 年 2 月，时任 IBM 主席的老托马斯·沃森（Thomas Watson Sr.）亲自批准了 ASCC 项目和资金。布赖斯任命克莱尔·D.莱克（Clair D. Lake）为项目的总工程师（chief engineer）和艾肯的总联系人，并且还为莱克派了两个能力很强的助手——本杰明·M.德菲（Benjamin M. Durfee）和弗兰克·E.

汉密尔顿（Frank E. Hamilton）。图 14-2 是马克一号 4 位主要建造者的合影。

图 14-2　马克一号的 4 位主要建造者，从左向右依次为汉密尔顿、莱克、艾肯和德菲

　　建造 ASCC 的车间设在位于纽约恩迪科特（Endicott, N.Y.）的 IBM 北街实验室（North Street Laboratory）。因为当时第二次世界大战正在进行，这个车间同时忙于生产战争所需的物资，所以 ASCC 项目受到影响，进展比较慢，但一直在推进。1943 年 1 月，ASCC 的硬件制造和组装工作初步完成，进入测试阶段，如图 14-3 所示。

图 14-3　在
IBM 北街实验
室进行测试的
ASCC（1943
年 11 月，照
片来自 IBM）

ASCC 一共有 76.5 万个零件，包括开关、继电器、转轴和离合器等，使用的继电器有 3300 个，使用的电线长度超过 800 公里。

ASCC 有很多机械部件，运行时由一个 15 米长的驱动轴带动运转，提供动力的驱动电机的功率高达 3.7 千瓦。

因为机械部件和继电器运行时都会发出声音，所以 ASCC 运行时很不安静。物理学家杰里米·伯恩斯坦（Jeremy Bernstein）打了个生动的比喻，说 ASCC 运行时就像"一屋子的女人在织东西"（like a roomful of ladies knitting）。这个比喻刚好与 ASCC 的提花织机祖先一致。

ASCC 的外罩由工业设计师诺曼·贝尔·格迪斯（Norman Bel Geddes）设计，主要材料为光亮的不锈钢钢板和玻璃，不仅美观而且有科技感。组装好的 ASCC 有 15.5 米长、2.4 米高，总重量约五吨[1]。

ASCC 支持穿孔卡片、纸带和手动开关（见图 14-4）等多种输入方式。输出方式也有多种，比如电子打字机和穿孔卡片。

---

① 参考 IBM 官网对 ASCC 的介绍。

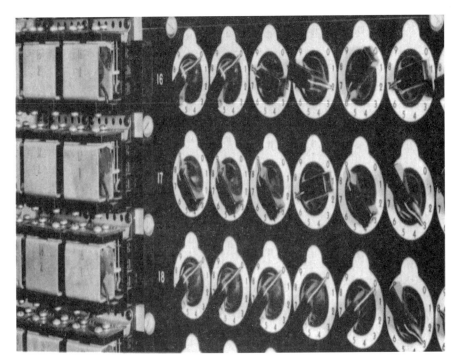

图 14-4 ASCC 的手动开关，用于输入数字

ASCC 指令是等长的。每条指令分为 3 部分：第 1 部分用来描述运算结果，第 2 部分用来描述源操作数，第 3 部分是操作码。其中每一部分都是一个数字索引，代表 ASCC 的部件索引，可以是累加器、数学单元、开关组或输入输出设备的寄存器。

ASCC 通过穿孔纸带（见图 14-5）读入指令流，每读一条便执行一条。因此，ASCC 不是本书后面将要介绍的存储程序计算机。存储程序计算机的基本特征是把程序指令加载到内存中，中央处理器只执行内存中的指令。

1944 年 2 月，ASCC 被运送到哈佛大学重新组装，并于数月后的 8 月 7 日组装完毕，托马斯·沃森代表 IBM 把 ASCC 正式移交给哈佛大学。此时，IBM 已经在 ASCC 项目上投入 20 万美元，移交时又向哈佛大学捐款 10 万美元作为 ASCC 的运行费用。

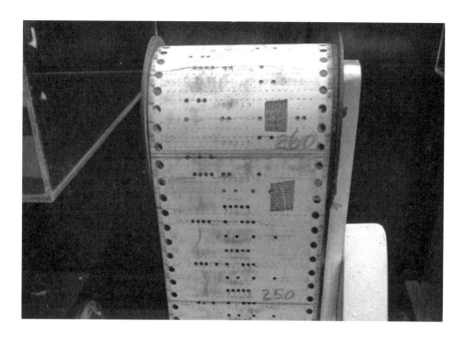

图 14-5 马克一号的穿孔纸带，两处黑色的部分是补丁（对一些孔做了修改）

当时，第二次世界大战仍在激烈进行。美国海军船舶局（Bureau of Ships）决定使用 ASCC 执行计算任务。1944 年 5 月，美国海军船舶局的计算项目组开始工作。同年 7 月，海军上尉格蕾丝·默里·霍珀（Grace Murray Hopper）被派遣到哈佛大学执行"军械计算局计算项目"（Bureau of Ordnance Computation Project）。

霍珀的主要任务是在马克一号上编程，也就是把要做的计算工作转换为马克一号的程序，然后交给机器执行。因为这项工作，霍珀不仅成为马克一号上的第一位专职程序员，也成为软件历史上的第一位职业程序员。

为了能让更多人懂得如何对马克一号编程，霍珀牵头编写了一本长达 590 页的操作手册，名为《自动序列控制计算器操作手册》（A Manual of Operation for the Automatic Sequence Controlled Calculator，见图 14-6）。这本手册的正文有 405 页，外加 100 多页的附录。

CONTENTS

图 14-6 《自动序列控制计算器操作手册》的目录

这本手册的正文包含 6 章。前两章是基于艾肯的笔记整理的。第 1 章追溯了计算机的历史。第 2 章对 ASCC 做了概览并描述了一些关键部件的工作原理，包括乘法单元、除法单元、对数单元、指数单元、正弦单元、插值器（interpolator）、电子打字机、卡片阅读器、穿孔机等。

第 3 章是霍珀本人写的，她介绍了 ASCC 的电子电路和主要零件，包括继电器、计数器等，其中的电路部分十分详细地解释了关键电路的时序和工作原理。

第 4 章是指令代码，用今天的话来讲，就是指令集描述。第 5 章是插接指南（plugging instructions），其中详细描述了可以动态插拔和配置的电路板的接线方法。第 6 章是一些简单的示例，供培训新用户使用。

这本手册的开头是计算实验室成员名单（见图 14-7），手册的编写时间是 1945 年，出版时间是 1946 年。名单上的这些人都是第二次世界大战期间在马克一号上工作的人，名单中的 USNR 代表美国海军后备队（United States Naval Reserve）。

STAFF OF THE COMPUTATION LABORATORY

Comdr. Howard H. Aiken, USNR
Officer in Charge

Lt. Comdr. Hubert A. Arnold, USNR
Lt. Harry E. Goheen, USNR
Lt. Grace M. Hopper, USNR
Lt(jg) Richard M. Bloch, USNR
Lt(jg) Robert V. D. Campbell, USNR
Lt(jg) Brooks J. Lockhart, USNR
Ens. Ruth A. Brendel, USNR

William A. Porter, CEM
Frank L. Verdonck, Y1/c
Delo A. Calvin, Sp(I)1/c
Hubert M. Livingston, Sp(I)1/c
John F. Mahoney, Sp(I)1/c
Durward R. White, Sp(I)1/c
Geary W. Huntsberger, MMS2/c
John M. Hourihan, MMS3/c

Kenneth C. Hanna
Joseph O. Harrison, Jr.
Robert L. Hawkins
Ruth G. Knowlton
Eunice H. MacMasters
Frederick G. Miller
John W. Roche
Robert E. Wilkins

图 14-7　第二次世界大战期间在马克一号上工作的计算实验室成员名单

第二次世界大战期间，马克一号完成了很多重要的军事任务，其中大多数是保密的。根据公开的资料，马克一号为研究第一颗原子弹的曼哈顿项目（Manhattan Project）做出了重要贡献。1944 年 3 月 29 日，在曼哈顿项目中领导计算任务的约翰·冯·诺依曼（John von Neumann）提出在马克一号上执行原子弹的仿真任务。冯·诺依曼在 1943 年加入曼哈顿项目，他在洛斯·阿拉莫斯（Los Alamos）有一支团队，负责执行曼哈顿项目中非常繁重的计算任务。他们本来使用改进的 IBM 穿孔卡片机做计算，但是它最多只支持 6 位十进制，而马克一号可以支持 18 位十进制。此外，马克一号强大的插值能力很适合计算偏微分方程（partial differential equation），支持很小的步长，可以达到很高的精度，这对曼哈顿项目来说非常有价值。1944 年 8 月，冯·诺依曼带着两个数学家来到哈佛大学，他们在马克一号上编写了模拟第一颗原子弹爆炸的仿真程序。1945 年 4 月，冯·诺依曼被推选加入"目标选择委员会"（Target Selection Committee），这个委员会的职责就是选择投放原子弹的日本城市。冯•诺依曼根据仿真程序的运行结果，为这个委员会做出决策提供了重要数据，包括原子弹爆炸的伤害范围、估计的死亡人数以及达到最佳效果的最佳引爆高度等。

1945 年 7 月 16 日，代号为"三一"（Trinity）的第一枚原子弹在阿拉莫戈多西北部的怀特桑德导弹试验场爆炸，威力惊人。包括冯•诺伊曼和领导研制这颗原子弹的洛斯•阿拉莫斯实验室主任奥本海默在内的十几个人观看了试射[①]。看完试射后，奥本海默引用印度史诗《薄伽梵歌》中的诗句说："若论大我光辉，唯有千日同升，齐照耀于太空，方可与之类同。"想到原子弹可能造成的杀伤力，他又说："我已成为死神，三界的毁灭者。"

1945 年 8 月 6 日，美国一架 B-29 轰炸机将代号为"小男孩"的原子弹投放到日本广岛，接着 8 月 9 日又将代号为"胖子"的原子弹投放到日本长崎。连续两颗原子弹的巨大杀伤力，让日本屈服了，日本于 1945 年 8 月 15 日宣布投降。如果不投降的话，洛斯•阿拉莫斯实验室已经具备每月生产 8 枚原子弹的能力，连续投放的话很快就会把整个日本化为废墟。

第二次世界大战结束后，马克一号继续在哈佛大学运行，直到 1959 年。从 1943 年完成建造，到 1959 年停止工作，马克一号一共工作了 15 年。这么长的运行时间，不仅以前从来没有过，而且在以后的计算机历史上也是不多见的。

在 15 年的运行时间里，ASCC 表现得非常出色，大约 90% 的时间都能正常工作，有时甚至可以连续运行 4 个星期都不出故障。

继马克一号之后，艾肯又设计和研制了马克二号。马克二号也是电子机械式的，于 1947 年建造完成。1949 年 9 月建造完成的马克三号使用的主要是电子器件，包括真空三极管和晶体二极管（crystal diodes），但仍有一小部分机械部件。马克二号和马克三号都是由美国海军出资建造的，建成后被运到了美国海军的达尔格伦基地和弗吉尼亚基地。1952 年建造完成的马克四号是全电子的，专为美国空军设计。

1961 年，艾肯从哈佛大学退休。退休后，艾肯成立了一家咨询机构，名

---

① 观看者有 Vannevar Bush、James Chadwick、James Conant、Thomas Farrell、Enrico Fermi、Hans Bethe、Richard Feynman、Leslie Groves、Robert Oppenheimer、Frank Oppenheimer、Geoffrey Taylor、Richard Tolman、Edward Teller、John von Neumann。

叫霍华德艾肯工业公司（Howard Aiken Industries Incorporated），公司的主要客户为洛克希德·马丁等。1973 年 3 月 14 日，艾肯到圣路易斯出差时，在睡梦中去世①。

从 1834 年巴贝奇完成分析引擎的设计但无力建造和实现，到 1944 年马克一号交付给哈佛大学执行实际的计算任务，时间跨度刚好 110 年。艾肯领导建造的马克一号用强有力的事实证明了巴贝奇当年的设计思想是正确的。

图 14-8　霍华德·哈撒韦·艾肯（1900—1973）

马克一号完成了包括曼哈顿项目在内的很多计算任务，让很多人看到了通用计算机的实力。在马克一号稳定运行的 15 年里，很多人用它编写了程序，马克一号培养出了包括霍珀在内的一大批软件人才，它的教育意义也是巨大的。1947 年，艾肯在哈佛大学开设了计算机科学硕士专业，领先其他大学很多年。概而言之，马克一号是人类历史上第一台长时间稳定运行的通用计算机，它对人类社会和历史做出的贡献是难以估量的。

参考文献

[1] COHEN B. Howard Aiken, Portrait of a Computer Pioneer [M]. Cambridge:The MIT Press.1999.

[2] COMRIE L J. A Manual of Operation for the Automatic Sequence Controlled Calculator [J]. Nature, 1946, 158(4017):567-568.

---

① 参考《纽约时报》1973 年 3 月 16 日的报道《Howard H. Aike, Built Computer》。

第 15 章　1945 年，ENIAC

位于美国宾夕法尼亚州费城的宾夕法尼亚大学（University of Pennsylvania）是享誉世界的著名大学，也是 8 所常春藤盟校之一。宾夕法尼亚大学创立于 1740 年，是美国第一所从事科学技术和人文教育的现代高等学校。美国的开国元勋之一，著名的博学家本杰明·富兰克林（1706—1790）是宾夕法尼亚大学的创建人。

在其 280 多年的历史中，宾夕法尼亚大学培养出了很多杰出人才。在该校的著名校友列表中，不仅有威廉·亨利·哈里森、沃伦·巴菲特、尤金·杜邦这样的商政精英，也有梁思成、林徽因、贝聿铭这样的建筑大师。除在工商管理领域知名的沃顿商学院之外，宾夕法尼亚大学在电子工程方面也有着非常辉煌的历史。在 20 世纪 40 年代，宾夕法尼亚大学的摩尔学院是电子和计算机技术的中心，见证了第一台通用电子计算机的诞生，是现代计算机的重要发源地之一。

1914 年，宾夕法尼亚大学成立电子工程系（Department of Electrical Engineering），隶属汤恩科学学院（Towne Scientific School）。

摩尔学院的名字源于艾尔弗雷德·费德勒·摩尔（Alfred Fitler Moore，见图 15-1）。摩尔是费城的一位实业家，他继承了家族的电缆公司，并在银行、保险公司和天然气公司做过高级管理者。1912 年，摩尔在去世时留下遗嘱，希望用自己的遗产成立一所电子工程学院，以此纪念他的父母。摩尔遗产的

图 15-1　艾尔弗雷德·费德勒·摩尔

受托人起初想成立一所独立的学校，但在计算开支时意识到建立一所新学校会把所有遗产（150 万美元）很快用完，于是改为与宾夕法尼亚大学合作，把原来的电子工程系从汤恩科学学院独立出来，成立了新的摩尔电子工程学院（Moore School of Electrical Engineering），简称摩尔学院。摩尔学院于 1924 年 2 月 5 日正式成立，原来的电子工程系主任哈罗德·彭德（Harold Pender，1879—1959）成为第一任院长[1]。彭德担任摩尔学院的院长达 20 年，直到 1949 年退休。

1926 年，宾夕法尼亚大学购买了邻近汤恩大楼的佩珀大楼（Pepper Building）。这栋大楼建于 1921 年，购买前佩珀大楼正被一家乐器公司使用，经常传出测试各种乐器的声音。1926 年秋，摩尔学院搬进了整修过的佩珀大楼。从此以后，这栋大楼有了一个响亮的名字——摩尔大楼。这栋大楼与电子计算机结缘，不仅为现代计算机的诞生培养了很多人才，而且成为第二次世界大战期间美国的计算技术中心，很多伟大人物从四面八方赶到这里，各种奇思妙想在这里汇聚、碰撞和升华。1940 年时，因为空间不足，摩尔学院对摩尔大楼进行改建，增加了一层，由本来的两层改为三层（见图 15-2）。第二次世界大战结束后，宾夕法尼亚大学对电子工程专业做过多次调整，但是摩尔大楼一直保留至今。

图 15-2 摩尔大楼（可以看出第 3 层有后增痕迹）

---

① 参考宾夕法尼亚大学档案和记录中心的文章《A Guide to the Alfred Fitter Moore Family Papers》。

1937 年，摩尔学院迎来一位特殊的学子，名叫普雷斯珀·埃克特（Presper Eckert）。用今天的话来讲，埃克特是"富二代"，他的父亲是费城的实业家——一位靠个人努力白手起家的百万富翁。埃克特出生于 1919 年 4 月 9 日，是父母唯一的孩子，他在德国城地段的一个大房子里长大。

在埃克特童年时，他的父亲经常到欧洲和美国的各个城市出差，而且喜欢把商务旅行和家庭度假放在一起。这让埃克特在还比较小的时候便有机会周游世界。在 12 岁时，埃克特就已经到过美国的 48 个州和欧洲大多数著名城市，还去过埃及。

在小学阶段，埃克特就读于极负盛名的威廉·佩恩特许学校（William Penn Charter School）。埃克特聪明伶俐，他学习的内容并不局限于老师教的那点书本知识。他喜欢自己钻研和动手制作各种小机械或电器。12 岁时，埃克特制作了一个可以用电磁铁驱动的船模，还有一个底部部署了很多个电磁铁的水槽。通过改变电磁铁的电流和调整磁性，就可以牵引船模在水槽中运动。埃克特以这个发明参加费城的科技比赛并获得奖励。14 岁时，埃克特对他父亲公寓大楼里的内部通话系统做了改造，把经常出故障的电池供电部分改造成了普通供电。埃克特还喜欢制作无线电和留声机放大器等电器，他发挥自己的本领为学校、夜总会和各种室外活动安装音响系统，为自己赚零花钱。

上了高中后，埃克特仍对电子技术很着迷，经常到菲洛·泰勒·法恩斯沃思（Philo Taylor Farnsworth）的实验室看他研制电视机，一待就是一下午。

高中毕业时，埃克特想去麻省理工学院的科学研究中心上大学，但是他的母亲不希望自己唯一的孩子离家很远，而且他的父亲希望他读工商学院，于是他们为埃克特选择了宾夕法尼亚大学的沃顿商学院。

从小喜爱电子技术和动手操作的埃克特到了沃顿商学院之后，很厌烦那些枯燥的商务管理课程，没过多久就决定转专业，他先尝试转到物理系，但是没有名额了。于是他退而求其次，转到了摩尔学院，这或许是巧合。

埃克特在摩尔学院的成绩并不很好，他对自己不喜欢的课程根本提不起兴趣，所以考试成绩不怎么样。

1941 年，他在从摩尔学院拿到电子工程专业的学士学位后，又继续在这里读硕士，并于 1943 年拿到硕士学位。

当埃克特在摩尔学院读书时，第二次世界大战对美国的影响变得越来越大。摩尔学院也接到很多战争相关的任务，其中之一是为战争培养技术人才。1940年10月，由美国教育部组织的“战时工程、科学和管理培训”(Engineering, Science, and Management War Training，ESMWT）开始在很多美国高等院校展开。

1941 年 6 月 23 日至 8 月 29 日，为期 10 周的美国“国防工业电子工程培训”（Training in Electrical Engineering for Defense Industries）也在摩尔学院举行。这次培训的招生海报（见图 15-3）在开头写道：国防工业的全线扩张需要大量工程师。有调查认为需要 6 万人之多。这次培训是全日制的，每周 5 天，每天 7 小时，连续 10 周。

埃克特以实验指导员（lab instructor）的身份参与了这次培训。正是在这次培训中，他认识了后来的重要伙伴约翰·威廉·莫奇利（John William Mauchly)。

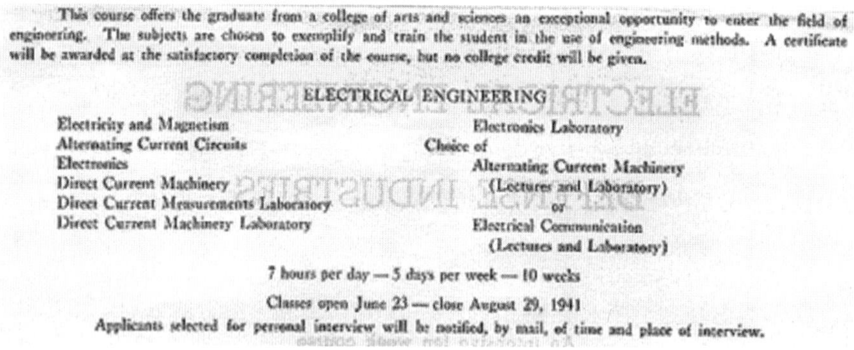
This course offers the graduate from a college of arts and sciences an exceptional opportunity to enter the field of engineering. The subjects are chosen to exemplify and train the student in the use of engineering methods. A certificate will be awarded at the satisfactory completion of the course, but no college credit will be given.

ELECTRICAL ENGINEERING

Electricity and Magnetism
Alternating Current Circuits
Electronics
Direct Current Machinery
Direct Current Measurements Laboratory
Direct Current Machinery Laboratory

Electronics Laboratory
Choice of
Alternating Current Machinery
(Lectures and Laboratory)
or
Electrical Communication
(Lectures and Laboratory)

7 hours per day — 5 days per week — 10 weeks

Classes open June 23 — close August 29, 1941

Applicants selected for personal interview will be notified, by mail, of time and place of interview.

图 15-3 美国“国防工业电子工程培训”海报（局部）

莫奇利于 1907 年 8 月出生在美国俄亥俄州的辛辛那提市，他的父亲名叫塞巴斯蒂安·莫奇利，是一位物理学家。在莫奇利的孩提时代，塞巴斯蒂安接受了华盛顿特区卡内基研究所（Carnegie Institute of Washington, D.C.）的一项研究任务——研究地磁现象，因为地磁会影响无线电波的传输和作战时的通信，所以这项研究变得很重要。正因为如此，塞巴斯蒂安需要出海航行做试验。在中学阶段，莫奇利就读于华盛顿特区的麦金利技术高中。1925年高中毕业后，莫奇利被约翰·霍普金斯大学（Johns Hopkins University）录取。

大学期间，莫奇利的父亲在一次科考航行中染上了慢性病，因为不肯放松工作，他的病情进一步加重，于 1928 年圣诞节期间去世。

莫奇利本来是学电子工程专业的，但是经过几年的学习和家庭的变故后，他觉得做工程太枯燥了，于是他根据学校里的一项规定以优秀本科毕业生的身份直接攻读物理学的博士学位，并于 1932 年成功获得物理学博士学位。

莫奇利博士毕业后，正赶上美国 1929～1933 年的经济大萧条。因为研究的分子光谱学方向与当时热门的核物理方向不一致，所以莫奇利联系了几家研究所都被拒绝了，包括他父亲工作过的华盛顿特区卡内基研究所。于是，莫奇利只好接受了费城郊区的乌尔辛纳斯学院（Ursinus College）的教授职位。乌尔辛纳斯学院是一所很小的文科大学，物理学不是主要方向，实验室的研究设备很有限。莫奇利是物理系的主任，也是唯一的教研组成员。

除完成教学任务之外，莫奇利充分利用余下的时间做各种研究，包括如何自动计算。1934 年，莫奇利发明了一种圆形的滑动计算尺。他还探索了处理天气数据的自动方法。

1940 年 12 月，美国科学发展协会（American Association for the Advancement of Science）在费城组织了一个技术交流会议，莫奇利在会上介绍了自己如何使用计算设备来辅助天气预测。爱荷华州立大学的阿塔纳索夫也参加了这个会议，而且聆听了莫奇利的演讲。在莫奇利演讲结束后，阿塔纳索夫向莫奇利做自我介绍，提到自己正在研制的自动计算设备。听了阿塔纳索夫的介绍后，莫奇利很感兴趣。1941 年 6 月 13 日到 18 日，莫奇利接受阿塔纳索夫的邀请，到爱荷华州立大学参观了阿塔纳索夫和贝里建造的 ABC。从爱荷华州立大学归来后，莫奇利便到摩尔学院参加电子工程培训，遇到了埃克特。

参加摩尔学院的这次培训成为莫奇利人生的一个重要转折点。这次培训让他收获巨大，不仅结识了日后的重要合作伙伴埃克特，而且刚好摩尔学院的伊文·特拉维斯（Irven Travis）辞职，教席空缺，院长彭德看中了莫奇利和参加培训的另一个学员阿瑟·伯克斯（Arthur Burks），将他们都招聘到了摩尔学院，莫奇利成了摩尔学院的讲师。至此，成就 ENIAC 的 3 个关键人物中的两个已经来到摩尔学院，他们就像《三国演义》中的关羽和张飞，已经练就一身武艺，只等刘备出现，为他们提供征战沙场的机会。在 ENIAC 的传奇中，谁将扮演刘备的角色呢？

1941 年 12 月发生的"珍珠港事件"将美国拉入第二次世界大战。一旦卷入战争，就很难找到一块不受任何影响的净土。何况摩尔学院早在美国宣战之前就已经与美军有很多的合作。美国宣战不久，摩尔学院便接到一个顶级的机密项目，代号为"玫瑰"。1942 年，院长彭德与美国陆军代表保罗·纳尔逊·吉伦（Paul Nelson Gillon）签订了项目合同。

"玫瑰"项目的目标是为美军计算弹道曲线、编制射击表（firing table）以及为前线的军士在瞄准目标时提供参数。

人工计算一条弹道轨迹需要做 750 次运算，至少需要 7 小时，一张射击表需要包含 3000 条弹道轨迹，而每一种枪支在不同的地区都需要不同的射击表[3]。美国加入第二次世界大战后，大量新研制的枪支和武器都需要计算弹道曲线，所需的计算量巨大。

考虑到计算和编制射击表需要耐心，更适合女生来做，"玫瑰"项目招募的计算人员都是女性，且大多是有数学背景的女大学生。

"玫瑰"项目是军事性的，是战争需要的，因此不同于普通招聘时的双方协商，而是采用征兵那样的命令方式。"玫瑰"项目的成员之一巴尔蒂克（Bartik）接到的通知是一份电报，上面写着"立刻报到"。她收到电报后，立刻出发赶火车，第二天午夜时到达沃巴什（Wabash），40 小时后赶到摩尔学院。"他们见到我别提有多么吃惊，大家都惊讶我怎么这么快就到了！"几十年后，巴尔蒂克如此回忆。

因为"玫瑰"项目，原本以男生为主的摩尔学院来了一些女生。这些女生都有个特殊的身份，就是"计算员"（computer）。当代替"人类计算员"的"机器计算员"出现后，她们中的一些人开始为现代计算机编写程序，转变为第一批程序员。

2010 年，以"玫瑰"项目为题材的纪录片《绝密玫瑰》（Top Secret Rose）上映。纪录片由利恩·埃里克森（LeAnn Erickson）导演，这部影片还有一个名字——《第二次世界大战中的女性"计算员"》。

"玫瑰"项目的甲方是马里兰州阿伯丁试验场（Aberdeen Proving Ground）的弹道研究实验室（Ballistic Research Laboratory，BRL）。阿伯丁试验场是美国著名的兵器试验中心，成立于 1917 年 10 月 20 日，因为位于美国东部马里兰州哈福德县的阿伯丁而得名。阿伯丁试验场负责对美国陆军的常规武器进行检测和训练军械人员。

因为"玫瑰"项目，1942 年下半年，摩尔学院迎来一位新的军方代表，他就是赫尔曼·戈德斯坦（Herman Goldstine，1913—2004）。戈德斯坦便是我们所说的"刘备"，正是他拉来美国军方的大笔投资，让莫奇利和埃克特两人放开手脚施展才华。

1913 年，戈德斯坦出生在芝加哥的一个犹太家庭里。他的年纪刚好在埃克特和莫奇利之间——比埃克特大 6 岁，比莫奇利小 6 岁。

　　戈德斯坦就读于芝加哥大学，他在那里从本科一直读到博士：1933 年获得数学学士学位，1934 年获得硕士学位，1936 年获得博士学位。1939 年，戈德斯坦到芝加哥大学任教，直到美国宣战前，他一直是芝加哥大学的教授。1942 年 7 月，戈德斯坦应征参军。当时，"玫瑰"项目人手紧缺，几乎每天都会收到编制新发射表的需求，但是又计算不过来，于是便从新参军的人中筛选数学方面的人才。因为戈德斯坦曾经是弹道数学理论方面的权威，给第一次世界大战时的导弹专家吉尔伯特·艾姆斯·布利斯（Gilbert Ames Bliss）做过研究助手，所以戈德斯坦立刻被阿伯丁试验场选中，被派到导弹研究实验室。1942 年 8 月 7 日，戈德斯坦正式来到阿伯丁试验场报到，被授予陆军中尉军衔，分配给他的第一项任务就是以军械数学家的身份常驻摩尔学院，监管那里的弹道计算和培训工作。

　　到了摩尔学院后，戈德斯坦看到计算员使用的主要计算工具是布什微分分析仪（见图 15-4）——一种机械式的模拟计算器。

图 15-4 　"玫瑰"项目的计算员在操作布什微分分析仪（从左向右依次为 Kay McNulty、Alyse Snyder 和 Sis Stump）

　　了解到微分分析仪对"玫瑰"项目的重要性后，戈德斯坦组织人力对其进行改进。这时，一位名叫约瑟夫·查普林（Joseph Chapline，1920—2011）的工程师给戈德斯坦指出了一个新方向。查普林毕业于莫奇利工作过的乌尔辛纳斯学院，他毕业后成为摩尔学院数学专业的助理研究员①。查普林向戈德斯坦推荐了莫奇利，说莫奇利研究了一种使用电子计算机的计算方法，速度是微分分析仪的几千倍。查普林所说的电子计算机指的是 1942 年 8 月莫奇利在一份备忘录中描述的新机器。莫奇利的这份备忘录名叫"使用高速真空三极管进行计算"（The Use of High-Speed Vacuum Tube Devices for Calculating）。在这份备忘录中，莫奇利描绘了具有通用计算能力的大型电子数字计算机的蓝图。

戈德斯坦立刻找到了莫奇利，听完介绍后，拥有数学博士学位的戈德斯坦立刻意识到这个想法的先进性。他建议莫奇利把自己的想法写成一份提案，以便申请军方支持。莫奇利答应了，他把精通电子技术的埃克特拉进来，一起完善提案。与莫奇利颇有商业头脑不同，埃克特是典型的工程师，他的某些习惯甚至有些古怪。他在思考问题时很少坐在椅子上或者安静地站在一个地方，他喜欢坐在桌子上，或者走来走去。

1943 年 4 月 8 日，埃克特和莫奇利把完成的提案提交给了弹道研究实验室，提案的名称是《电子微分分析仪报告》（Report on an Electronic Difference Analyzer）。之所以在提案的名称中使用微分分析仪，是因为此前用于计算弹道曲线的设备都是机械式或半机械式的微分分析仪，他们这样做可能是为了便于审批报告的人理解，加上"电子"一词则是为了表示方法的不同。这个提案在得到审批后，便使用了一个新的名称——ENIAC。为了行文方便，我们称这个提案为 ENIAC 提案。

后来的事实证明，莫奇利邀请埃克特共同做这个项目是非常明智的决定。多年之后，戈德斯坦在他的《从帕斯卡到冯·诺依曼的计算机故事》一书中记录了建造 ENIAC 的经过，他认为埃克特的贡献是最大的，"埃克特从头到尾看护着这个项目，他的贡献超过其他所有人。作为首席工程师（chief engineer），他是整个项目的主发条——动力的来源（the main spring of the entire mechanism）。莫奇利最大的贡献在于其最初的想法以及大视野，他指导着在原则上该如何实现每个部件。"

ENIAC 提案在 1943 年 5 月时被提交到位于华盛顿特区的美国陆军军械部（Ordnance Department）。ENIAC 提案在被提交到美国陆军军械部后，幸运地遇到

---

① 参考发表于美国《康科德箴言报》（Concord Monitor）的文章《Joseph Chapline (1920—2011) Obituary》（约瑟夫·查普林的讣告）。

了一位非常有远见卓识的军官，名叫保罗·N.吉伦（Paul N. Gillon，见图15-5）。

保罗·N.吉伦于1907年8月29日出生于美国罗德岛的沃伦市（Warren, Rhode Island）。1933年，吉伦从著名的西点军校毕业后，便服役于美国陆军的海岸兵团（Coast Artillery）。1937年，吉伦到美国麻省理工学院的军械学院深造，两年后获得科学硕士学位。

1939年，吉伦被任命为阿伯丁试验场导弹研究实验室（BRL）的执行军官（Executive Officer）。1941年，吉伦升任阿伯丁试验场的助理司长（Assistant Director）。吉伦很早就预见到提高BRL计算能力的重要性，并积极与摩尔学院合作。

1942年7月，当戈德斯坦到阿伯丁试验场报到时，吉伦正好是他的上司。同年9月，吉伦就被提拔到华盛顿特区的美国陆军军械总办公室，成为研究和材料部（Research and Materials Division）的副局长（Deputy Chief）[1]。今天看来，吉伦升迁到华盛顿特区是在为ENIAC项目做另一个准备。

图15-5　保罗·N.吉伦（ENIAC项目得以立项的关键军官）

对于ENIAC提案，吉伦虽然意识到这样一个全新的方向存在很大的风险，但他看到了这个项目的价值和意义——不仅可以用在计算发射表上，而且还有更广泛的用途。于是吉伦积极拥护这个提案，努力为这个项目争取资金。

在吉伦的努力下，美国陆军军械部批准了ENIAC项目。1943年6月5日，美国军方与宾夕法尼亚大学正式签署合作协议，项目的第一期为6个月，从军队的军械基金中支出61 700美元用于"研究和开发电子数字积分器和计算机"（electronic numerical integrator and computer）。这个协议的编号为W-670-ORD-4926，简称"4926合同"。后来的项目报告中经常提到这份合同，比如在1946年6月ENIAC交付使用后的《ENIAC操作手册》[2]（见图15-6）中，首页便明确指出这是"基于W-670-ORD-4926合同所做工作的报告"，此外还写出了合同双方的完整实体名称，甲方是华盛顿特区的美国陆军军械部，乙方是宾夕法尼亚大学的摩尔电子工程学院。

---

① 参考 Go Ordnance 网站关于 Colonel Paul N. Gillon（保罗·N.吉伦上校）的介绍。
② 参考 Bit Savers 网站的《ENIAC操作手册》（ENIAC Operating Manual）。

Report of Work under Contract No. W-670-ORD-4926

Between

Ordnance Department, United States Army
Washington, D. C.

and

The University of Pennsylvania
Moore School of Electrical Engineering
Philadelphia, Pa.

图 15-6 《ENIAC 操作手册》首页中的合同说明

“4926 合同”明确指出了项目的目标是开发“电子数字积分器和计算机”，这正是 ENIAC 名称的由来。值得说明的是，在这份合同中，莫奇利和埃克特所提交提案中的“电子微分分析仪”已改为“电子数字积分器和计算机”，这不是偶然的，而是经过讨论和认真规划的。6 个月后，宾夕法尼亚大学与美国军方又陆续签订了 9 个补充合同，继续支持 ENIAC 项目，直到 1946 年项目完成，美国军方投入的总资金累计 486 804.22 美元。

伟大的工程得以成功是需要一些运气的，从这个意义上讲，ENIAC 是幸运的。没有吉伦的努力，如果美国陆军军械部否定这个提案，那就没有今天的故事了。同样，ENIAC 项目也没有辜负吉伦，ENIAC 项目的成功让吉伦获得“ENIAC 祖父”的美名。之后，吉伦继续在军队中推动计算技术，直到 1956 年以上校军衔退休。1996 年年初，宾夕法尼亚大学在准备庆祝 ENIAC 成功 50 周年的时候，人们想到了吉伦，邀请他参加庆祝活动。遗憾的是，吉伦在活动举办前的 1996 年 2 月 4 日，于南卡罗来纳州的查尔斯顿海军医院（Charleston Naval Hospital, South Carolina）去世。

1996 年 11 月 13 日，美国军方在阿伯丁试验场举行了主题为“军方计算 50 年”的庆祝大会，为期两天，会上特别向戈德斯坦、吉伦和冯·诺依曼颁发了奖章。在这次大会上，戈登斯坦发言时特别提到 ENIAC 这个名字也出自吉伦。

得到美国军方的资金支持后，代号为“PX 项目”（Project PX）的 ENIAC 建造工程在 1943 年夏正式开工。考虑到项目的重要性，摩尔学院的院长彭德筛选摩尔学院的优秀人才组建了设计团队。布雷纳德（Brainerd）教授挂帅监督整个项目，埃克特成为项目的主要工程师，莫奇利因为有教学任务而以顾问身份为项目服务。戈德斯坦仍以军方代表的身份监护项目。此外，为项目做出较多贡献的还有如下人士。

- 阿瑟·W.伯克斯（Arthur W. Burks）为设计累加器（accumulator）和乘法器（multiplier）做出了重大贡献，77 张设计图纸上留有他的签名。阿瑟·W.伯克斯（1915—2008）的经历与莫奇利有些类似，也是因为参加美国"国防工业电子工程培训"而来到摩尔学院，认识了埃克特并一同被招聘到摩尔学院，他们在 ENIAC 项目立项后就加入了 ENIAC 设计团队。除设计外，阿瑟还参与了 ENIAC 报告的编写工作。

- T.K.沙普利斯（T.K. Sharpless）为高速乘法器、时钟和发起单元（cycling and initiating units）以及累加器的设计做出了重大贡献，至少 83 张图纸上留有他的签名。

- 罗伯特·F.肖（Robert F. Shaw）为设计函数表（function table）、累加器、主编程器（master programmer）、发起单元（initiating unit）、常数传输器（constant transmitter）以及打印机做出了贡献，103 张图纸上留有他的签名。

- 约翰·H.戴维斯（John H. Davis）为设计累加器、发起单元和时钟单元做出了贡献，至少 56 张图纸上留有他的签名。

- 弗兰克·缪勒（Frank Mural）为累加器和主编程器的设计做出了贡献，至少 124 张图纸上留有他的签名。

- 朱传榘（Chuan Chu）为设计除法器和平方根单元做出了贡献，至少 28 张图纸上留有他的签名。朱传榘于 1919 年出生于天津，1940年到美国留学，在明尼苏达大学获得学士学位后，他又到宾夕法尼亚大学的摩尔学院继续深造并获得硕士学位。

于 1946 年整理的《ENIAC 操作手册》以插图方式包含了 ENIAC 的一些设计图纸，在这些图纸的右下角，通常都有绘制人、检测人和批注人的签名。图 15-7 展示了 ENIAC 发起单元前面板设计图纸的标题区（右下角）。

图 15-7　ENIAC
发起单元前面板
设计图纸的标题
区（右下角）

　　ENIAC 的设计图纸数量巨大，为了便于查找，图纸的编号都有固定的格式
——"PX-部门（division）-科目（subject）"。以 PX-9-302（见图 15-8）为例，
其中，PX 代表 ENIAC 项目的代号；9 既代表负责设计的部门，也代表这个
单元的类型；302 是科目，也就是描述的部件或主题。另外，101-200 是用于
布线的图纸，201-300 是用于机械制造的图纸，301-400 是用于编制报告（用
于帮助外部人员或用户理解 ENIAC）的图纸。

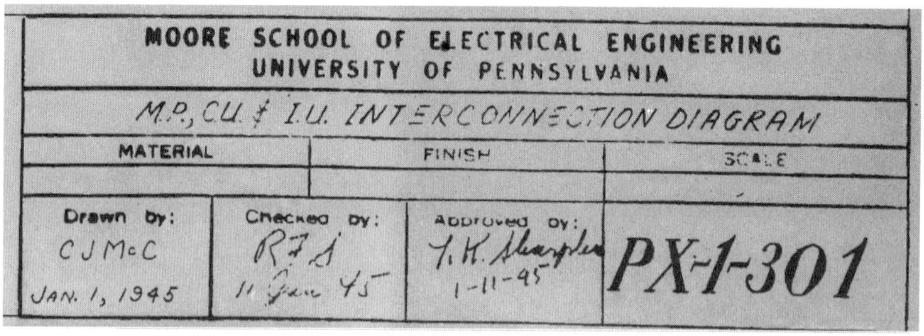

图 15-8　主编
程器（MP）、时
钟单元、发起单
元互联图的标题
区

　　《ENIAC 操作手册》的开头部分介绍了所有单元类型和部件类型的编码
约定。ENIAC 图纸中的部门编号如表 15-1 所示。

表 15-1　ENIAC 图纸中的部门编号

编号	部门	解释
1	General	全局和通用的，比如 PK-1-302 是所有机柜的布局平面图（floor plan）
2	Test Equipment	测试设备
3	Racks and Panels	背板和面板
4	Trays, Cables, Adaptors, and Load Boxes	底盘、电缆、适配器和加载箱
5	Accumulators	累加器
6	High Speed Multiplier	高速乘法器
7	Function Table	函数表
8	Master Programmer	主编程器
9	Cycling Unit and Initiating Unit	时钟单元和发起单元
10	Divider and Square Rooter	除法器和平方根单元
11	Constant Transmitter	常数传输器
12	Printer	打印机
13	Power Supplies	电源

观察图 15-7 所示的 PX-9-302 图纸，标题区（Title Block）图纸绘制者（Drawn by）的签名为 J. EDELSACK，时间是 1944 年 12 月；审查者（Checked by）的签名为 awb（代表 Arthur W. Burks），时间是 1945 年 1 月 11 日；审批者（Approved by）的签名应该是 T. K. Sharpless，时间是 1945 年 7 月 16 日。在其他一些图纸（见图 15-8）上，还有很多签名的时间是 1945 年 1 月，有的甚至是 1945 年 1 月 1 日，这表明 ENIAC 项目在 1945 年 1 月非常繁忙，甚至在元旦这样的节日也有人在工作，他们在与时间赛跑。

除前面列出的设计者之外，贝尔实验室的山姆·B.威廉姆斯（Sam B. Williams）在 1944 年年初为输入信息设计了临时存储机制，他公开给了 ENIAC 设计团队并被采纳。

用了大约一年时间，ENIAC 的所有设计工作在 1944 年夏完成了，设计方案进入冻结（frozen）状态，准备开始制造。

在设计整个系统的同时，名为"小 ENIAC"的子系统正以更快的步伐在推进。"小 ENIAC"只有两个累加器和一个时钟单元。1944 年 6 月，这 3 个机柜最先安装到摩尔大楼里。同年 7 月，"小 ENIAC"组装完成，准备测试。因为其他部件还没有完成，所以选择的测试方法是先让一个累加器累加到 5，再把结果向另一个累加器传递 1000 次，最后显示后面这个累加器的结果，显示的结果是正确的。摩尔学院的院长彭德看了这个演示后，原本忐忑不安的心稍微放松了一些。"小 ENIAC"通过了初步测试，这让大家更有信心去构建完整的大系统。

又经过大约一年，其余部件相继完成。1945 年 9 月，发起单元和函数表完成；同年 10 月，除法单元和平方根单元也完成了。

1945 年秋，最终的组装和集成工作开始了。整个 ENIAC 系统是巨大的，ENIAC 团队以面板为单位进行施工和组装，系统的固定部分有 40 个面板，还有 3 个是可以移动的函数表。40 个固定面板呈"门"字形部署在近乎一个楼层的巨大房间里，如图 15-9 所示。

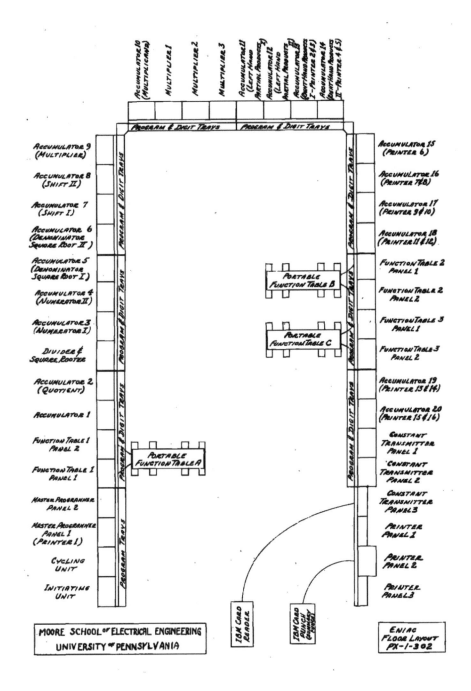

图 15-9　整个 ENIAC 系统的平面图

在这 40 个固定面板中，包括 20 个累加器、1 个发起单元（用于启动和停机）、1 个时钟单元、1 个主编程器（占两个面板位置）、1 个除法和平方根单元、1 个高速乘法器（占 3 个面板位置）、3 个函数表（每个函数表占两个面板位置）、一个打印机（占 3 个面板位置）和 1 个常量传输器（占 3 个面板位置）。

除这 40 个固定面板之外，还有 3 个可以移动的函数表机柜。每个函数表机柜的下面有轮子，便于移动。用今天的话来讲，它们都是用来部署常用子函数的。

组装好的 ENIAC 一共包含 20 000 个真空三极管、7200 个晶体二极管、1500 个继电器、70 000 个电阻器和 10 000 个电容，总重量约为 27 000 千克，所有机柜的占地面积为 64.8 平方米（根据 2.4×0.9×30 得出），部署后的占地面积为 167 平方米。

ENIAC 组装完毕后，经测试运行，发现它的总功率高达 150 千瓦，也就是每小时耗电 15 度，今天笔记本计算机的功耗一般在 20～50 瓦，即使按 50 瓦算，ENIAC 的功耗也相当于 3000 台笔记本计算机的功耗。正因为如此高的耗电量，当时有个有趣的玩笑——"ENIAC 一开机，整个费城的所有电灯都黯然失色。"

ENIAC 还没有正式完工，第二次世界大战就结束了，这出乎一些人的预料。不过，虽然第二次世界大战结束了，但这并不代表核武器的研发就会立刻停止。事实上，在原子弹试验成功后，洛斯·阿拉莫斯实验室的工作重心便转向研制代号为"超大号"（Super）的氢弹。这时，一些科学家发现一个非常迫切的需求，就是为了验证氢弹设计的可行性和确定氚氘混合比等关键参数，需要做大规模的计算。这些科学家包括冯·诺依曼的好朋友乌拉姆博士和爱德华·特勒（Edward Teller）。特勒和冯·诺依曼讨论了这个需求后，冯·诺依曼立刻想到了 ENIAC，他认为 ENIAC 很适合做这样大规模的计算。

于是，洛斯·阿拉莫斯实验室向出资建造 ENIAC 的美军陆军军械部提出申请，希望使用 ENIAC 来执行氢弹计算任务，申请很快被批准。

1945 年 12 月 10 日，ENIAC 迎来第一个实际的计算任务。这让 ENIAC 经过初步测试后，便开始执行氢弹的计算任务。

当氢弹的计算任务在 ENIAC 上执行时，基本可以用足 ENIAC 设计的能力，使用率高达 99%。这是 ENIAC 的所有部件首次联合工作解决复杂的计算问题，这对 ENIAC 团队来说是个不小的挑战。1946 年 1 月，很多氢弹计算任务相继完成，ENIAC 的表现让所有人都非常高兴。1946 年 3 月 18 日，接替奥本海默担任洛斯·阿拉莫斯实验室主任的诺里斯·布拉德伯里博士（Dr. Norris Bradbury）高度评价了 ENIAC 在氢弹项目中发挥的作用。

氢弹计算任务的顺利执行证明 ENIAC 已经成功完成。

1946 年 1 月，美军陆军军械部和摩尔学院开始为 ENIAC 的正式发布做准备，包括准备专门的发布庆典、安排采访计划以及撰写正式发布 ENIAC 时的新闻稿等。

发布庆典的正式日期定在 1946 年 2 月 15 日。2 月 1 日，ENIAC 团队先举行了媒体演示会，向记者演示了 ENIAC。为了让公众更容易理解，ENIAC 团队还精心设计并运行了如下 5 个演示[1]。

- 把数字 97 367 与自身累加 5000 次，与正确答案做比对，证明 ENIAC 正确无误。
- 把数字 13 975 乘以 3975，重复 500 次，ENIAC 也正确无误。
- 为数字 1～100 产生平方和立方数学表。
- 为 100 个不同的角度计算正弦值和余弦值，然后把结果输出到穿孔卡片并打印到纸上，最后把结果分发给媒体的记者。
- 从 ENIAC 为洛斯·阿拉莫斯实验室执行氢弹计算任务中选择一个有代表性的例子，并把打印结果分发给媒体记者。

在媒体演示会上，埃克特和莫奇利成为瞩目的焦点，他们先是做了发言，向记者介绍 ENIAC 的用途和速度，而后又分别发表了演讲。莫奇利在演讲中特别强调了电子计算机可以用来解决以前从来没有解决的问题。埃克特在演讲中更是语出惊人："ENIAC 的成功给电子机械（混合在一起的）计算设备的时代敲响了丧钟，ENIAC 让（纯）电子计算机成为现实而不再是虚幻的未来。"

1946 年 2 月 15 日，ENIAC 的发布庆典如期举行，来自政府、军队、大学、工业和科技团体的代表聚集到摩尔学院。庆典现场气氛热烈，所有仪式都十分高调，目的是最大程度彰显 ENIAC 的成功，让更多人知道 ENIAC。

当天晚上还举行了盛大的晚宴，受邀的都是重量级人物，包括美国气象局局长佛朗西斯·赖克尔德弗（Francis Reichelderfer，1895—1983）。赖克尔德弗很早便在美国气象局工作，从 1938 年开始成为美国气象局的头号人物，他积极引入新技术进行天气预测。在晚宴上，莫奇利邀请赖克尔德弗坐在自己身边。

ENIAC 发布的消息出现在了很多报纸的头版。《纽约时报》在第 1 版和

---

① 参考 1973 年 ENIAC 案件的法庭资料《ENIAC on Trial》。

第 3 版刊登了长篇报道，报道的标题为"电子计算机闪电作答，为工程提速"（Electronic Computer Flashes Answers, May Speed Engineering）。除了关于 ENIAC 的文字描述之外，《纽约时报》还刊登了 3 张照片，其中一张是 ENIAC 部署在摩尔学院机房里的工作照片（见图 15-10）。在这张照片中，ENIAC 机柜呈 U 形紧密地部署在房间里，地面的中央除了可移动的函数表，还有卡片机、示波器等，显得有些拥挤。照片中还有 4 个人，离摄像头最近的是欧文·戈德施坦因下士（Cpl. Irwin Goldstein），注意这个人的姓氏与戈德斯坦很像，为了区分，这里故意采用了不同的译法。拍摄时，戈德施坦因正在聚精会神地操作函数表。另外 3 个人分别是霍默·W.斯彭斯（Homer W. Spence）、女程序员贝蒂·琼·詹宁斯（Betty Jean Jennings）以及弗朗西丝·比拉斯（Frances Bilas）。照片上的这 4 个人中，戈德施坦因和斯彭斯是军人。戈德斯坦安排他们到摩尔学院，并且让他们出现在这张新闻照片中，是希望他们能在 ENIAC 移交军方后，承担起使用和维护 ENIAC 的任务。后来的实际情况是，前景中的戈德施坦因离开了，背景里看不清面孔的斯彭斯留了下来，在 ENIAC 搬到阿伯丁试验场的弹道研究实验室（BRL）后继续在那里工作。

《纽约时报》上刊登的另外两张照片分别是莫奇利和埃克特的肖像。《纽约时报》是美国的第一大报，发行量巨大。ENIAC 的报道一出，莫奇利和埃克特立刻成了名人。

媒体演示会和盛大的发布庆典让记者和一些重要人物有机会看到了 ENIAC，但是很多公众还没有看到。为了让更多人深入了解 ENIAC，1946 年 2 月，有导演专门为 ENIAC 拍摄了纪录片，目的是以活动的影像把 ENIAC 展示给所有公众。在大约 10 分钟的影片中，记录了 ENIAC 在摩尔学院运行的情景，包括使用接线方式对其编程、更换容易损坏的电子管插板等。影片还记录了 ENIAC 项目的一些重要人物，包括第一批为 ENIAC 编程的 6 朵"玫瑰"以及 ENIAC 的主要设计者莫奇利和埃克特，此外还有对 ENIAC 项目至关重要的戈德斯坦中尉。今天仍然可以在互联网上搜索到由"计算机历史档案项目"（Computer History Archives Project）数字化的 ENIAC 纪录片，片长大约 10 分钟。这是关于现代计算机的最早影像。

图 15-10
ENIAC 发布时
的新闻照片

发布庆典过后，ENIAC 团队开始安排移交工作，目标是把已经完成的 ENIAC 移交给阿伯丁试验场的弹道研究实验室（BRL）。移交不仅要搬运超过 20 吨的 ENIAC 机柜，还要准备项目报告的各类文档。

移交的文档分为如下 5 册：

- 《ENIAC 操作手册》（见图 15-11），作者为上文提到的阿瑟·伯克斯和哈里·赫斯基；
- 《ENIAC 维护手册》；
- 《ENIAC 技术描述》第一部分之卷 I；
- 《ENIAC 技术描述》第一部分之卷 II；
- 《ENIAC 技术描述》第二部分。

以上文档在 1946 年 6 月相继完成，并先一步寄往弹道研究实验室（BRL）。

因为弹道研究实验室的建设缓慢，而且有紧急的计算任务要在 ENIAC 上运行，所以原本定于 1946 年 6 月开始的移交工作被推迟到了 11 月。

1946 年 11 月 9 日，ENIAC 关机，结束了它在摩尔学院的运行历史。搬运到弹道研究实验室并重新组装一共花了几个月的时间，直到 1947 年 7 月

29 日 ENIAC 才开机。从此，ENIAC 开始在弹道研究实验室运行，成为弹道研究实验室里最昂贵、最忙碌的设备。ENIAC 持续运行到 1955 年 10 月 2 日下午 11:45 停机，功成身退。停止运行的 ENIAC 仍是宝贝，成为博物馆和收藏家们追逐的目标。ENIAC 被拆解，分散到多个地方。ENIAC 的诞生地——摩尔学院得到了拆解后的一部分——1 个可移动的函数表和 4 个面板。这些 ENIAC 部件被展示在摩尔大楼的橱窗里。

埃克特在 1995 年去世，他留下来的很多物品在 2000 年时被公开拍卖。其中有一个 ENIAC 的标准插件，名叫"累加器的十位数插拔单元"（Accumulator Decade Plug-in Unit）。

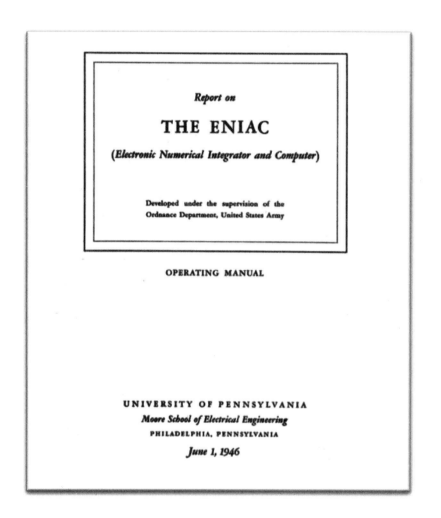

Report on

THE ENIAC

(Electronic Numerical Integrator and Computer)

Developed under the supervision of the
Ordnance Department, United States Army

OPERATING MANUAL

UNIVERSITY OF PENNSYLVANIA
Moore School of Electrical Engineering
PHILADELPHIA, PENNSYLVANIA
June 1, 1946

图 15-11 《ENIAC 操作手册》的封面

与阿塔纳索夫的 ABC 和楚泽的 Z1 计算机使用二进制不同，ENIAC 使用的是十进制。简单来说，埃克特留下的这个插件是 ENIAC 的基本部件。ENIAC 的每个插件都包含 28 个真空三极管和电路，它们既可以记忆一个十进制数，也可以通过接收脉冲把记忆的数从 0 累加到 9。用今天的话来讲，这些插件既有内存的作用，又有累加器的性质。因此，它们有好几个名字，如环形计数器（ring counter）、累加器的戴刻德（accumulator decade）或者干脆简称戴刻德（decade 是十位数的意思）。真空管因为比较容易坏，所以做成可插拔的，以便更换。ENIAC 一共有 200 个这样的插件，分布在 20 个累加器上。这意味着每个累加器有 10 个戴刻德，最多能记录 10 个十位数，可以表达 0～100 亿的数字。

因为戴刻德上有很多个亮闪闪的真空管，而且在 ENIAC 机房里有很多个备用的，加上大小适中，所以在当年的不少照片中，人们都拿它做道具。比如，在图 15-12 所示的这张戈德斯坦与埃克特的合影中，他们两个人就一起捧着一个戴刻德。

图 15–12　戈德斯坦和埃克特手持戴刻德的合影

在戈德斯坦和埃克特的这张合影中，背景里包含 ENIAC 的 4 个面板，其中左边的 3 个便是累加器（见图 15-13）。每个累加器面板的上方是 10×10 的灯泡（neon）阵列，用来显示 10 个戴刻德的值，每一列 10 个灯泡，上面标有 0～9 共 10 个数字，每一个数字与一个戴刻德对应，点亮的灯泡代表当前值。

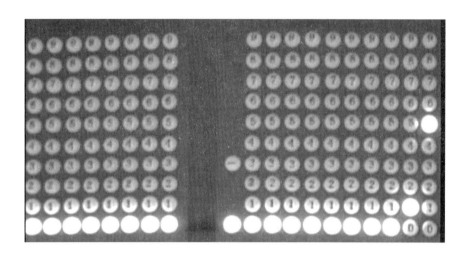

图 15-13 累加器面板上用于显示戴刻德当前值的灯泡阵列

在图 15-14 所示的这张 4 位女程序员的合影中，也出现了这个经典的道具。

图 15-14 4 位女程序员的合影

埃克特留下的那个戴刻德上有埃克特的签名，它在拍卖会上的估价为 8000～12 000 美元。但是在实际拍卖时，竞争十分激烈，最后以 70 000 美元成交。

1947 年 6 月，莫奇利和埃克特一起申请了 ENIAC 专利（见图 15-15），并在 1964 年 2 月获得美国专利局的批准，但是正如第 12 章所讲，1973 年，法官厄尔·拉尔森宣判这个专利无效。

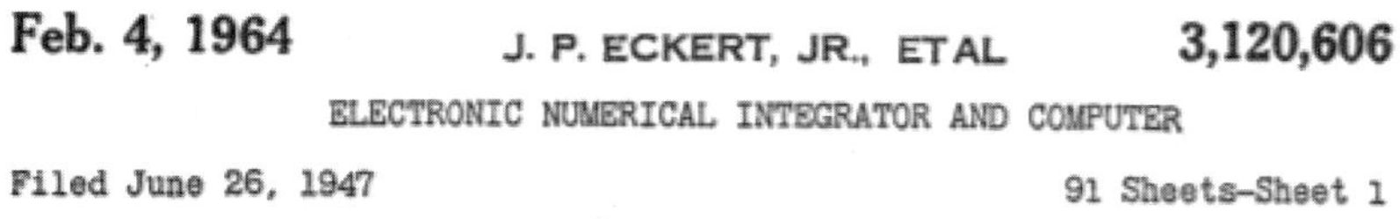

Feb. 4, 1964   J. P. ECKERT, JR., ET AL   **3,120,606**

ELECTRONIC NUMERICAL INTEGRATOR AND COMPUTER

Filed June 26, 1947   91 Sheets—Sheet 1

图 15-15　ENIAC 专利首页的局部

从 1943 年 6 月签订合同，1944 年 6 月开始建造，1945 年秋最后组装，到 1946 年 2 月落成典礼；再从 1947 年 1 月移交到阿伯丁试验场，到改进增强后在同年 8 月重新运行；直到 1955 年 10 月退役；摩尔学院和美国陆军进行了一次完美的合作。

1996 年 11 月 13 日和 14 日，主题为"军事计算 50 年"（50 Years of Army Computing）的庆祝大会在美国陆军的阿伯丁试验场举行。ENIAC 项目的很多参与者被邀请出席。

2011 年，费城市政府在纪念 ENIAC 正式发布 65 周年的时候，把每年的 2 月 15 日定为 "ENIAC 日"。

今天，摩尔大楼依然是宾夕法尼亚大学的一部分，也是费城的一个著名历史景观。摩尔大楼的 100 个房间内陈列着 ENIAC 的部分机柜。

从某种意义上说，是第二次世界大战催生了现代计算机。第二次世界大战为现代计算机提供了史无前例的计算需求，政府不惜成本地投入大量人力和资金。早在 19 世纪 30 年代，巴贝奇心中就有了计算机的蓝图，这一蓝图在图灵那里被提升到理论高度并被抽象成了一个简单的数学模型。楚泽心中也有一幅伟大的蓝图，并且尝试了多种方法来实现。阿塔纳索夫使用真空电子管实现了二进制计算，他的心中也有一幅蓝图，但是当时只有一两个人的人力投入和几千美元的资金投入，因此只能进行很小规模的建造。与巴贝奇、楚泽、图灵和阿塔纳索夫相比，莫奇利和埃克特是幸运的，他们遇到了戈德斯坦和吉伦，得到美国政府的支持。可以说，ENIAC 是以国家之力来立项，以国家之力来施工建造，以国家之力来宣传，并且以国家之力来应用和推广的。

ENIAC 的成功和政府的大力宣传，让"电子计算机"这个新名词迅速传播到全世界，于是很多国家开始考虑如何研制自己国家的计算机，很多大学开始考虑如何开展计算机的研究和应用，一些政府部门和企业也开始考虑这样的问题。从这个意义上讲，ENIAC 项目对现代计算机的最大贡献在于它所起的宣传作用和示范意义。因为从技术角度看，ENIAC 不是最早使用电子技术的计算机，也不是存储程序计算机，甚至不是二进制的。有人分析 ENIAC 的平方根单元后，发现 ENIAC 的设计并不高效。今天，人们一般把 ENIAC 称为第一台全电子通用数字计算机（first electronic general-purpose digital computer）。加上"通用"字样是为了与之前的 ABC 相区别；加上"全电子"则是为了与马克一号相区别，因为马克一号还有一些机械部件。

参考文献

[1] WEIK M H. The ENIAC Story [J]. The Journal of the American Ordnance Association, 1961.

[2] GOLDSTINE H H. The Computer from Pascal to von Neumann [M]. Princeton: Princeton University Press, 2008.

[3] GILLON C P. Grandfather of ENIAC, Paul H. Deitz [EB/OL]. [1996-01-29]. https://ftp.arl.army.mil/～mike/comphist/96gillon/index.html.

[4] FINN C A. Artifacts:An Archaeologist's Year in Silicon Valley [J]. Isis, 2004, 95(2):333.

第 16 章　1945 年,《第一草稿》

1944 年 7 月, 为 ENIAC 项目劳心劳力的赫尔曼·戈德斯坦 (Herman Goldstine) 生病住进了阿伯丁的医院。8 月的第 1 周, 在医生允许出院后, 他就立刻赶往费城的摩尔学院。当他走向阿伯丁火车站的站台时, 他看到站台上有个熟悉的身影, 那是约翰·冯·诺依曼 (John von Neumann)。戈德斯坦曾经在美国数学学会举办的会议上听过冯·诺依曼的演讲, 早就想认识冯·诺依曼, 但是冯·诺依曼此时还不认识戈德斯坦。戈德斯坦虽然知道冯·诺依曼并不认识自己, 但还是大胆地走到冯·诺依曼的面前, 冒昧地与冯·诺依曼搭话, 做自我介绍。冯·诺依曼非常礼貌地回应了戈德斯坦。两个人寒暄过后, 谈话很快陷入僵局, 因为冯·诺依曼对日常话题根本没有兴趣。于是戈德斯坦转变话题, 说起自己正在建造一个每秒能做 300 次乘法运算的机器。听到这句话后, 冯·诺依曼顿时兴奋起来, 因为他当时正在为曼哈顿项目寻找 "大算力" 的机器。二人的这次偶遇对现代计算机有着非同寻常的意义。为了让读者理解这非同寻常的意义, 我们需要先介绍一下背景。第 15 章介绍过戈德斯坦了, 现在有必要正式介绍冯·诺依曼。

1903 年 12 月 28 日, 冯·诺依曼出生在匈牙利的布达佩斯 (Budapest), 匈牙利当时是奥匈帝国的一部分。冯·诺依曼与阿塔纳索夫同年, 比阿塔纳索夫小两个多月, 比后来的合作伙伴艾肯小 3 岁, 比多年之后相遇的图灵年长 8 岁多, 比在阿伯丁火车站偶遇而成挚友的戈德斯坦大 10 岁。

冯·诺依曼出生在一个富有的犹太家庭, 他的父亲麦克斯·诺依曼 (Max von Neumann, 1873–1928) 是法学博士。麦克斯年轻时聪明自信, 经人介绍认识了冯·诺依曼的母亲——玛格丽特·卡恩 (Margit Kann)。玛格丽特的家境非常好, 她的父亲雅各布·卡恩 (Jakab Kann) 是一位实业家, 雅各布与伙伴创立了卡恩-赫勒 (Kann-Heller, K.H.) 实业公司。K.H.公司经营农具、磨盘石料等业务, 生意兴隆。K.H.公司在布达佩斯的繁华地段有一栋大楼, 位于勇士街 (Báthory Street) 与拜西-齐林斯基大道 (Bajcsy-Zsilinszky Way) 交汇的丁字路口的转角处, 今天的地址为勇士街 26 号 (见图 16-1), 当年的地址为维奇大街（Vaczi Boulevard）62号，维奇大街在1945年改名为拜西-齐林斯基大道，这是为了纪念在第二次世界大战中反抗德国入侵而牺牲的匈牙利民族解放委员会最高领导安德烈·拜西-齐林斯基（Endre Bajcsy-Zsilinszky，1886—1944）。

图 16-1 位于勇士街 26 号的大楼和附近的街道（拍摄于 2021 年）

位于勇士街26号的大楼一共有4层，一层是店铺，玛格丽特的父母和妹妹一家住在中间两层。冯·诺依曼一家住在顶层，大大小小一共有18个房间。冯·诺依曼从出生到18岁一直住在这里。[1]

麦克斯是个非常喜欢书的人，也特别喜欢买书。一个偶然的机会，麦克斯得知一个名叫柯尼格（König）的庄园主眼睛失明了，他想把庄园图书馆里的书都卖掉，其中的镇馆之宝是德国著名历史学家威廉·翁肯（Wilhelm Onchen）所著的44卷《世界史》。麦克斯果断地买下这个图书馆，将其搬到了勇士街26号（当年的维奇大街62号）。于是，冯·诺依曼一家便有了一个家庭图书馆，取名为柯尼格图书馆，图书馆里高高的书架从地面直到天花板，上面放满了各种图书。[1]

孩提时的冯·诺依曼就表现出天才特质，他很早就在家庭教师的陪同下开始学习了。冯·诺依曼的父亲认为语言非常重要，所以除了让他学习匈牙利语之外，还让他学习了英语、法语、德语、希腊语和意大利语。6岁时，冯·诺依曼就可以使用希腊语与人交谈了[1]。除了外语，冯·诺依曼对数学也很感兴趣，很小就喜欢和外祖父卡恩比赛心算。外祖父因为早年经商练就了很强的心算本领，这让冯·诺依曼非常羡慕。经过日积月累，冯·诺依曼也学会了使用心算方法算出很大数字的乘除法，而且他对计算的理解还很深刻。有一次，他看见母亲看着远方发呆，便问："妈妈，您在计算什么？"在家庭教师的帮助下，冯·诺依曼在 8 岁时（见图 16-2）便学会了微分和积分[2]。

图 16-2　童年时的冯·诺依曼

虽然冯·诺依曼在语言和数学方面表现卓越，但他最喜欢的是历史。或许因为受到柯尼格图书馆里的镇馆之宝——《世界史》的影响，冯·诺依曼从小就喜欢历史，而且这个兴趣一直伴随他的一生。1943 年，第二次世界大战正酣，已经成为美国公民和海军军械部专家的诺依曼接到任务，要从美国乘坐轰炸机横越大西洋到英国。临行前，冯·诺依曼买了两万美元的保险。轰炸机的空间较小，行李有严格限制，而且要求携带海军发的锡制大头盔。在准备行李时，冯·诺依曼为了带上几卷厚厚的《牛津英国史》，把头盔拿了出来，他打算顺便参观英格兰的古战场。正因为冯·诺依曼如此热爱历史，很多认识他的人都对他渊博的历史知识感到惊讶。冯·诺依曼还曾得到普林斯顿大学专攻拜占庭古代史的史学教授的认可。[2]

冯·诺依曼的家庭有在饭后开讨论会的传统，一家人吃过饭后就某个主题展开讨论，冯·诺依曼在很小就开始参与讨论会并发表自己的见解。

1913 年 2 月 20 日，因为麦克斯在匈牙利政府担任顾问时贡献突出，奥匈帝国的国王弗兰茨·约瑟夫（Franz Joseph，1830—1916）向 43 岁的麦克斯授予贵族身份。约瑟夫在 1848 年从伯父斐迪南一世那里继承了奥地利的王位。1854 年，他娶了表妹——巴伐利亚的伊丽莎白·艾米利·维斯巴赫公主，也就是茜茜（Sissi）公主。1867 年，约瑟夫与匈牙利贵族达成和解，加冕为匈牙利国王，建立了奥匈帝国。因为父亲麦克斯被约瑟夫授予贵族身份，按照传统需要改姓，所以冯·诺依曼的姓名中便有了 von，代表贵族的意思。

1914 年[1]，冯·诺依曼进入路德教会学校法索里中学（Fasori Gimnázium，见图 16-3）学习，法索里中学是布达佩斯最好的一贯制学校（中学和小学在一起）。这所学校培养出了很多世界级的名人，后来成为理论物理学家的尤金·保罗·维格纳（Eugene Paul Wigner，1902—1995）也在这所学校就读，比冯·诺依曼高一个年级。他们很快便成了好朋友，后来又都移民到美国，成为匈牙利籍的美国名人。1963 年，维格纳获得诺贝尔物理学奖，在做完获奖演说后，当被问到为什么匈牙利能在同一时代培育出那么多的天才时，他很谦逊地回答说："只有冯·诺依曼是天才。"在获奖致辞中，维格纳还提到自己在法索里中学时的数学老师拉斯洛·拉茨（Laszlo Ratz）。此时冯·诺依曼和拉茨已经去世，维格纳提到他们是为了怀念他们，并且感谢他们对自己的影响。

图 16-3 培养出众多名人的法索里中学

拉茨也是冯·诺依曼的老师，他很快就发现冯·诺依曼是个难得的天才。他找到麦克斯，建议为冯·诺依曼聘请数学方面的家庭教师。麦克斯听从建议，陆续邀请了很多位有声望的数学家辅导冯·诺依曼，其中就包括当时在科尼斯堡大学担任教授的加博尔·赛格（Gábor Szegö）。赛格第一次教冯·诺依曼时，他给冯·诺依曼出了一道题，冯·诺依曼很快就在父亲的银行信笺上写出了答案，这让赛格大为惊诧。后来，赛格也去了美国，成为斯坦福大学数学系的系主任。[1]

1921 年，冯·诺依曼参加了法索里中学的毕业考试，他第一个交卷。但是在交卷之后，他立刻意识到有两道题做得不够好，成绩公布后，他发现除那两道题之外，其他题目都正确。

匈牙利当时最好的大学是布达佩斯大学。虽然布达佩斯大学对犹太学生有严格的名额限制，但冯·诺依曼还是被录取了，学习的是数学专业。布达佩斯大学始建于 1635 年。冯·诺依曼入学这年，布达佩斯大学改名为皇家

匈牙利帕兹马尼 • 彼得大学（Magyar Királyi Pázmány Péter Tudomá nyegyetem）。1950 年为纪念物理学家厄特沃什 • 罗兰，又改名为厄特沃什 • 罗兰大学（Eötvös Loránd Tudományegyetem）。

麦克斯担心数学专业不够实用，又让冯 • 诺依曼在柏林大学读化学工程专业。1923 年，冯 • 诺依曼又参加了苏黎世大学的入学考试，在 1923 年 9 月被苏黎世大学录取。于是，冯 • 诺依曼一边在苏黎世大学读化学工程专业，一边在布达佩斯大学读数学博士。1925 年，冯 • 诺依曼取得苏黎世大学的化学工程学士学位。1926 年春天，冯 • 诺依曼又从布达佩斯大学获得数学专业的博士学位。拿到数学博士学位后，冯 • 诺依曼又到德国的哥廷根大学（University of Göttingen）成为著名数学家大卫 • 希尔伯特（David Hilbert，1862—1943）的学生和助手[1]。

1927 年年底，冯 • 诺依曼在德国完成了德语国家中代表最高学业水平的教授资格考试（Habilitation）。

1928 年，冯 • 诺依曼成为柏林大学最年轻的 PD（Privatdozent）讲师。德国的 PD 讲师是指等待正式教授职位的大学教师，学术水平相当于或高于英美的副教授甚至教授。大约一年后，冯 • 诺依曼来到条件更好的汉堡大学任教。

1929 年 10 月 15 日，一个更好的机会摆在了冯 • 诺依曼的面前——美国新泽西州的普林斯顿大学（Princeton University）邀请他去讲学。此时，冯 • 诺依曼已经感受到欧洲的战争危机，他很想到美国去。于是他接受了邀请，开始做出国的准备，包括与恋爱很久的女友玛丽埃塔 • 科维西（Marietta Kövesi）结婚。1930 年元旦，冯 • 诺依曼与科维西结婚。这是冯 • 诺依曼的第一次婚姻。

1930 年 1 月，冯 • 诺依曼带着新婚妻子来到美国普林斯顿大学。他先做了一年的访问讲师，而后转为正式讲师。

邀请冯 • 诺依曼到美国的人是普林斯顿大学的奥斯瓦尔德 • 凡勃伦（Oswald Veblen，1880—1960）教授。凡勃伦自 1905 年开始便在普林斯顿大学的数学系任教，是普林斯顿大学数学系的重要奠基者。凡勃伦很有远见卓识，他意识到欧洲的战争风险，积极向美国政府建议，希望能把欧洲的数学

---

[1] 参考 IAS 网站上的文章《John von Neumann: Life, Work, and Legacy》。

家和物理学家在战争发生前转移到美国，以免他们被迫在欧洲研发原子弹。在这样的背景下，很多欧洲学者被列在了凡勃伦的邀请名单中。

正当冯·诺依曼在普林斯顿大学优越的环境中惬意生活时，一个更加优越的环境已经开始为他做准备。这就是后来造就 30 多位诺贝尔奖得主的普林斯顿高等研究院（Institute for Advanced Study，IAS）。

1929 年年末，IAS 的创始人、著名的教育改革家亚伯拉罕·弗洛克斯纳（Abraham Flexner，1866—1959，见图 16-4）整理了自己的演讲稿，将它们编成一本书出版，书名是《美国、英国和德国的大学》（*Universities: American, English, German*）。

图 16-4　IAS 的创始人亚伯拉罕·弗洛克斯纳

有一天，当弗洛克斯纳正专心工作时，门铃响了，有两位绅士（Samuel Leidesdorf 和 Herbert Maass）来访，他们希望与弗洛克斯纳讨论一件事。慈善家路易斯·班伯格（Louis Bamberger，1855—1944）与自己的妹妹卡罗琳·班伯格·富尔德（Caroline Bamberger Fuld，1864—1944）愿意捐赠 500 万美元，希望在新泽西州建一所医学院，但不知道是否可行，因此他们特来询问弗洛克斯纳。弗洛克斯纳听后，问这两位绅士："你们是否曾经有一个梦想？"没等两位绅士回答，弗洛克斯纳说出了自己的梦想：在美国建立一所纯粹的研究生大学，致力于学术和研究，而不是本科教育。于是，这两位绅士带着与弗洛克斯纳的谈话记录回去了，他们把弗洛克斯纳的想法转告给了班伯格兄妹。班伯格兄妹很快便同意了，并邀请弗洛克斯纳来创办这所大学。几个月后，在弗洛克斯纳的主持下，普林斯顿高等研究院成立了，弗洛克斯纳责无旁贷地担任首任院长。

IAS 成立后，弗洛克斯纳一边组织建设 IAS 的校舍，一边筹划建立学院和聘请教授。1932 年秋，弗洛克斯纳宣布成立 IAS 的第一个学院——数学学院。弗洛克斯纳为数学学院邀请到的第一位教授是阿尔伯特·爱因斯坦（Albert Einstein，1879—1955）。爱因斯坦于 1879 年出生在德国，1900 年毕业于苏黎世联邦理工大学，1921 年获得诺贝尔物理学奖，当时已经是世界级的名人。1932 年 10 月 11 日的《纽约时报》报道了 IAS 成立数学学院的消息，报道中提到，IAS 的创立者想要建立一个"学者的伊甸园"（scholar's paradise）。

在考虑欧洲人选的同时，弗洛克斯纳也在考虑美国人选，签约的第一位美国人选是凡勃伦。凡勃伦在 1932 年向普林斯顿大学辞职，成为到 IAS 报到的第一位教授。因为 IAS 的校舍还没有建好，凡勃伦仍在普林斯顿大学原来的办公室里办公。

1933 年 1 月 30 日，魏玛（德意志）共和国总统兴登堡任命阿道夫·希特勒担任德国总理，这让本来犹豫不决的赫尔曼·韦尔（Hermann Weyl）终于下决心到 IAS 来。韦尔是哥廷根大学的著名数学家，也是希尔伯特的接替者。1932 年上半年，IAS 便向韦尔发出了邀请，他接受邀请后又拒绝了，前后好几次，韦尔始终无法下决心。希特勒的上台，让他不再犹豫了。多年之后的 1943 年，韦尔积极邀请华罗庚（1910—1985）到 IAS 做访问学者。因为战争，华罗庚一直难以成行。韦尔一方面积极帮助华罗庚想办法，另一方面也非常有耐心，一直等到 1946 年 9 月，华罗庚才来到 IAS。不知道韦尔对华罗庚如此宽容和有耐心，是不是因为想到自己当年漂洋过海到美国时也是一波三折。1948 年 6 月，华罗庚被美国伊利诺伊大学聘为正教授并因此离开 IAS。

韦尔再三犹豫时，凡勃伦向弗洛克斯纳推荐了冯·诺依曼。于是，30 岁的冯·诺依曼被招聘到 IAS，成为 IAS 最年轻的教授。

1933 年 10 月 2 日，IAS 数学学院的成立典礼在普林斯顿举行。这时，IAS 数学学院已经有 8 位教授——凡勃伦、爱因斯坦、冯·诺依曼、韦尔和詹姆斯·亚历山大（James Alexander）等，另外还有 20 多位访问学者。此后的一段时间里，更多的欧洲学者被邀请到 IAS，IAS 成为欧洲著名学者躲避战争灾难的伊甸园。

1934 年 10 月，IAS 的院长弗洛克斯纳亲自到美国移民局，与局长开会，为冯·诺依曼申请加入美国国籍。[①]

1935 年 1 月，IAS 为冯·诺依曼出具了详细的任职证明（见图 16-5），上面有聘用日期，以及永久聘用的字样，还有高达 1 万美金的年薪信息，以帮助他加入美国国籍。

---

① 参考弗洛克斯纳在 1934 年 10 月 25 日写给冯·诺依曼的信。

January 15, 1935

TO WHOM IT MAY CONCERN:

This is to certify that the
Institute for Advanced Study, founded by
Mr. Louis Bamberger and Mrs. Felix Fuld in
1930, is located in Princeton, New Jersey,
and that Dr. John von Neumann received a
permanent appointment to the faculty of the
Institute for Advanced Study as Professor of
Mathematics, beginning April 1, 1933, at a
salary of $10,000 a year.

Very truly yours,

ABRAHAM FLEXNER

Director
The Institute for Advanced Study

图 16-5　IAS 出具的冯诺伊曼任职证明

1935 年 3 月 6 日，冯·诺依曼的女儿玛丽娜（Marina）在美国出生。长大后，她也成为博士，后来写了一本书回忆她的父亲（见图 16-6），书名叫《火星人的女儿——回忆录》（The Martian's Daughter, A Memoir）。

1937 年，冯·诺依曼加入美国国籍的申请得到批准，他成为美国公民。这为冯·诺依曼后来的事业发展提供了重要条件，让他有资格成为美国军队和政府的高级顾问，参与很多机密的军事项目，包括曼哈顿项目。当然，成为美国公民对于冯·诺依曼的家人和朋友来说也是很重要的事。冯·诺依曼有了资格帮助更多人从战火弥漫的欧洲来到美国。1939 年，冯·诺依曼的母亲和兄弟

图 16-6　《火星人的女儿——回忆录》的封面

以及弟媳等人也来到美国，以躲避欧洲战火，特别是针对犹太人日益严重的威胁。

库尔特·哥德尔（Kurt Gödel，1906—1978）是奥地利人，他在1929年完成的博士论文中证明了不完全性定理（incompleteness theorem），成为全球瞩目的数学家。1938年3月，纳粹德国吞并了奥地利，哥德尔处在被纳粹军队征召入伍的危险境地。冯·诺依曼积极推荐哥德尔到IAS。1939年，哥德尔先乘坐远东铁路的火车，后乘船穿越太平洋，再换乘连接美国东西部的火车，来到了IAS。哥德尔在1948年加入美国国籍，一直在IAS工作，终老美国。

就在哥德尔来到IAS这一年，IAS自己的第一座大楼终于竣工和投入使用了。大楼用IAS两位资助人中的妹妹（Caroline Bamberger Fuld）结婚后的姓命名，取名为福尔德大楼（Fuld Hall）。在此之前的大约6年时间里，IAS一直是借用普林斯顿大学的设施。

1940年9月，冯·诺依曼被晋升为美国陆军军械部的阿伯丁试验场弹道研究实验室（BRL）的科学顾问委员会（Science Advisory Committee to the Ordnance Department）委员。在晋升之前，冯·诺依曼只是BRL的顾问。冯·诺依曼一直主张美国参战，成为委员让他有更多机会发表自己的主张。另外，委员是享受特殊待遇的，可以获得每天15美元的津贴以及一张铁路免费通行证。每天15美元的报酬在当时已经是不低的收入。一年前（1939年），冯·诺依曼帮助波尔到IAS做教授时，每学期的工资是6000美元[1]。1938年，冯·诺依曼邀请博士毕业的图灵做自己的助手，当时给出的工资据说是年薪1500美元。

彼时，冯·诺依曼还是美国数学联合会战争筹备委员会的弹道学首席顾问[1]。美国军方请冯·诺依曼这样的数学家做顾问是有多项需求的，虽然当时美国还没有正式宣布参加第二次世界大战，但是已经在积极准备，包括改进传统武器和研制核武器。早在1939年时，美国的情报部门就向美国总统报告希特勒在组织一些科学家研制核武器。从那时起，美国便开始组织力量研制核武器。

冯·诺依曼凭借自己超强的数学能力和逻辑能力很快在BRL树立起威望，以至于在1942年时，美国海军军械局也请他做顾问。于是便有前面介绍的他那次乘坐轰炸机到英国执行任务。当冯·诺依曼在英国展示自己的天才智慧时，美国这边一个即将聘请他做顾问的更大项目正在积极展开。

1942 年 8 月 13 日，一个名为"曼哈顿工程区"（Manhattan Engineer District）的特殊机构成立了，美军上校莱斯利·R.格罗夫斯（Leslie R. Groves）被任命为这个特殊机构的领导，这个机构的目标便是研制原子弹，取这样一个特殊的名字是为了利于保密。这个机构的成立标志着影响第二次世界大战历史的曼哈顿项目正式开始。

1942 年 11 月，格罗夫斯上校出现在新墨西哥州北部的荒凉沙漠地带，他在为曼哈顿项目的实验室寻找场地。看了很多地方后，他来到一座小山上，山上是个小的平原，坐落着一所学校。这所学校的四周非常空旷，有很多空地。小山离格兰德河也不远，有充足的水源。在认真考虑很多因素后，格罗夫斯选中了这个地方。这所学校名叫洛斯阿拉莫斯牧场学校（Los Alamos Ranch School），创办于 1917 年。附近人烟稀少，学校每年招到的学生从来没有超过 46 人。这所学校有个很有特色的传统，就是在每个星期六，全校师生会骑着马到周围的乡村远足。

格罗夫斯选定这所学校作为曼哈顿项目的实验场地后，给它取了一个新的名字，叫"Y 基地"（Site Y）。美国军方很快买下了这所学校，迁走了师生和附近的住户，然后将学校封闭，成为军事禁区。"Y 基地"位于新墨西哥州的阿拉莫戈多（Alamogordo）。

1942 年 12 月 28 日，美国政府正式批准了曼哈顿项目（Manhattan Project）。

1943 年 1 月 1 日，著名的理论物理学家 J.罗伯特·奥本海默（J. Robert Oppenheimer）被任命为洛斯阿拉莫斯实验室（Los Alamos Laboratory）的主任。洛斯阿拉莫斯实验室执行的第一个项目就是代号为"项目 Y"（Project Y）的顶级秘密项目，目标是制造和测试原子弹。

研制原子弹是十分复杂的系统工程，需要各方面的人才，不仅需要物理学家，也需要数学家。1943 年 7 月，奥本海默写信给冯·诺依曼，请他帮助解决一些技术问题，并且建议他亲自到洛斯阿拉莫斯实验室看一下，以便与那里的研究人员面对面讨论，更好地理解项目情况。

从 1943 年年初到 1943 年夏，冯·诺依曼为美国海军执行任务，到英国工作了半年。此时欧洲战场战火纷飞，在英国工作很危险。考虑到冯·诺伊曼有可能成为俘虏，临行前，美国海军还特别临时调高了他的职位，万一他成为战俘也可以得到一些优待。但这些危险并没有把一向乐观的冯·诺伊曼吓倒，他把自己投入到工作中，应用他擅长的博弈论（game theory）帮助排除英吉利海峡的鱼雷。为了不让远在美国的亲人担心，他常写信回去，在一封信中，他还抄了一首"利默里克"（Limerick）体小诗。这种小诗一共只有五行，大多是讲个小笑话，文字简洁，幽默风趣。冯·诺伊曼抄写的这首内容如下：

There once was an old man of Lyme（从前在莱姆镇有个老头）

Who married three wives at a time.（他一次娶了三个妻子）

When asked, "why the third?"（当有人问："为什么娶三个？"）

He said, "One's absurd,（他说："一个不合理"）

And bigamy, sir, is a crime."（"而两个又重婚，有罪"）

后来，曼哈顿项目急需冯·诺伊曼，美国紧急召他回国。冯·诺依曼在1943年9月20日到了洛斯阿拉莫斯实验室。这是他第一次到阿拉莫斯，此后又来过多次。这一次他大约呆了两周时间，在10月4日离开。

在洛斯阿拉莫斯实验室，冯·诺依曼参与了很多讨论，包括选择技术方向以及如何计算原子弹的损坏范围等。

从1943年9月到1945年，冯·诺依曼在曼哈顿项目上花了很多时间。他到过洛斯阿拉莫斯实验室很多次，在计算机历史上具有里程碑意义的《第一草稿》就是在他从费城赶往洛斯阿拉莫斯实验室的火车上起草的。在这段时间里，洛斯阿拉莫斯实验室聚集了很多世界级的名人，包括奥本海默、波尔、乌拉姆、爱德华·泰勒、贝特、费米等。工作时，这些天才热烈地讨论同一个主题，那就是原子弹。休息时，他们的爱好则各不相同。乌拉姆喜欢找人聊天，天南海北，话题广泛，冯·诺依曼说他"聊这聊那，就是不聊正事。"贝特和费米喜欢户外运动，他们经常组织大家到广阔无垠的新墨西哥旷野徒步和登山。但是，总喜欢一身西装的冯·诺依曼和愿意聊天的乌拉姆不喜欢去户外。冯·诺依曼还对散步冷嘲热讽，"如果附近有一座3000米的高山没有人登上过，我倒愿意去试试。就像研究物理一样，很多人去过的地方，你们还去干什么？"

不过也有例外，有一次登山活动打动了冯·诺依曼，他决定参加。大家都去了，找不到人聊天的乌拉姆也只好参加。于是，阵容最强大的一次登山之旅开始了，如果单论学术水平，这绝对称得上人类历史上最豪华的一支登山队。但是论登山水平，就参差不齐了。冯·诺依曼依旧西装革履，走在其他人中间，很不协调。冯·诺依曼喜欢穿西装是出了名的，无论是在 IAS 的课堂上，还是在阿拉莫斯这样的沙漠地带，他总是一身西装。乌拉姆平时很少运动，上山的路他只走了 200 米就停了下来。今天，乌拉姆停下来休息的地方成了一个景点，叫"乌拉姆的歇脚点"。

乌拉姆的全名是斯塔尼斯拉夫·马尔钦·乌拉姆（Stanisław Marcin Ulam，1909—1984），他和冯·诺依曼一样，都出生在奥匈帝国，不过乌拉姆的出生地是今天的波兰。1933 年，乌拉姆在里沃夫工业学院获得数学博士学位，1935 年来到美国。乌拉姆和冯·诺依曼是非常亲密的朋友，经常一起旅行、聊天。美国宣战后，乌拉姆看到冯·诺依曼整天为美国陆军和海军忙得不亦乐乎，便问冯·诺依曼自己能干点什么。于是，冯·诺依曼把乌拉姆推荐给了洛斯阿拉莫斯实验室。在洛斯阿拉莫斯实验室，乌拉姆提出了著名的"泰勒-乌拉姆设计"（Teller-Ulam design），乌拉姆对于原子弹的设计和成功做出了非常大的贡献。由于是冯·诺依曼推荐了乌拉姆，因此这也可以算是冯·诺依曼对曼哈顿项目做出的另一个重大贡献。

为了模拟原子弹爆炸和进行仿真，冯·诺依曼在整个美国物色具有强大计算能力（算力）的计算工具，他先找到了艾肯的马克一号。1944 年 3 月 29 日，冯·诺依曼提出在马克一号上执行原子弹的仿真任务并取得了成功。

现在回到本章开头提到的戈德斯坦和冯·诺依曼在 1944 年 8 月初的那次偶遇。当话题转向正在建造的 ENIAC 时，冯·诺依曼表现出极大的兴趣。因为他当时正在给原子弹项目做顾问，满世界寻找能够完成高速计算的机器。冯·诺依曼提了很多问题，戈德斯坦忙不迭地回答，有点像博士论文答辩。而后，冯·诺依曼提出要到摩尔学院实地看一下，这让戈德斯坦非常高兴。戈德斯坦又向吉伦提交了申请，希望邀请冯·诺依曼做顾问，吉伦很快同意了申请。从此，冯·诺依曼也成了 ENIAC 项目的顾问，差不多每周去一次摩尔学院。

1944 年 8 月 7 日[①]，冯·诺依曼到了摩尔学院，这很可能是他第一次到摩尔学院。听说冯·诺依曼要实地观看 ENIAC 后，埃克特对戈德斯坦说："我可以根据冯·诺依曼问的第一个问题判断他到底是不是天才。判断的方法就是看他问的第一个问题是不是 ENIAC 的逻辑问题。"冯·诺依曼来到摩尔学院后，大家带着他参观了已经建造好的"小 ENIAC"，也就是包含两个累加

---

① 也可能是 7 月，这个时间有多种说法，仍待考证。

器和一个时钟单元的演示系统。观看时，冯·诺依曼问的第一个问题果然是 ENIAC 的逻辑问题。[1]

冯·诺依曼每次到摩尔学院时，不仅观看演示和进行简单谈话，他还与 ENIAC 的设计团队一起开会，进行很多深入的讨论。ENIAC 项目从 1943 年正式开始，到了 1944 年的夏季时，所有设计工作都已经完成并冻结，进入建造阶段。为了不影响建造速度，已经做好的设计是不能做大的改动的。虽然埃克特等设计者已经意识到 ENIAC 的一些不足，而且有了更好的想法，但也不能修改设计，只能用到 ENIAC 的下一代——EDVAC 中。EDVAC 的全称是离散变量电子计算机（Electronic Discrete Variable Automatic Computer)），它是美国陆军部准备建造的下一台计算机。事实上，戈德斯坦请冯·诺依曼到摩尔学院做顾问，主要就是为了设计 EDVAC。

当时，大家讨论的一个重要问题就是 ENIAC 的记忆空间非常有限，使用累加器存储信息的成本高昂，而且只能存储数据。戈德斯坦对上司吉伦说："累加器这种工具十分强大，但如果仅仅用它临时存储数字，显得有点愚蠢。"于是，EDVAC 的一个设计目标便是寻找低成本内存。在冯·诺依曼来之前，埃克特已经有了一个名叫"超声波延迟线"（ultrasonic delay line）的方案，成本只是累加器的百分之一。

还有一个问题是 ENIAC 的启动时间很长，戈德斯坦在写给吉伦的信中举了一个例子：使用马克一号计算一个 7 项级数需要 15 分钟，启动时间为 3 分钟；而使用 ENIAC 计算只需要 1 秒，但是启动时间至少需要 15 分钟。

在从 1944 年 8 月到 1945 年春的这段时间里，冯·诺依曼每周都要去摩尔学院一次，与那里的人讨论 EDVAC 的设计。在 1945 年 9 月 30 日由埃克特和莫奇利撰写的《自动高速计算：关于 EDVAC 的进展报告》中，记录了冯·诺依曼在摩尔学院做出的贡献：

"幸运的是，在从 1944 年下半年到现在的这段时间里，导弹研究实验室的顾问约翰·冯·诺依曼博士一直在花时间帮助这个项目……他参与了关于 EDVAC 逻辑控制的很多讨论，做出了不少贡献，他还提出了一些指令码，并且针对具体的问题编写了编码后的指令（串），他用这种方法对自己提出的系统做了测试……"

除了与 EDVAC 的设计团队面对面讨论之外，冯·诺依曼还经常与戈德斯塔联系，差不多每周写一封信[1]。自从在阿伯丁火车站的站台上偶遇之后，两个人都很欣赏对方，大有相见恨晚的感觉，他们很快便建立起非常密切的合作关系。

冯·诺依曼在加入 EDVAC 的设计小组后，为大家打开了一扇新的大门，那就是从逻辑角度思考 EDVAC 的设计。在冯·诺依曼之前，摩尔学院的设计小组把注意力都集中在了技术问题上。冯·诺依曼来了以后，他牵头带领大家从逻辑角度思考问题。设计小组的成员慢慢地分成了两个流派。埃克特和莫奇利是技术派，冯·诺依曼、阿瑟·伯克斯和戈德斯坦是逻辑派。两派从存储能力、计算速度、电路设计等多个方面展开讨论。慢慢地，一些粗糙的想法逐渐被完善，一些模糊的思想也逐渐变得清晰。到了 1945 年 3 月，一些关键的问题都已经讨论清楚，接下来需要有人写一个报告来把大家的设计总结为文档。

谁来写这个文档呢？冯·诺依曼接下了这个任务。在 1945 年 3 月关于 EDVAC 进展的第一份报告中有记载：

"逻辑控制问题已经做了分析，方式是进行非正式的讨论，参与讨论的有冯·诺依曼博士、莫奇利博士、埃克特硕士、伯克斯博士、戈德斯坦上尉等人。冯·诺依曼博士计划在未来几周内提交一份关于这些分析的总结，包括 EDVAC 的逻辑控制以及一些例子，用来说明如何解决某些特定问题。"

让冯·诺依曼来写 EDVAC 设计报告也许是戈德斯坦的安排，因为冯·诺依曼擅长逻辑思维。

不管怎么样，冯·诺依曼接下了这项很多工程师不愿意接的任务。后来的历史证明，冯·诺依曼的这个当仁不让的决定是非常英明的。这个文档让他在计算机历史上名垂千古。

第二次世界大战期间，冯·诺依曼绝对是个抢手的大忙人，很多项目需要他，好在冯·诺依曼拥有超级聪明的大脑，不仅善于记忆，看过的东西过目不忘，而且具有强大的思维能力，别的数学家忙活几天搞不定的问题，在他这里也许不动纸笔，用心算就搞定了。根据冯·诺依曼的第二任妻子克拉拉·达恩（Klára Dán，1911—1963）的回忆，冯·诺依曼常常带着一个没有解决的难题入睡，早上 3 点醒来时便有答案了。然后他便走到桌边给同事打电话，但同事此时可能还没有起床。冯·诺依曼会一直工作到清晨，到了大家的上班时间，"他便像一只云雀那样快活地上班去了"。

如果说冯·诺依曼在梦中求解难题有点夸张的话，那么冯·诺依曼的另一项能力是有实例证明的。冯·诺依曼在摩尔学院接下上文所说的写文档的任务后，他接下来的日程安排是赶往洛斯·阿拉莫斯。在从费城到新墨西哥州的火车上，冯·诺依曼一边听着火车车轮撞击铁轨接缝的咔哒声，一边写报告，题目是《关于 EDVAC 报告的第一草稿》，简称《第一草稿》（见图 16-7）。冯·诺依曼能在火车上静下心来写文档与他的工作习惯有关，据克拉拉回忆，冯·诺依曼喜欢在有点声音的环境中工作，不喜欢过分安静。

冯·诺依曼是以手写方式写《第一草稿》的，写完后寄给了戈德斯坦。戈德斯坦安排人将冯·诺依曼的手稿录入并打印出来。打印出来的《第一草稿》的正文有 101 页，加上封面、目录和插图后，共有 107 页。

《第一草稿》的正文分为 15 章，第 1 章为术语定义，共有 4 个小节。在第 1 章中，首先给自动计算系统做了如下定义：

“自动计算系统是一种（常常高度复合的）设备，这种设备能够通过执行指令来完成具有相当复杂度的运算。”

然后对系统的功能做了精确描述，讨论了输出数据的不同类型，输出的数据分为中间结果和最终结果两种。

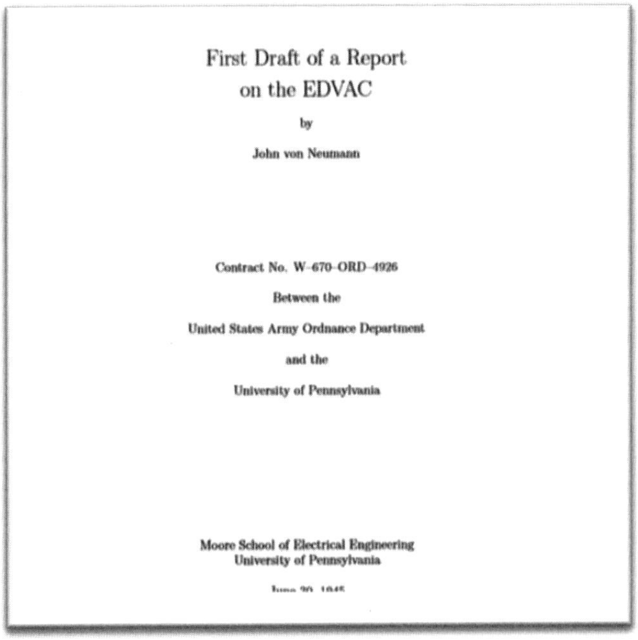
First Draft of a Report
on the EDVAC
by
John von Neumann

Contract No. W-670-ORD-4926
Between the
United States Army Ordnance Department
and the
University of Pennsylvania

Moore School of Electrical Engineering
University of Pennsylvania
June 30, 1945

图 16-7 《第一草稿》的封面

第 2 章是《第一草稿》的关键部分，名为"系统的主要部件"（Main Subdivisions of the System）。在第 2 章中，冯·诺依曼以高超的逻辑能力，将计算机系统概括为如下 5 大部分。

- 负责执行数学计算的中央算术单元（central arithmetical part），简称 CA。
- 协调操作顺序和负责逻辑控制的中央控制单元（central control），简称 CC。CA 和 CC 加起来的总称是 C。
- 用来记录代码和数据的记忆体（memory），简称 M。冯·诺依曼特别列举了使用内存的各种情况，包括计算的中间结果、代码、数学表、初始条件等。
- 把信息从外部记录媒介（outside recording medium，简称 R）传输到 C 和 M 的输入部件简称 I。
- 把信息从 C 和 M 传输到 R（即外部记录媒介）的输出部件简称 O。

《第一草稿》前两章的目录如图 16-8 所示。

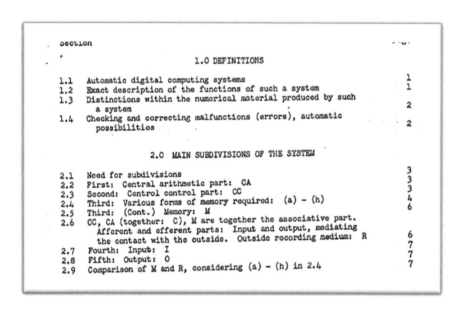

图 16-8　《第一草稿》中前两章的目录

相对于抽象的图灵机，冯·诺依曼将计算机系统定义为上述 5 大部件绝对是一次飞跃，这既丰富了原来的设计，将抽象的图灵机具体化，同时又高屋建瓴，具有广泛的适用性和指导意义。直到今天，冯·诺依曼对计算机系统的上述划分仍广泛适用。事实上，随着《第一草稿》的传播，冯·诺依曼的这个定义已成为指导计算机设计的基本纲领。可以说，今天几乎所有的计算机系统都是遵循这个基本纲领而设计的。这个基本纲领有一个广为流传的名字——冯·诺依曼架构。

《第一草稿》中共有 22 幅插图，但令人遗憾的是，冯·诺依曼并没有画出包含上述 5 大部件的总结构图。图 16-9 是笔者绘制的冯·诺依曼架构。

虽然没有画出架构图，但是冯·诺依曼用文字进行了描述。《第一草稿》中的每一段文字描述都有标号，就像专利文书一样，它们可以精确地相互引述。

例如，在《第一草稿》的 2.6 节，冯·诺依曼就使用比喻的方法描述了 5 大部件的相互关系："CA、CC（CA 和 CC 统称为 C）和 M 这 3 个特定部件相当于人类神经系统的联合神经元（associative neurons）。接下来我们将讨论感知器或传入神经以及运动神经或输出神经的对应体，这便是计算设备的输入和输出……"

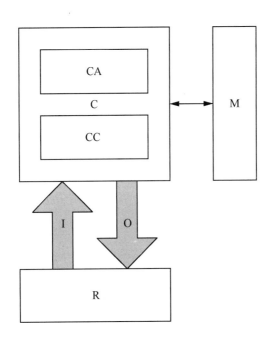

图 16-9　笔者绘制的冯·诺依曼架构

如果对冯·诺依曼定义的 5 大部件和 ENIAC 的架构进行对比，那么这个定义的第一个重大意义在于把内存提升成了一个独立的部件，内存的地位被中央化了。在 ENIAC 中，内存是累加器的一部分，分散在很多个累加器中。

另外，冯·诺依曼对内存的角色和用途做了明确定义：内存不仅可以用来存储数据，也可以用来存储代码。把代码看作一种特殊的数据来统一存储，这是冯·诺依曼架构的一大特色。这样的方式被称为中央程序，也叫存储程序（stored program）。也就是说，给计算机配备中央的记忆装置，先把程序加载到里面，之后再执行，而不是像 ABC 和 Z1 计算机那样直接执行穿孔卡片上的指令。

在明确内存的角色之后，外存的概念也就清晰了。《第一草稿》用 R 来代表外存。R 可以用很多种形式来实现，如穿孔卡片（punched card）、磁带（teletype tape）、磁性线（magnetic wire）或钢片（steel tape）。

内存虽然速度快，但空间相对较小，所以只存放紧急用的代码和数据，暂时不用的代码和数据存放在空间更大的外存中，需要时再读入内存。这样就可以根据需要把想要执行的程序读入内存，避免更换程序时因为重新启动机器而浪费时间。把程序存储在外存或内存中，不仅便于程序的加载和调试，也彻底解决了程序在 ENIAC 上部署缓慢的根本问题。《第一草稿》流传后，存储程序成为现代计算机的基本特征之一，所有主流的计算机都采用了这样的设计。

冯·诺依曼架构的另一个意义在于把数学单元集中起来，实现了中央化。在 ENIAC 及其之前的系统中，数学单元常常是分散的，比如，ENIAC 的累计器、乘法器和平方根单元，就实现在很多个不同的机柜里。

《第一草稿》的前两章一共只有 8 页，算是全文的第一轮陈述；后面还有 13 章，可以看作全文的第二轮陈述。第一轮陈述快速地描绘蓝图，第二轮陈述才进行深入探讨。考虑到第二轮陈述很长，所以《第一草稿》的第 3 章首先介绍了讨论顺序。

《第一草稿》的第 4 章使用同步神经元做类比介绍了构建计算机的基本零件，如继电器和真空三极管。冯·诺依曼比较了选择不同零件的延迟问题，真空三极管的延迟为 1 微秒（10^{-6} 秒），电信用继电器的延迟在 10 毫秒（10^{-2} 秒）级别。冯·诺依曼特别提到，人类大脑神经元的延迟是 1 毫秒（10^{-3}

秒）。

《第一草稿》的第 5～11 章讨论实现 CA 的若干问题，包括需要遵循的设计原则（第 5 章）、使用的基本元素（第 6 章）、处理小数点问题（第 7 章）、如何实现加减法（第 8 章）、如何实现乘除法（第 9 章）、如何实现平方根和其他运算（第 10 章），最后归纳了所有运算方法并讨论了 CA 的总体设计（第 11 章）。

《第一草稿》用将近 50 页详细讨论 CA 之后，第 12 章开始转向讨论内存，包括规划内存的容量和总的设计原则；第 13 章继续讨论内存的组织方法；第 14 章讨论中央控制单元(CC)和内存；第 15 章的标题为"代码"(The code)，从第 91 页开始，直到结束，共 11 页。

在第 15 章中，冯·诺依曼讨论了如何给计算机下命令，用今天的话讲，就是规划指令集、梳理所有指令、定义指令的机器码和助记符等。《第一草稿》的 15.3 节详细定义了不同类型的指令，包括如下 8 类：

- 命令 CC 让 CA 执行某种运算；
- 命令 CC 把一个标准数从内存的指定位置传输到 CA；
- 命令 CC 把紧跟在指令后面的一个标准数传输到 CA；
- 命令 CC 把一个标准数从 CA 传输到 M 的指定位置；
- 命令 CC 把一个标准数从 CA 传输到这条指令后面的位置；
- 命令 CC 把一个标准数从 CA 传输到 CA（无用指令）；
- 命令 CC 把当前的内存连接传输到 M 的指定位置；
- 输入输出操作。

指令（instruction）是计算机硬件可以理解并执行的操作（operation），又称命令（order）。指令是硬件能够"看懂"的唯一语言，也是与计算机硬件沟通的基本方式。计算机与其他机器的最大区别是计算机具有通用性，而实现通用性的途径就是软件和代码。硬件负责执行基本的指令，软件负责组合这些指令。

这也意味着如果没有软件，那么计算机是无法使用的。纵观人类探索自动计算的历史，自动计算机器沿着一条从专用到通用的道路在前进：早期偏向专用，比如只做算术计算，这时不需要软件；后来逐步走向通用，支持的功能越来越多，但越是通用，也就越依赖软件。埃达很早就在思考这个问题，所以她是伟大的先知之一。图灵也非常深入地思考了这个问题，在"论可计算数"论文中，他设计了通用的图灵机模型，第一次深入讨论了"操作"的概念，并阐述了通过组合操作实现通用性的基本思想。冯·诺依曼当然也深入思考了这个问题，他在《第一草稿》中以十分之一的篇幅规划指令集，显示软件的地位，将计算机指令理论化和具体化，这是计算机发展史上一个新的里程碑。

直到今天，执行指令仍是计算机的基本工作原理。尽管现代 CPU 的集成度不断提高，结构也变得越来越复杂，但是基本的工作原理仍然非常简单，就是不断地读取指令（fetch instruction），然后解码（decode）和执行（execute），执行完一条指令后，接着执行下一条指令。巴贝奇的分析引擎和哈佛大学的马克一号都是直接从卡片读取指令，速度很慢；ENIAC 的指令直接部署在电路中，速度很快，但是部署程序时需要通过接线修改电路，所需时间太长；图灵在论文中只是提到从指令表中读取指令，而没有明确指出指令表在哪里；冯·诺依曼则明确了从内存中读取指令，不仅速度快，而且解决了 ENIAC 的程序部署问题。

我们来看一下《第一草稿》的传播情况。虽然《第一草稿》的封面标注日期是 1945 年 6 月 30 日，但实际上在 5 天前的 6 月 25 日，就有 24 份《第一草稿》被分发给与 EDVAC 项目密切相关的人。当时已经有很多人对计算机感兴趣，加上冯·诺依曼的名气，《第一草稿》一问世就受到追捧，几个月的时间就迅速传播到很多地方，包括英国。英国剑桥大学的莫里斯·威尔克斯（Maurice Wilkes）拿到《第一草稿》后，兴奋不已，看完后意犹未尽，第二年夏天他特意漂洋过海来到摩尔学院现场观摩和学习。

根据"图灵数字档案"网站上的信息，在剑桥大学保存的图灵遗物中，也有一份《第一草稿》，编号为 AMT/B/49（见图 16-10）。

AMT/B/49
Neumann, Johann von
Mathematische Grundlagen Der Quantenmechanik (Julius Springer: Berlin, 1932);
Xerox TS, 'First draft of a report on the EDVAC'. Contract No. W-670-ORD-4926 between the United States Army Ordnance Department and the University of Pennsylvania. 30 June 1945.
Paper, 1 vol. and 107 sh. in envelope. Vol. printed.

Keywords: 'First draft of a report on the EDVAC'; Mathematische Grundlagen Der Quantenmechanik; Neumann, John (Johann) von

Provenance: Presented to the Archive Centre in May 1996 by Professor Michael Yates, Robin Gandy's executor. The material was previously in the possession of Robin Gandy who had been one of AMT's executors.

No scans available for this item.

Back to AMT/B | Browse the archive | Back to the top

图 16–10 “图灵数字档案”网站上关于《第一草稿》的描述

这说明图灵生前也关注过《第一草稿》，很可能还仔细阅读过。图灵撰写的 ACE 计算机设计方案中，特别提到冯 • 诺依曼的《第一草稿》，而且建议读者结合《第一草稿》一起阅读。

从某种程度上说，《第一草稿》一经问世，就立刻成了指导计算机设计的纲领性文件。在接下来的一二十年里，几乎所有的计算机设计者都阅读了这一宝贵的文档，这份文档也成检验计算机设计的一个标准。符合这份文档思想的计算机有了一个新的名字——现代计算机。《第一草稿》中定义的“存储程序”特征成为检验计算机是否为现代计算机的一个标准。《第一草稿》问世前的很多计算机都不满足这个标准，而《第一草稿》问世后设计的所有计算机则几乎都符合这个标准。如果把人类追求自动计算梦想的过程看作一次长途跋涉，那么《第一草稿》的问世是一道分水岭：在这道分水岭之前，人类是在茫茫荒野中艰难探索，没有地图，没有路，时而摔倒，时而走错方向，仿佛在黑暗中跋涉；但在这道分水岭之后，就是一条光明的大道。从这个意义上讲，《第一草稿》对现代计算机的贡献堪称至高无上。有了《第一草稿》之后，人类在黑暗中经历数百年乃至上千年的缓慢摸索结束了，有了明确的方向。有了这幅路线图之后，硬件和软件的发展进入快车道，百舸争流，日新月异，没有什么再能阻碍计算机的发展。

在冯 • 诺依曼架构流行后，也曾出现一些争论。争论的焦点在于冯 • 诺依曼架构到底是不是冯 • 诺依曼发明的。持否定意见者的一个主要证据就是冯 • 诺依曼架构的“存储程序”这个关键特征在《第一草稿》之前就有了。

埃克特认为自己在冯·诺依曼来摩尔学院之前就有了这个想法。也有人认为，楚泽和图灵在《第一草稿》发表很久之前就有了这样的想法。

"存储程序"解决的关键问题是计算机的中央单元（《第一草稿》中的 C）和外存的速度差。中央单元速度很快，外存却很慢，让速度很快的中央单元始终等待速度缓慢的外存是不合理的。"存储程序"通过把程序加载到速度很快的内存中来解决这种速度差的问题。当然，内存不仅可以用来存放程序，也可以用来放中央单元所需的各种数据。总之，冯·诺依曼架构的一个核心思想就是所谓的多层记忆体（Hierarchical Memory），越靠近中央单元的内层记忆体速度越快，以便与高速的中央单元匹配，越外层的记忆体速度越慢。从这个角度看，"存储程序"对于机械式的早期计算机是没有什么意义的，但是对于像 ENIAC 这样使用真空电子管的电子计算机来说，意义重大。借用《第一草稿》中的数据，真空电子管的延迟是 1 微秒，如果从穿孔卡片上读取指令的话，延迟就会大很多倍。因此，设计者为 ENIAC 设计了很复杂的跳线方式，这样做的好处是速度快，但缺点是部署程序时需要大量的人工操作，非常耗时。埃克特从 ENIAC 项目一开始就是主要的设计者和实现者，他深知 ENIAC 设计的不足，也始终在思考改进的方式。所以，埃克特很有可能也想到了"存储程序"。不过，埃克特并没有把他的这种想法写成《第一草稿》那样的正式文档。而冯·诺依曼虽然不是第一个有存储程序想法的人，但是他对这种想法做了逻辑化和理论化，并且写成了正式报告。

全程参与 ENIAC 和 EDVAC 项目的戈德斯坦在自己所写的书中，客观地评价了冯·诺依曼做出的贡献：

"在我看来，冯·诺依曼是第一人，他清楚认识到了计算机的实质是在执行逻辑操作，电子方面的东西只是辅助性的。他不仅意识到了这一点，而且对计算机各种部件之间的相互作用和功能做了非常精确和详细的研究。也许今天这样的观点似乎太陈旧了以至于不值一提，但是在 1944 年，这绝对是巨大的思想进步。" [1]

在写给冯·诺依曼的一封信中，戈德斯坦还说：

"所有人都带着极大的兴趣仔细阅读了你的报告，我觉得你的报告为计算机描述了一个完整的逻辑框架，它的价值至高无上（of greatest possible）。"

诚然，《第一草稿》为现代计算机定义了一个清晰而完整的逻辑框架，冯·诺依曼的贡献是巨大的，他的功劳是不可抹杀的，以冯·诺依曼的名字来命名现代计算机的架构是非常合理的，冯·诺依曼当之无愧。

任何伟大的成就都一定是在前人所做工作的基础上取得的，《第一草稿》当然也是如此。埃克特、莫奇利、戈德斯坦、伯克斯和 EDVAC 设计团队显然对《第一草稿》做出了不小的贡献，历史不会忘记他们。此外，对《第一草稿》功不可没的还有两篇重要的文献。

其中一篇是冯·诺依曼在《第一草稿》的 4.2 节中列出的参考文献，作者为神经科学家沃伦·斯图吉斯·麦卡洛克（Warren Sturgis McCulloch，1898—1969）和年轻的数学家沃尔特·皮茨（Walter Pitts，1923—1969），标题为《神经活动中内在思想的逻辑演算》（A Logical Calculus of the Ideas Immanent in Nervous Activity），发表于 1943 年。麦卡洛克和皮茨因为都喜欢莱布尼茨而成为忘年交。麦卡洛克读过图灵的"论可计算数"论文，在看到图灵证明了有限状态机可以计算任意函数后，麦卡洛克坚信人类的大脑也是这样一台机器。麦卡洛克把自己的想法说给皮茨听，皮茨很快就理解了，并且想办法寻找合适的数学工具来帮助麦卡洛克。对这个问题着魔的麦卡洛克索性把皮茨邀请到自己的家——位于芝加哥郊区一个名叫欣斯代尔的乡村。皮茨年纪轻，喜欢熬夜，麦卡洛克也精力旺盛，他们两个人喜欢在深夜工作。等到麦卡洛克的妻子和 3 个孩子都上床睡觉之后，麦卡洛克和皮茨的讨论会就开始了，他们打开一瓶威士忌，盘腿坐下，讨论如何为人类的大脑建立数学模型。后来，他们把讨论成果写成了上文提到的论文。在这篇论文中，两位作者使用莱布尼茨的逻辑演算来为人类的大脑建模，他们的模型虽然对生物大脑做了极大的简化，但能成功地验证生物大脑的工作原理。他们认为人类大脑的神经细胞只有在输入达到一个阈值后才会被激发。

麦卡洛克和皮茨的论文是伟大的，用麦卡洛克自己的话来说："在科学史上，我们第一次知道了我们是如何知道的（we know how we know）。"

1944 年的冬天，皮茨到普林斯顿大学参加一个会议，认识了冯·诺依曼。冯·诺依曼与皮茨很快成了朋友，他们还组织了一个小组，核心成员除了皮茨、麦卡洛克、冯·诺依曼之外，还有诺伯特·维纳（Norbert Wiener）和杰尔姆·雷特文（Jerome Lettvin）。

冯·诺依曼非常喜欢麦卡洛克和皮茨为人脑建立的数学模型，他在《第一草稿》中多次引用他们的论文。从某种程度上讲，冯·诺依曼是把麦卡洛克和皮茨建立的人脑模型应用在了计算机上，他为计算机系统定义的 5 大部件就是按照神经模型来定义的。在《第一草稿》的第 2 章中，冯·诺依曼明确地指出："CA、CC（CA 和 CC 统称为 C）和 M 这 3 个特定部件相当于人类神经系统的联合神经元（associative neurons）。接下来我们将讨论感知器或传入神经以及运动神经或输出神经的对应体，这便是计算设备的输入和输出……"

可以说，冯·诺依曼描述的现代计算机就是在麦卡洛克和皮茨的启发下，按照人脑模型来设计的。今天，我们常常把计算机的中央处理器比喻成人类的大脑，这看起来是很自然的。但是在《第一草稿》出现之前，很少有人把计算机与大脑关联起来，计算机就是一种机器。《第一草稿》把计算机按照人的大脑来重新规划和设计，具有伟大的开创性意义。

在写完《第一草稿》后，冯·诺依曼仍然对生物系统和大脑有着非常浓厚的兴趣。1950 年前后，冯·诺依曼研究了生物细胞的自我复制机制，并提出了细胞自动机（cellular automaton）理论。冯·诺依曼在 1951 年发表了他的细胞自动机理论，这给了剑桥大学的詹姆斯·沃森（James Watson）和弗朗西斯·克里克（Francis Crick）两位科学家巨大启发。两年后，他们宣布发现了 DNA 的双螺旋结构，找到了解读生物遗传密码的金钥匙。在冯·诺依曼人生的最后几年里，他写了一本书，书名是《计算机与大脑》(The Computer and the Brain)，这说明冯·诺依曼一直在思考计算机与大脑的联系。从这个角度看，在中文里，人们经常把计算机称为"电脑"是非常恰当的，因为冯·诺依曼在定义现代计算机时就是模仿人脑来设计的。另外，当我们使用"电脑"这个词汇时，也不应该忘记冯·诺依曼的开创之功。

虽然《第一草稿》没有直接将图灵的"论可计算数"论文列为参考文献，但是《第一草稿》应该受到了图灵的"论可计算数"论文的影响。有两方面的理由：一是《第一草稿》明确引用的论文《神经活动中内在思想的逻辑演算》是受了图灵机的启发，并且其中明确提到了图灵机以及图灵有关可计算性的定义；二是冯·诺依曼本人不仅读过"论可计算数"这篇论文，而且已经将图灵机融入自己的思想。

关于冯·诺依曼生前读过图灵的论文，这里我们列出 3 个证据。

第 1 个证据是冯·诺依曼在 1946 年写给诺伯特·维纳（Norbert Wiener）的信，冯·诺依曼在信中说："对我而言，有一点特别值得强调，在吸收'图灵连同皮茨和麦卡洛克'的伟大积极贡献之后……"这里把"图灵连同皮茨和麦卡洛克"放在一起，表明谈论的上下文与《第一草稿》一致，那么图灵所做的贡献显然就是图灵机。

第 2 个证据是冯·诺依曼在 1945 年前后撰写的标题为《高速计算》(High Speed Computing) 的一套讲义，这套讲义是 Thomas Haigh 和 Mark Priestley 在美国哲学学会收藏的戈德斯坦遗物中发现的。在这套讲义的第 3 讲中，第一部分的标题便是"图灵的逻辑机"，该标题下的第一句话是"开发一台计算机的问题可以看作一个逻辑问题来考虑"。在接下来的一段话中，冯·诺依曼介绍了图灵机："我应该考虑两个逻辑系统，它们可以用来构建计算机器。第一个由图灵开发，其实质是逻辑机……"

更重要的是，冯·诺依曼还在这套讲义里为图灵机绘制了一幅插图，如图 16-11 所示。

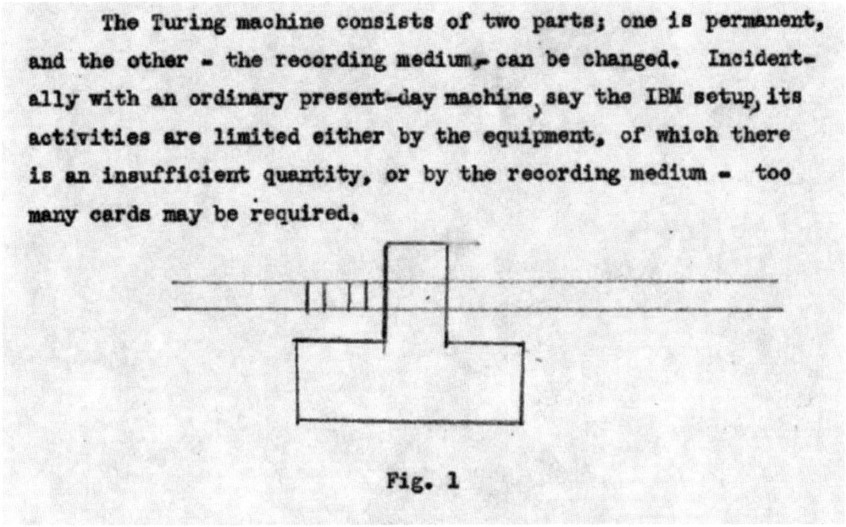

The Turing machine consists of two parts; one is permanent, and the other - the recording medium - can be changed. Incidentally with an ordinary present-day machine, say the IBM setup, its activities are limited either by the equipment, of which there is an insufficient quantity, or by the recording medium - too many cards may be required.

Fig. 1

图 16-11　冯·诺依曼为图灵机绘制的一幅插图

在冯·诺依曼的这幅插图中，一条长长的纸带穿过处理信息的图灵机。纸带既有输入信息的作用，也有输出信息的作用。或者说，纸带既是输入，也是输出。

如果对冯·诺依曼所定义计算机的部件位置做些调整（见图 16-12），我们就会发现它与图灵机有着惊人的相似性。二者的基本结构非常相似，都是先输入信息，再执行操作，最后输出信息。差别在于图灵机更加抽象，而"冯·诺依曼机"更加具体。因此，我们说"冯·诺依曼机"与图灵机是一脉相承的。如果说冯·诺依曼是"现代计算机之父"的话，那么图灵可以说是"现代计算机的祖父"，虽然图灵的实际年龄比冯·诺依曼小。

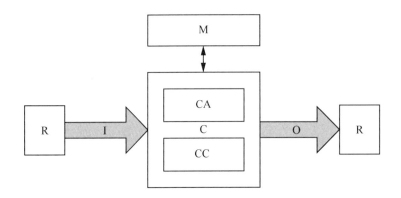

图 16-12　"冯·诺依曼机"的另一种画法

第 3 个证据来自与冯·诺依曼一起参与原子弹和氢弹项目的同事斯坦利·弗兰克尔（Stanley Frankel）。斯坦利在 1972 年写给 Brian Randell 的信中提到："在 1943 年或 1944 年时，我得知冯·诺依曼早就意识到'图灵 1936 论文'的重要性……冯·诺依曼向我介绍了这篇论文，我在他的推动下，非常认真地进行了学习。"

下面顺便介绍图灵与冯·诺依曼的交往，他们两人不仅认识而且关系十分密切。1933 年，图灵在剑桥大学读书时，曾获得过一份奖品——冯·诺依曼的《量子力学的数学基础》。图灵很喜欢这本书，并对书的作者产生了敬佩之情。1936 年，冯·诺依曼在访问剑桥大学时认识了图灵。在从 1936 年夏季到 1938 年的两年时间里，图灵在普林斯顿大学的数学系读博士，冯·诺依曼在与普林斯顿大学关系密切的 IAS 做教授，两人建立了更密切的关系。

图灵在普林斯顿大学读博士时，他的办公室就在数学系的法恩大楼（Fine Hall）里。当时，IAS 数学学院的教授们也在法恩大楼里办公，因为 IAS 自己的办公楼还没有建好。于是，图灵有很多次机会见到 IAS 的著名教授，包括爱因斯坦和冯·诺依曼。

1936 年 11 月，在发表"论可计算数"论文后，图灵曾在普林斯顿大学做了一个讲座，讲解自己的论文，但是听众很少，而且他们看起来不是很有耐心。这给图灵带来很不好的感受，觉得美国人只认可爱因斯坦那样的名人，而且缺乏礼貌。图灵在写给母亲的家书中表达了自己的不满。

法恩大楼建于 1930 年，由 1876 年毕业的托马斯·琼斯与他的哥哥戴维德·琼斯捐款建造。大楼的名字用来纪念 1929 年去世的普林斯顿大学数学系的第一任主席亨利·法恩（Henry Fine）。捐款者为法恩大楼确定的一个目标，就是"让任何数学家（看了后）都舍不得离开"（any mathematician would be loath to leave）。落成后的法恩大楼没有辜负这个目标，大楼有 3 层，内部装修非常讲究，房间的墙面使用橡木镶嵌装饰，房间的玻璃窗宽大明亮。大楼内的设施也非常齐全，不仅有宽敞的图书馆、公共房间、教授办公室、研究生办公室，还有淋浴间，以便大家在附近的网球场运动后可以回来冲个澡。正因为如此，普林斯顿大学数学系的教师歌中有了这样的歌词："He's built a country-club for math. Where you can even take a bath."（他给数学家们建了个乡间俱乐部，你在那里甚至可以洗个澡。）

普林斯顿大学的数学系不断发展。到 1969 年时，法恩大楼不够用了，数学系搬进了体育场边上的新大楼。搬走的数学系不仅撤走了数学系的人员和东西，而且把法恩大楼的名字也一起带走了。为此，旧的法恩大楼换了一个新的名字——琼斯大楼（Jones Hall，见图 16-13），为的是纪念捐赠者琼斯兄弟。1970 年春，普林斯顿大学的东亚系（East Asian Studies）搬进了琼斯大楼，直到今天。东亚系里有很多研究中国历史和文化的学者，包括著名的高友工教授和余英时教授[①]。

图 16-13　琼斯大楼（原法恩大楼）里的图书馆（拍摄于 2020 年 2 月）

---

① 参考普林斯顿大学官网有关东亚系学者高友工的介绍。

让我们回到 1936 年，当时图灵的办公室在法恩大楼里，冯·诺依曼的办公室也在法恩大楼里，而且他们的办公室挨着。从下面的两件事看，冯·诺依曼很欣赏图灵这个比自己小 9 岁的年轻人，图灵也很佩服冯·诺依曼这位年轻的教授，他们相互欣赏，关系非常密切。

其中一件事是，1937 年 6 月 1 日，冯·诺依曼写信给剑桥大学，目的是帮助图灵申请 1937~1938 学年的普罗克特奖学金（Procter Fellowship）。在这封信中，冯·诺依曼写道："我非常熟悉图灵，1936 年我在剑桥大学做访问教授时我们就认识，在 1936~1937 年，当图灵在普林斯顿大学学习时，我有机会观察了他的研究工作。他已经在我感兴趣的多个数学分支取得很好的成果……"我们不清楚冯·诺依曼的这封信的作用有多大，但可以确定的是，图灵申请到了普罗克特奖学金。

另一件事是在 1938 年图灵博士毕业时，冯·诺依曼给他提供了一个很不错的继续留在美国的工作机会——冯·诺依曼请图灵做自己的研究助手。对于一般的毕业生来说，能与传奇人物冯·诺依曼一起工作是个难得的机会，能留在美国要比回到战火弥漫的欧洲好很多，但是图灵拒绝了冯·诺依曼的邀请。

图灵返回英国后，两个人还保持着书信来往。在图灵数字档案中，有两封冯·诺依曼写给图灵的信。一封是打字形式的，带冯·诺依曼的手写签名，日期为 1949 年 9 月 13 日。这封信的主要内容是关于图灵发给《数学年报》的投稿的，冯·诺依曼写道："收到你发给《数学年报》的论文，不用说我有多么喜出望外，我赞同你的观点……我已经把你的论文转给了我们的编辑办公室，你很快就会收到他们的回复。"在这封信的后半部分，冯·诺依曼简单介绍了他在 IAS 设计的计算机的情况，"正在按计划推进，进展还是比较令人满意的，但是我们还没有达到你所说的那一步。"

另一封信是完全手写的，日期为 1951 年 12 月 15 日，这封信很长，有 8 页之多，末尾的落款特别亲切："希望能再次收到你的信，我是你最真诚的约翰·冯·诺依曼"。

落款之后，冯·诺依曼仍意犹未尽，又加了附言："因为你可能需要你的手稿，所以我现在就把它寄还给你。"这一页写满了，于是他又加了一页（见图 16-14）："但我不得不把它单独放进一个信封里，所以你可能晚些收到，你的约翰。"

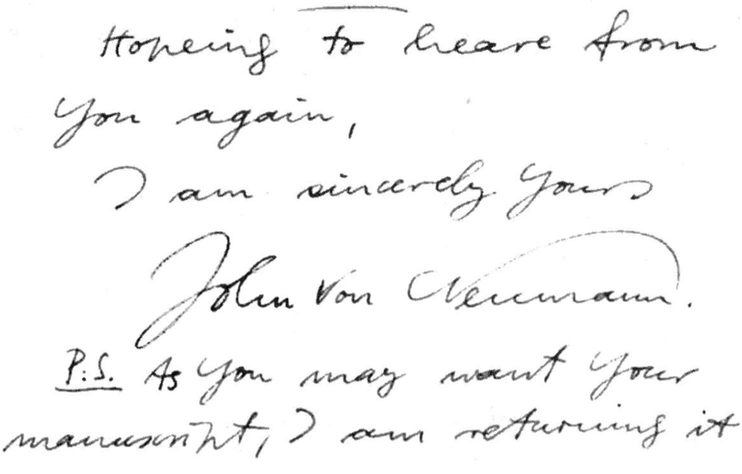

Hopeing to heare from
You again,
I am sincerely Yours
John Von Neumann.
P.S. As You may want Your
manuscript, I am returning it

图 16-14　冯·诺依曼写给图灵的信件的落款

《第一草稿》开始传播后，EDVAC 设计团队内部出现了矛盾。矛盾的第一个焦点是，在提交专利申请之前就公开这样的文档是否影响专利的申请；第二个焦点是，《第一草稿》上只有冯·诺依曼一个人的署名，这是不合理的，因为里面的很多结论是 EDVAC 设计团队讨论的结果。但是，《第一草稿》很快就流传到了很多地方，想要收回来或者做修改是不可能了。覆水难收，矛盾无法化解，结果只能是曲终人散，各奔东西。莫奇利和埃克特最不喜欢《第一草稿》，他们最先离开了摩尔学院，在与宾夕法尼亚大学签了一份协议后，便从宾夕法尼亚大学辞职离开，两个人一起成立公司，另起门户。戈德斯坦和冯·诺依曼是《第一草稿》的"始作俑者"，两个人通力配合，把《第一草稿》奉献给了全世界，在这个过程中，他们的关系更紧密了。在 EDVAC 团队内部出现矛盾后，戈德斯坦和冯·诺依曼仍站在一起，但他们把"战场"搬到了 IAS，在那里继续研制他们理想中的现代计算机。ENIAC 设计团队的其他人也各自寻找自己的下一个理想港湾，有的回到自己本来的大学，有的则根据喜好，投奔自己心仪的伙伴，比如阿瑟·伯克斯就跟随冯·诺依曼和戈德斯坦来到了 IAS。这些人离开后，宾夕法尼亚大学组建了一支新的 EDVAC 团队，继续实现 EDVAC 项目，该项目于 1952 年完成。

从 1941 年 6 月 23 日到 8 月 29 日的"国防工业电子工程培训"开始，到 1952 年 4 月 EDVAC 完成交付的十年时间里，摩尔学院无疑是当时全世界最重要的计算机研发中心。如果把这十年里摩尔学院的故事看作一场演出，那么"国防工业电子工程培训"是开场，从 1943 年到 1946 年的 ENIAC

项目是高潮，EDVAC 项目的新团队实现和交付 EDVAC 则是终场。在这十年时间里，摩尔学院对现代计算机的贡献是巨大的。不仅对电子计算机技术做了大规模的实践，起到先锋队的作用，而且 ENIAC 的高调宣传为计算机做了最好的广告。另外，摩尔学院还见证了《第一草稿》的讨论过程和诞生。ENIAC 和 EDVAC 项目以及 1941 年和 1946 年的两次讲座为现代计算机培养了一批优秀人才，他们成为种子，带着《第一草稿》分散到世界各地，让现代计算机在全世界生根发芽。

虽然关于《第一草稿》的署名和思想源头一直存在争议，但是很少有人怀疑过《第一草稿》的重要性。《第一草稿》不仅为现代计算机定义了严谨的逻辑模型和组成架构，绘制了一幅清晰的蓝图，而且为现代计算机确定了一条基本原则——"存储程序"原则。"存储程序"原则是一条分界线，它把现代计算机与其前辈区分开来。确定了"存储程序"原则后，分层存储的思想日益清晰，计算机系统很自然地按照速度被划分为中央的高速部分和外围的低速部分，中央单元和外部设备的角色分工也明确了。这为现代计算机的规模化和产业化奠定了基础。

参考文献

[1] MACRAE N. John Von Neumann:The Scientific Genius Who Pioneered the Modern Computer [J]. Physics Today, 1993, 46(10):119.

[2] BLAIR C . Passing of a Great Mind:John Von Neumann, a Brilliant, Jovial Mathematician, was a Prodigious Servant of Science and his Country [J]. Life, 1957, 42(8):89-104.

[3] MACRATE N.天才的拓荒者——冯·诺依曼传[M]. 范秀华，朱朝晖，成嘉华，译. 上海：上海科技教育出版社，2014.

[4] THOMAS M. Alan Turing:The Enigma [J]. Computing Reviews, 2015, 56(6):355-356.

第 17 章　1945 年，"最初六人组"

在电子计算机的发展史上，ENIAC 的一些设计可以称得上空前绝后。比如，ENIAC 的编程方式。

与差不多同时代的马克一号从穿孔纸带读取指令不同，ENIAC 并不是执行穿孔纸带上的指令。ENIAC 的机房里虽然也配备了 IBM 的穿孔设备，但它们主要是用来输出结果和处理数据的。

那么，ENIAC 是从哪里读取指令的呢？简单的回答是数千个开关和难以统计的大量连线。更进一步的回答是，ENIAC 有 81 个程序托盘（program tray），每个托盘有 2.4 米长，0.23 米宽，3 厘米厚；除程序托盘之外，ENIAC 还有很多个数值托盘（digit/numerical tray），大小类似。

每个程序托盘或数值托盘上都有多个插孔，每个插孔可以插入一条专用的电缆，这条电缆的内部包含 11 根信号线和 1 根地线。为了行文方便，我们将这样的电缆称为 ENIAC 跳线。托盘的作用是把 ENIAC 的多个单元连接起来，而且连接的方式千变万化。多个程序托盘可以组合为一个程序箱（program trunk）[①]。

在图 17-1 所示的这张为 ENIAC 部署程序的经典照片中，底部那些整齐排列的上面带有很多白色插孔的东西便是程序托盘和数值托盘。照片中的两个人是为 ENIAC 部署程序的程序员：站立者是马琳（Marlyn），她的手臂上搭着很多根电缆，这便是上文提到的 ENIAC 跳线；蹲下来的露丝（Ruth）拿着一根这样的跳线，她正在把这根跳线的上端插入 ENIAC 的某个功能单元，而把下端插入托盘上的一个插孔里。

---

① 参考 ENIAC 的报告。

图 17-1 为 ENIAC 部署程序的经典照片

因为部署程序时的主要工作是设置开关和连接跳线，所以为了便于操作，设计好的 ENIAC 程序经常表示为线路连接图的形式，比如，图 17-2 展示的便是弹道方程计算程序的线路连接图。

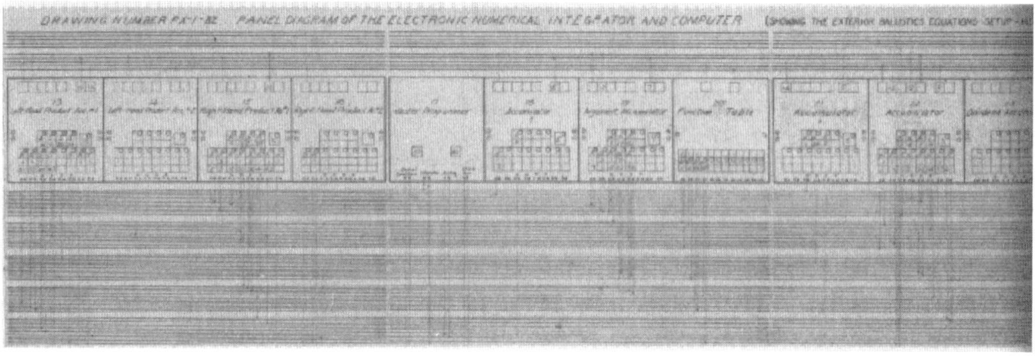

图 17-2 弹道方程计算程序的线路连线图

程序托盘和数值托盘的作用就是在 ENIAC 的不同部件之间建立联系，让它们可以通信。使用托盘的好处就是可以让连线比较整洁，否则，连线纵横交错后，就会搅成一团。

那么，连接好跳线的 ENIAC 是如何运行的呢？

ENIAC 的发起单元每隔 0.2 毫秒就会发出一个"中央编程脉冲"（central programming pulse，CPP）。这个脉冲发给所有处于开机状态的单元（unit）。每个单元在收到 CPP 后，就会执行自己的操作。当一个单元完成一个操作后，它就会发出程序输出脉冲，激发下一个操作。

下面通过一个例子来说明为 ENIAC 部署程序以及 ENIAC 执行程序的过程。这个例子的第一个目标是把常量 123 发送给 1 号累加器。在 ENIAC 上输入常量的一般做法是使用 ENIAC 的常量面板，2 号常量面板（见图 17-3）上有 J 和 K 两个寄存器，每个寄存器是 10 位十进制数，每一位与图中的一个数字旋钮对应，操作 J 寄存器对应的十个数字旋钮便可以将它的值设定为十进制数 123。与今天流行的计算机都是二进制不同，ENIAC 使用的是十进制数。

图 17-3　2 号
常量面板

然后需要在 1 号常量面板（见图 17-4）上做配置，以便把寄存器 J 的内容通过数值托盘上的接线传输出去。为此，在 1 号常量面板上，需要把传输目标接口 A 与数值托盘 D1 连接起来，一般表示为 D1-A。常量传输器上有 30 个程序控制，选择其中的 9 号，旋转其选择旋钮选择寄存器 K，将程序脉冲输入口与程序托盘 P1 上的 1 号口（outlet）相连，一般表示为 P1-A:1。

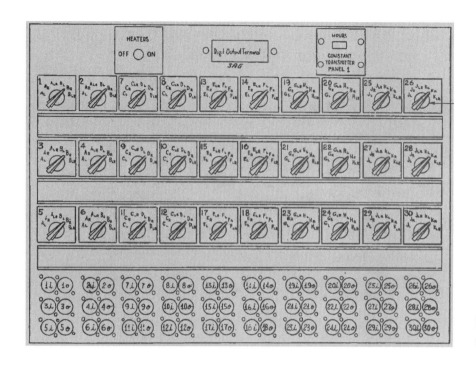

图 17-4 1 号
常量面板

接下来部署 1 号累加器，每个累加器可以定义 12 个程序动作，选择其中的 1 号，将其程序脉冲输入与 P1-A:1 相连。累加器的操作数输入通道有 5 条，分别名为 alpha、beta、gamma、delta 和 epsilon。选择 alpha 通道，将其输入口与 D1-A 相连。

最后部署发起单元，将上面的发起脉冲输出口与 P1-A:1 相连。

在让 ENIAC 执行程序之前，应该先做检查，确定没有问题后，按发起单元（见图 17-5）上的 START（启动）按钮启动 ENIAC，这会打开直流电源以及各个面板上的加热器和风扇，执行清除操作，一切就绪后，START 按钮下方的绿灯会被点亮。

接下来便可以按下发起单元上的发起脉冲开关，这会触发中央编程脉冲（CPP）。CPP 将顺着程序托盘 P1-A:1 发出，因为累加器和常量传输器都连接了这个程序托盘，所以它们都会被触发。常量传输器把寄存器 J 中的数值 123 通过数值托盘发送给 D1-A，累加器从 D1-A 读到这个数值并累加到自己的 1 号累加器中，也就是累加到第 15 章介绍的戴刻德（decade）中。如果执行顺利，就可以从 1 号累加器的面板上读出 1 号累加器的当前值（即 123）。

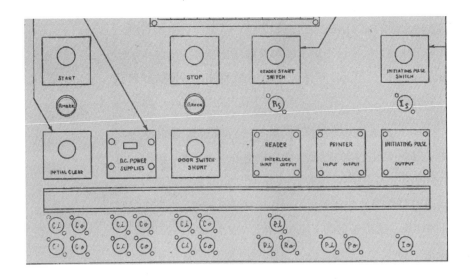

图 17-5
ENIAC 的发起
单元（局部）

上面只是让常量传输单元和累加器各做了一个动作。如果还想继续做动作，该怎么办呢？简单的做法是在 1 号常量面板上设置一个程序输出脉冲。前面选择的是 9 号程序控制，现在仍选择 9 号，也就是把 9 号口连接到程序托盘 P1 的 2 号口。这样连接后，常量传输器在下一个时钟周期，就会向 P1-A:2 发送脉冲，于是接收这个脉冲的单元便触发操作。比如，部署 2 号累加器接收常量传输单元的寄存器 K 中的内容。

读者可以在 Historic Simulations（历史模拟）网站上下载 ENIAC 的模拟器[①]，使用这个模拟器部署上面的程序后，打开调试信息输出，这可以帮助理解 ENIAC 执行程序的过程。

```
[1] --------------------
[1] Go was pressed
[1] CPP sent to P1-A:1
[1] Constant: Operation 9 triggered by P1-A:1
[1] Constant: Operation 9 started
[1] Accumulator 1: Operation 1 triggered by P1-A:1
[1] Accumulator 1: Operation 1 started with 1 cycles
[1] --------------------
[2] Constant: sent pulse P1-A:2
[2] Constant: Operation 10 triggered by P1-A:2
[2] Constant: Operation 10 started
[2] Accumulator 2: Operation 1 triggered by P1-A:2
[2] Accumulator 2: Operation 1 started with 1 cycles
[2] --------------------
```

---

① 参考 Historic Simulations（历史模拟）网站上的说明。

我们可以把部署好程序的 ENIAC 系统理解为一台巨大的有限状态机。从发起单元发出"发起脉冲"后，这个脉冲便顺着程序托盘上的电缆传送给与这个程序托盘相连的 ENIAC 单元，ENIAC 单元在收到脉冲后便执行自己的逻辑，进入下一个状态。

或者说，为 ENIAC 部署程序的过程就是把一台以通用思想设计的 ENIAC 专用化：先从每个单元支持的很多个操作中选取一个子集，再用数值托盘和程序托盘中的连线把多个单元连接到一起。做了选择和固定连接后，ENIAC 便成了一台具有特殊功能的计算机。一旦按下发起按钮，中央编程脉冲就会顺着部署好的连线发送给指定的 ENIAC 单元，执行选定的操作。

ENIAC 的每个单元都有自己的本地程序逻辑。因此，多个单元是可以并行运行的，但是这对程序设计的要求很高。

累加器在 ENIAC 系统中有着特殊的地位。累加器不仅可以做加法，也可以做减法。在做加减法时，需要两个累加器配合：先把两个操作数分别读到两个累加器中，再将它们累加到其中的一个累加器中。也可以使用累加器做乘法，但需要 4 个累加器配合。ENIAC 拥有高速乘法器专门做乘法。

其实在建造 ENIAC 时，ENIAC 团队就意识到为 ENIAC 编程将是一项很困难的工作。把要解决的问题设计成 ENIAC 程序很难，把设计好的程序部署到 ENIAC 硬件上也很难。设置按钮、插拔跳线都需要大量的手工劳动，而且这样的手工劳动很容易出错，需要参与人员有很好的耐心。考虑到女性做事仔细，比男性更有耐心，因此在 1945 年 ENIAC 的建造接近尾声时，ENIAC 团队招聘的第一批程序员都是女性。

1945 年春，弹道研究实验室（BRL）派驻到摩尔学院的另一位军方代表莱昂纳德·特伦海姆（Leonard Tornheim）少尉召集"玫瑰"项目的 8 个组长开会，请她们每个人从自己的小组里推荐一位女生，为摩尔学院研制的新机器工作。这里所说的新机器就是指 ENIAC，因为 ENIAC 是美国军方的保密项目，所以虽然"玫瑰"项目的几位组长经常进出摩尔大楼，但是她们只知道摩尔大楼里有个"禁止进入"（off-limits）的地方在研发新机器，但是不知道任何细节。当时"玫瑰"项目仍非常紧张，一共有 80 多位女性雇员和 3 位男性雇员，分为 8 个小组，每周工作 6 天，两班制，每天两班，一共工作 16 小时。为了不影响"玫瑰"项目的正常进度，8 个组长在考虑人选时就需要确保不能对自己小组的任务影响太大，而且她们也不能推荐自己。

赫尔曼·戈德斯坦（Herman Goldstine）和莱兰·坎宁安（Leland Cunningham）对十几名候选者进行了面试，从中选了 5 位作为程序员（programmer），还另外选了两人作为候补。

面试后的第 2 周，通过面试的人被通知要到阿伯丁试验场培训，当时面试通过的第 5 个人（Helen Greenman）放弃了机会，因此候补中的 Bartik 得以去参加培训。于是，由 5 人组成的第一批 ENIAC 程序员在 1945 年 6 月被派到阿伯丁试验场参加培训。她们是：

- 弗朗西丝·斯奈德·霍尔伯顿（Frances Snyder Holberton，1917—2001），又名贝蒂（Betty），因为另一名成员也叫弗朗西丝，所以后文称其为贝蒂。

- 凯瑟琳·麦克纳尔蒂·莫奇利·安东内利（Kathleen McNulty Mauchly Antonelli，1921—2006）。

- 马琳·韦斯科夫·梅尔策（Marlyn Wescoff Meltzer，1922—2008）。

- 露丝·利希特曼·泰特尔鲍姆（Ruth Lichterman Teitelbaum，1924—1986）。

- 琼·詹宁斯·巴尔蒂克（Jean Jennings Bartik，1924—2011），原名 Betty Jean Jennings，为了防止与上面的贝蒂弄混，后文称其为琼。

在阿伯丁试验场培训完之后，又有一位成员加入程序员小组，名叫弗朗西丝·比拉斯·斯彭斯（Frances Bilas Spence，1922—2012）。于是，为 ENIAC 编程的第一个程序员小组全部到齐，一共 6 个人。计算机历史学家们通常称她们为"最初六人组"（the original six）。

在"最初六人组"中，凯瑟琳和比拉斯是同学，她们都就读于费城的栗山女子学院（Chestnut Hill College for Women）。1942 年 6 月，她们一同从数学专业毕业。没过多久，凯瑟琳看到一则特殊的招聘广告，"需要数学专业的女生，我们正在为女生提供此前专属于男生的科学和工程工作……"这便是"玫瑰"项目的宣传广告。凯瑟琳看到后立刻联系她的两个同学，但是只联系到了比拉斯。凯瑟琳和比拉斯一起去面试，一周后两个人都被录取，职务是计算员（computer），级别是 SP-4，表示次专业（subprofessional）4 级，基本年薪是 1620 美元，这在当时是很不错的收入。她们被通知到摩尔学院工作。

到摩尔学院报到后，凯瑟琳和比拉斯的办公室是一间很大的教室，里面已经有 12 名女生和 4 名男生，他们都在忙着操作台式计算器（desk calculator），把算好的结果填写到一张大表格里。大家的工作任务就是计算弹道轨迹，制作射击表。

在接受一段时间的数学培训后，凯瑟琳和比拉斯被安排到摩尔大楼的地下室学习操作差分分析机（differential analyzer）。当时正值夏季，摆放差分分析机的房间是摩尔大楼里唯一有空调的房间，凯瑟琳和比拉斯很喜欢这个新的工作环境。她们在另一位女士的指导下学习使用差分分析机。图 17-6 中左边坐着的便是凯瑟琳。

图 17-6 使用差分分析机进行计算

学会使用差分分析机后，凯瑟琳和比拉斯与大家一起倒班工作。其中一班是从早上 8 点到下午 4 点半，另一班是从下午 4 点到夜里 11 点半，每两周轮换一次。

在为 ENIAC 工作的过程中，比拉斯与军方的电子工程师霍默·W.斯彭斯（Homer W. Spence）结缘，并于 1947 年结婚。ENIAC 搬到阿伯丁试验场后，比拉斯和霍默来到阿伯丁，继续在 BRL 工作。凯瑟琳也随 ENIAC 来到阿伯丁工作，凯瑟琳于 1948 年与莫奇利结婚，婚后莫奇利参与了 BINAC 和 UNIVAC I 的研发。

下面介绍"最初六人组"中年龄最大的贝蒂和年龄最小的琼。她俩是十分亲密的朋友。琼常到贝蒂的家里玩，贝蒂的父母也很喜欢她。"最初六人组"的 6 个人需要分成 3 组工作，贝蒂和琼是一组，凯瑟琳和比拉斯是一组，另外的两人露丝和马琳是一组。

贝蒂长相一般，是斗鸡眼（cross-eyed），习惯用左手，在学校里常被同学取笑。但她非常聪明，成绩很好，考入了宾夕法尼亚大学。贝蒂喜欢数学，但当时只有少数专业接收女生，于是贝蒂只好选择新闻专业。她 1939 年从宾夕法尼亚大学毕业。

1942 年，贝蒂听说摩尔学院招收数学专业女生的消息，她很高兴找到了可以发挥自己数学兴趣的地方。同年 8 月 19 日，贝蒂加入摩尔学院的计算部门（Computing Unit），成为"玫瑰"项目最早的计算员。

琼在 1941 年 9 月进入美国西北密苏里州立师范大学（Northwest Missouri State Teachers College）学习，于 1945 年 6 月毕业。

琼毕业找工作时，最好找的工作是到学校里做数学教师。但是琼不想当教师，多年后她回忆说："我想走出密苏里州，看外面的世界。"

琼找自己的微积分老师鲁思·莱恩博士（Dr. Ruth Lane）帮忙，莱恩博士拿给琼数学协会寄来的一封信，上面有阿伯丁试验场的招聘广告——需要数学专业的女生，而且工作地点不是在阿伯丁，而是在费城的摩尔学院。莱恩博士建议她试一试。琼又去咨询自己信任的另一位大学老师 J.W.哈克博士（Dr. J. W. Hake）。哈克博士给琼泼了一盆水，他说摩尔学院的工作是一些重复性的任务，与其成为那些女工中的一员，不如在小城里教数学，成为一个在社区里受尊敬的人。

考虑一番后，琼还是应聘了摩尔学院的工作。

在 1945 年 1 月和 2 月等工作的那些日子，琼的父亲几乎每天回家都会告诉琼"某某学校需要教师，立刻就可以上班"的消息。

到了 3 月底，琼终于收到消息，是一封电报，告诉她立刻报到。第二天晚上，琼就上了火车，40 小时后来到费城，这时"玫瑰"项目因为人数增加，已经从摩尔学院搬到宾夕法尼亚大学联谊会的房子（fraternity house）里，位于 32 街和胡桃街的交叉口。

刚开始工作后，琼的感受真的像哈克博士所说的那样，她成了 70 多个计算员中的一个，每天做着重复性的工作。

好在没过多久，为 ENIAC 编程的机会来了。面试后，虽然被选为两个替补之一，但是因为有一个人放弃机会，琼幸运地成为"最初六人组"的一员。她于 1945 年 6 月到阿伯丁参加培训，开始了自己的探索之旅。

在阿伯丁接受培训后，贝蒂等 5 个人回到了费城，这时比拉斯也加入进来。当时，摩尔大楼的场所非常紧张，正在加盖第三层。起初她们 6 个人都没有自己的办公室，只能各自找地方办公。

1945 年秋，程序员小组终于分到了一间办公室，6 个人可以坐在一起了。当时，ENIAC 的操作手册还没有开始编写，大家最主要的学习资料便是 ENIAC 的图纸。如果遇到问题，解决的方法就是询问 ENIAC 的设计和建造者们。ENIAC 的设计者和军方派来的工程师都是男性，而 6 位程序员都是风华正茂的女生，年龄最大的贝蒂也不过 28 岁。因为天然的性别优势，6 位程序员可以比较容易地找到人给她们解答问题。在这个过程中，他们也培养了感情，后来"最初六人组"中有 3 位与 ENIAC 项目中的男性结婚。贝蒂嫁给了程序员小组的领导约翰·霍尔伯顿，比拉斯嫁给了军方的电子工程师霍默·W.斯彭斯，凯瑟琳嫁给了 ENIAC 的设计者之一约翰·莫奇利。

大约在 1945 年年末，"最初六人组"收到第一个正式的编程任务——在 ENIAC 上编写一个计算弹道问题的程序。贝蒂和琼是设计程序的主力，负责把大家的想法集中起来并组合成完整的程序。凯瑟琳不时会冒出一些新奇的想法，复用一些操作，以便降低程序的大小。马琳和露丝负责产生测试弹道，使用的计算步骤与 ENIAC 程序的步骤一样，以便出现问题时可以定位是哪一步出了问题。

1946 年 1 月底，戈德斯坦找到贝蒂和琼，询问她们设计的程序是否能在 ENIAC 正式发布时演示。贝蒂和琼信心满满地回答可以。她们已经反复检查了很多遍，但是一直没有机会部署在 ENIAC 硬件上，因为 ENIAC 组装好后，她们便忙着执行洛斯·阿拉莫斯的氢弹计算任务了。

1946 年 2 月 1 日，在 ENIAC 的媒体演示会上，除演示基本的数学运算之外，还演示了一个计算氢弹的程序。

媒体演示会一结束，贝蒂和琼便得到了使用 ENIAC 的许可，开始在 ENIAC 上部署她们准备好的弹道程序。因为 ENIAC 是美国陆军出资的项目，这个项目的一个目标就是计算弹道曲线，所以如果能在正式发布时演示计算弹道曲线的效果，那显然要比计算氢弹更合适。离 ENIAC 发布只有两周的时间，贝蒂和琼能否让弹道程序在 ENIAC 上跑起来呢？ENIAC 项目的几个关键人物都有点放心不下，摩尔学院的院长哈罗德·彭德亲自来询问进展，还留下一瓶酒（liquor）给她俩。离演示还剩一周时的某个下午，莫奇利来了，他看到贝蒂和琼正紧张忙碌着，房间里还有一瓶酒，便给了她们每人一个小玻璃杯。她俩不喝酒，但是感受到自己手头任务的重要性。两人争分夺秒，每天都工作到很晚，周末也不休息。

在演示的前一天晚上，弹道程序可以运行了，执行得很好，但是有个问题，尽管已经运行到炮弹到达地面了，但是程序仍然不结束。贝蒂和琼检查了每一步操作，一直到凌晨两点，也没能发现问题。

第二天早上，只睡了几个小时的贝蒂醒来，想到了原因，她急忙跑回机房里，把 ENIAC 主编程器上的一个开关按了一下，问题就解决了。多年后，琼（见图 17-7）仍然记着这个细节，她说贝蒂在睡觉时也有逻辑推理能力，就像天才冯·诺依曼一样。

图 17-7 两位女程序员在操作 ENIAC（左边的琼在操作发起单元，右边的比拉斯在操作主编程器）

在 ENIAC 的发布会上，贝蒂和琼的演示非常成功。但 ENIAC 成功的功劳都分给了 ENIAC 项目中的男成员，发布会的晚宴也没有邀请这 6 位女程序员（见图 17-8）参加。

图 17-8 工作中的女程序员

1947 年年初，贝蒂在随 ENIAC 到阿伯丁试验场工作了一段时间后，在同年的下半年，到莫奇利和埃克特创建的公司工作。琼也在莫奇利和埃克特的公司工作，两位老朋友在新的环境里继续合作。她们认识了格蕾丝·霍珀，一起为 UNIVAC 设计软件。在工作的过程中，她们继续思考如何降低编程难度。在这个目标的驱动下，贝蒂和琼为编译器的发明以及创建 COBOL 和 FORTRAN 语言做出了重大贡献。

我们最后再来介绍下马琳和露丝，马琳和露丝都是犹太人，她们在工作中是一对好搭档。她们的身影在 ENIAC 的经典照片中多次一起出现，比如图 17-1。马琳出生在费城，1942 年从坦普尔大学（Temple University）毕业后正赶上摩尔学院招聘。1947 年年初，在 ENIAC 从摩尔学院搬走后，马琳并没有随 ENIAC 到阿伯丁，而是选择了辞职，留在费城。马琳特别热心公益项目，是著名公益组织 Greenwood House 的活跃成员，她坚持十多年为需要帮助的困难老人提供送餐服务（Meals on Wheels）。她在已经 80 多岁时，仍然热心公益，为苏珊·B.科门基金会（Susan B. Komen Foundation）编织了 500 多顶供癌症患者化疗使用的帽子。

露丝于 1924 年出生在纽约的法尔·洛克维海滨（Far Rockaway Beach），她的父亲是希伯来语学者。露丝就读于亨特学院（Hunter College），在获得数学专业的学士学位后到摩尔学院工作，成为"玫瑰"项目的计算员。1945 年，她被选为 ENIAC 的第一批程序员，成为"最初六人组"中的一员。在

ENIAC 搬到阿伯丁后，1947 年年初，"最初六人组"中的 4 人也来到阿伯丁，她们是贝蒂、比拉斯、露丝和凯瑟林。4 人中，露丝在阿伯丁工作的时间最长，将近两年。当第一批 ENIAC 程序员逐渐离开后，露丝与新一批程序员一起继续在 ENIAC 上工作。1948 年 9 月 17 日，露丝与 Adolph Teitelbaum 办理结婚注册。大约在这个日子前后，露丝从阿伯丁辞职，离开了 ENIAC。

露丝于 1986 年去世，是"最初六人组"中最早辞世的，她没有等到"最初六人组"的价值被社会广泛认可就离开了这个世界。因此，关于露丝的资料很少。

我们在本书第一篇曾提到，埃达在 1843 年翻译路易吉·费德里科·梅纳布雷亚所写的介绍巴贝奇分析引擎的论文时，以译注的形式发表了一个计算伯努利数的程序，它被公认为人类历史上最早的计算机程序。但是因为巴贝奇的分析引擎没有完成，埃达没有机会实际运行这个程序。100 年之后，埃达没有机会实现的编程梦想由"最初六人组"实现了。因为技术限制，而且当时还没有充分认识到编程的重要性，所以为 ENIAC 编程是极其烦琐和枯燥的事情。"最初六人组"发挥女性特有的细心和耐心，为史上最难编程的计算机编程，把自己宝贵的青春贡献给"蛮荒时代"的软件。从这个意义上讲，她们无疑是软件园圃的第一批拓荒者，值得我们永远怀念。

参考文献

[1] FRITZ W B. The Women of ENIAC [J]. IEEE Annals of the History of Computing, 1996, 18(3):13-28.

[2] STUART B L. Programming the ENIAC [J]. Proceedings of the IEEE, 2018, 106(9):1760-1770.

[3] ENSMENGER N L. The Computer Boys Take Over:Computers, Programmers, and the Politics of Technical Expertise [M]. Cambridge:The MIT Press, 2010.

第 18 章 1946 年，摩尔学院讲座

1946 年的暑假，一个特别的讲座在美国费城举办，来自美国和欧洲多所名牌大学、军队和研究机构的数十名顶尖数学家和工程师聚集到宾夕法尼亚大学的摩尔学院，讲座的主题是新兴的数字计算机技术。

讲座的正式名称是《设计电子计算机的理论和技术》（Theory and Techniques for Design of Electronic Digital Computers），人们通俗地称这个讲座为"摩尔学院讲座"（Moore School Lectures）。

讲座的时间从 1946 年 7 月 8 日开始，到 1946 年 8 月 31 日结束，为期将近两个月。讲座在工作日进行，上午听讲师讲解，下午通常留 1～3 小时讨论，周末休息。

这个讲座的讲师阵容非常强大，共有 18 人，分别如下。

- 来自 ENIAC 设计和构建团队的莫奇利、埃克特、戈德斯坦、阿瑟·伯克斯、朱传榘、T.K.沙普利斯、查尔斯·布拉德福德·谢泼德。
- 来自宾夕法尼亚大学的伊文·特拉维斯（Irven Travis）和德裔数学家汉斯·拉德马赫（Hans Rademacher）。
- 来自哈佛大学的艾肯——马克一号的设计者。
- 贝尔实验室继电器计算机的设计和构建者乔治·罗伯特·施蒂比茨（George Robert Stibitz）和山姆·威廉姆斯（Sam Williams）。
- 来自英国国家物理实验室（NPL）的道格拉斯·哈特里（Douglas Hartree）。
- 来自阿伯丁试验场的德里克·亨利·莱默（Derrick Henry Lehmer）（1905—1991），第二次世界大战前，他在加州大学伯克利分校工作。
- 来自美国国家标准局的约翰·H.柯蒂斯（John H. Curtiss）。
- 来自美国海军军械实验室（Naval Ordnance Laboratory）的加尔文·穆尔斯。
- 来自美国海军研究和发明办公室（U.S. Navy Office of Research and

Inventions）的佩里·克劳福德（Perry Crawford）。

● 来自普林斯顿高等研究院的冯·诺依曼。

表 18-1 列出了各个讲师的演讲主题。

表 18-1 "摩尔学院讲座"内容列表

序号	讲师	主题
1	George Stibitz	Introduction to the Course on Electronic Digital Computers
2	Irven Travis	The History of Computing Devices
3	J.W. Mauchly	Digital and Analogy Computing Machines
4	D.H. Lehmer	Computing Machines for Pure Mathematics
5	D.R. Hartree	Some General Considerations in the Solutions of Problems in Applied Mathematics
6	H.H. Goldstine	Numerical Mathematical Methods I
7	H.H. Goldstine	Numerical Mathematical Methods II
8	A.W. Burks	Digital Machine Functions
9	J.W. Mauchly	The Use of Function Tables with Computing Machines
10	J.P. Eckert	A Preview of a Digital Computing Machine
11	C.B. Sheppard	Elements of a Complete Computing System
12	H.H. Goldstine	Numerical Mathematical Methods III
13	H.H. Aiken	The Automatic Sequence Controlled Calculator
14	H.H. Aiken	Electro-Mechanical Tables of the Elementary Functions
15	J.P. Eckert	Types of Circuit -- General
16	T.K. Sharpless	Switching and Coupling Circuits
17	A.W. Burks	Numerical Mathematical Methods IV
18	H.H. Goldstine	Numerical Mathematical Methods V
19	Hans Rademacher	On the Accumulation of Errors in Numerical Integration on the ENIAC
20	J.P. Eckert	Reliability of Parts
21	C.B. Sheppard	Memory Devices
22	J.W. Mauchly	Sorting and Collating
23	J.P. Eckert C.B. Sheppard	Adders

序号	讲师	主题
24	J.P. Eckert	Multipliers
25	J.W. Mauchly	Conversions between Binary and Decimal Number Systems
26	H.H. Goldstine	Numerical Mathematical Methods VI
27	Chuan Chu	Magnetic Recording
28	J.P. Eckert	Tapetypers and Printing Mechanisms
29	J.H. Curtiss	A Review of Government Requirements and Activities in the Field of Automatic Digital Computing Machinery
30	H.H. Goldstine	Numerical Mathematical Methods VII
31	A.W. Burks	Numerical Mathematical Methods VIII
32	Perry Crawford	Application of Digital Computation Involving Continuous Input and Output Variables
33	J.P. Eckert	Continuous Variable Input and Output Devices
34	S.B. Williams	Reliability and Checking in Digital Computing Systems
35	J.P. Eckert	Reliability and Checking
36	C.B. Sheppard	Code and Control -- I
37	J.W.Mauchly	Code and Control -- II，Machine Design and Instruction Codes
38	C.B. Sheppard	Code and Control -- III
39	C.N. Mooers	Code and Control -- IV，Examples of a Three-Address Code and the Use of 'Stop Order Tags'
40	John von Neumann	New Problems and Approaches
41	J.P. Eckert	Electrical Delay Lines
42	J.P. Eckert	A Parallel-Type EDVAC
43	Jan Rajchman	The Selectron
44	C.N. Mooers	Discussion of Ideas for the Naval Ordnance Laboratory Computing Machine
45	J.P. Eckert	A Parallel Channel Computing Machine
46	C.B. Sheppard	A Four-Channel Coded-Decimal Electrostatic Machine
47	T.K. Sharpless	Description of Serial Acoustic Binary EDVAC
48	J.W.Mauchly	Accumulation of Errors in Numerical Methods

正式参加这次讲座的听众有 28 人，其中有一些人还代替别人参加了一些课程，也有一些人虽然没有被正式邀请但也参加了部分课程，比如 MIT 的杰伊·福雷斯特（Jay Forrester），还有阿勒格尼学院（Allegheny College）的卡思伯特·赫德（Cuthbert Hurd）。赫德在 1949 年加入 IBM，他还劝说小托马斯进入电子计算机领域，邀请冯·诺依曼到 IBM 做顾问，积极推动 IBM 的计算机研发工作。福雷斯特在 MIT 领导了旋风计算机的设计和构建，此外还发明了对现代计算机有重大意义的磁核内存。

在正式的参加者中，有 3 位来自英国，一位是讲师身份的道格拉斯·哈特里，另外两位是学员，分别是剑桥大学的莫里斯·威尔克斯（Maurice Wilkes）和曼彻斯特大学的大卫·雷斯（David Rees）。这 3 位回到英国后，把存储程序的思想和现代计算机研发的接力棒带回了英国，让英国在 1950 年前后的几年时间里成为现代计算机技术的关键领导者，我们将在本书第三篇对此进行详细介绍。

参考文献

[1] WILKES M. Memoirs of a Computer Pioneer [M]. Cambridge:The MIT Press, 1985.

第三篇

终日乾乾

在冯·诺依曼架构明确了内存的重要性后，但是人们迟迟找不到一种高速、稳定、成本低、空间大的"记忆"技术。

第二次世界大战结束后，图灵到英国的国家物理实验室（NPL）工作，着手设计建造名为 ACE 的电子计算机。在图灵的提案中，水银延迟线被作为内存使用。但这种内存非常笨重、对温度敏感、访问速度较慢且价格不菲。

尽管受到内存技术的制约，但图灵仍然在 ACE 提案中规划了一幅非常广阔的软件蓝图。图灵预见到编写软件将成为需要很多人的工作，于是设计了软件的三种形式：机器执行的形式、存储在外存中的形式以及源程序形式。

此外，图灵还规划了通过子程序（函数）实现代码复用。他在 ACE 提案中设计了如今广泛使用的"栈结构"，并用它保存子函数的返回地址。

1946 年，威廉姆斯和基尔伯恩发明了 CRT 内存，实现了通过电子方式随机读取和修改记忆内容。CRT 内存不仅访问速度快，而且容量也比较大。

在从 1946 年 12 月 12 日到 1947 年 2 月 13 日的这段时间里，一系列讲座在英国举行，主讲者是图灵和他的同事威尔金森。讲座的听众中有基尔伯恩和莫里斯，他们在不久后分别成为曼彻斯特婴儿计算机和剑桥大学 EDSAC 计算机的主要设计者。

1948 年 10 月，图灵辞去了 NPL 的工作，应老师麦克斯的邀请到曼彻斯特大学工作。根据莫里斯在回忆录中的记录，威廉姆斯不愿意让图灵插手当时正在进行的硬件研制工作，只让他做一些当时不被重视的软件工作，这让图灵可以继续设计和规划软件的未来。1951 年 3 月，图灵亲自撰写的《编程者手册》（本书称为《第一手册》）诞生。在这份 110 页的手册中，图灵全面介绍了什么是编程以及如何编程，以及他发明的 5 位字符编码（图灵码）。

1951 年秋天，玛丽·伍兹到曼彻斯特郊区的莫斯顿工厂面试。她要做的工作是为工厂里生产的曼彻斯特一号计算机编写软件。不久后，她成为英国历史上的第一批职业程序员，在莫斯顿厂区新搭建起的临时建筑里工作。大约 3 年后，她收获爱情，与同事康威结婚。30 多年后，他们的儿子蒂姆发明了互联网。

1954 年 6 月，在 42 岁生日快到的十几天前，图灵离开了这个世界。

第 19 章　1945 年，ACE 提案

　　1935 年 9 月，图灵到普林斯顿大学留学，在 1938 年获得博士学位后，图灵没有接受冯·诺依曼提供的工作机会，而是回到了英国。

　　图灵在 1938 年夏天从美国回到英国，他先是回到剑桥大学国王学院，但很快就应国家需要以文职人员（Civil Servant）身份投入战争之中。当时正值英国积极准备第二次世界大战，急需数学人才为情报部门工作。关于图灵的具体工作，当时是军事秘密，就连他的家人也不知道。直到今天，当时的一些档案仍然没有公开。我们只知道图灵在第二次世界大战时是密码专家，工作地点就在具有 "X 电台" 之称的布莱切庄园。布莱切庄园位于伦敦西北方向，距离伦敦大约 80 公里，在剑桥大学和牛津大学之间。第二次世界大战期间，布莱切庄园是盟军设在英国的密码破解中心，鼎盛时有大约 7000 多名工作人员。图灵是布莱切庄园的第一批成员之一，他从 1939 年一直工作到 1945 年，图 19-1 展示了布莱切庄园 8 号棚屋中的图灵办公室。在布莱切庄园，图灵发明了一种名为 "炸弹机"（Bombe）的密码破译机，专门破解德军使用 Enigma 密码机加密的情报，它成功破译了德军的大量秘密通信。第二次世界大战期间，图灵曾以密码学专家的身份应邀访问美国，与美军的密码专家交流经验。美国把英国在密码破解方面的经验用在了与日本的战争中，同样取得非常好的效果。破译军事通信是影响战争结果的一个关键因素。从这个角度讲，图灵为第二次世界大战的胜利做出了巨大贡献。

　　第二次世界大战结束后，国家之间的相互威慑和竞争并没有结束，而且这场战争让很多国家意识到计算技术的重要性，诸如航空航天、通信、武器装备等科研项目的规模和复杂度都上了一个新台阶。要参与这些领域的研究，就必须使用复杂的数学模型，需要进行大量的计算。概而言之，要参与战后世界的新竞争，就必须有新的计算技术。英国作为当时的世界强国，当然也想在自动计算方面占据领先地位。

图 19-1 布莱切庄园 8 号棚屋中的图灵办公室（现代复原后的场景）

早在 1943 年，英国便决定等战争一结束就成立一个研究中心来把复杂的数学模型应用到和平年代。1945 年，这个中心在英国"国家物理实验室"（NPL）成立，名为数学学院。NPL 成立于 1900 年，于 1902 年正式开展科研工作。威尔士王子（后来成为英国国王，即乔治五世）参加了 NPL 的开幕式，并在致辞中为 NPL 确定了"打破理论和实践之间的壁垒，把科技和民生融合到一起"的目标[1]。

约翰·罗纳德·沃默斯利（John Ronald Womersley，1907—1958）是 NPL 数学学院的首任院长。沃默斯利生于 1907 年，他在 1925 年中学毕业时，同时获得剑桥大学和帝国理工学院的奖学金，沃默斯利选择了帝国理工学院。4 年后，沃默斯利以优异成绩获得数学专业的学士学位。第二次世界大战期间，沃默斯利在英国军备部（Ministry of Supply）工作，担任科研方面的助理院长。1944 年，NPL 筹备成立数学学院，沃默斯利被任命为首任院长，开始筹备工作。

NPL 数学学院成立之初的第一个重大任务便是建造电子计算机。为了纪念巴贝奇的分析引擎，沃默斯利为即将建造的计算机取名"自动计算引擎"（Automatic Computing Engine，ACE）。

为了建造 ACE，沃默斯利上任后的第一项重要工作便是到美国学习考察。在美国，他考察了摩尔学院的 ENIAC、哈佛大学的马克一号以及贝尔实验室的 M 系列计算机。M 系列计算机由乔治·施蒂比茨（George Stibitz）和萨姆·威廉姆斯（Sam Williams）等人设计与建造。

在美国考察期间，沃默斯利还结识了赫尔曼·戈德斯坦（Herman Goldstine）。戈德斯坦不仅是美国陆军负责 ENIAC 项目的军方代表，而且是数学家，对建造计算机的最新理论和最佳实践可谓了如指掌。沃默斯利和戈德斯坦都是数学家，而且都曾在军队的后勤保障部门工作，他们很快就成了朋友。

更为重要的是，沃默斯利在美国考察期间，正值摩尔学院的精英们认真总结 ENIAC 的不足并设计 EDVAC 之际。EDVAC 的设计书就是冯·诺依曼起草的《第一草稿》。沃默斯利几乎在第一时间（1945 年春夏之交）就拿到了《第一草稿》。身为数学家且在第二次世界大战中担任过军方科研领导的沃默斯利一定看出了这份报告的分量。他在拿到《第一草稿》后不久，就圆满结束自己的美国考察之行，返回英国了。

为什么说沃默斯利几乎在第一时间就拿到了《第一草稿》呢？因为《第一草稿》的封面上写明了时间是 1945 年 6 月 30 日，《第一草稿》的初稿完成时间是在 6 月初。而沃默斯利回到英国后，便拿着《第一草稿》与图灵见面，见面的时间是"夏季刚开始"，而伦敦的夏季一般是每年的 6 月至 8 月[2]。

沃默斯利与图灵见面的目的是想邀请图灵到 NPL 工作，由图灵领导 NPL 数学学院的 ACE 项目。NPL 数学学院在成立初期，内部分为 5 个小组，分别负责通用计算、穿孔卡片、差分引擎、统计学和 ACE[1]。

与沃默斯利见面后，图灵接受了邀请。但因为战时的军方工作需要交接，图灵 1945 年 10 月 1 日才正式到 NPL 报到。

早在十年前于剑桥大学读书时，图灵便开始思考自动计算，并在 1936 年发表了著名的"论可计算数"论文，建立了图灵机模型。图灵机是现

图 19-2　约翰·罗纳德·沃默斯利（1907—1958）

代计算机的概念模型，与工程中的具体实现还有非常大的距离。NPL 数学学院提供的工作让图灵有机会把抽象的图灵机实现为可以运行的计算机，这当然是图灵急切想做的事。

在自己熟悉的领域做自己渴望已久要做的事情，这是人生不可多得的机会。只用了几个月的时间，图灵便完成了 ACE 的设计初稿。初稿完成后，图灵并没

有立即提交，又花时间反复思考设计细节，主要是内存问题。一方面，他深知内存的重要性；另一方面，内存的实现技术有多种选择，而且不同选择对整个设计的影响特别大。在对内存部分做了反复思考和修改后，图灵在 1945 年年底把自己的设计草案提交给了沃默斯利。

1946 年 2 月[1]，图灵的 ACE 提案被正式提交给了 NPL 的执行委员会，标题为《在数学学院开发自动计算引擎（ACE）的提案》（见图 19-3）。

图灵的 ACE 提案共有 49 页，分为两大部分。其中的第 1 部分是项目描述，这部分以通俗易懂的文字描述了项目的背景、核心设计、关键任务和初步预算，共有如下 10 章内容：

- 项目的基本介绍；
- 计算机的组成；
- 存储；
- 数学方面的考虑；
- 基本电路元件；
- 逻辑控制器的轮廓；
- 外部设备；
- 机器的使用范围；
- 检修；
- 时间表、成本、工作性质等。

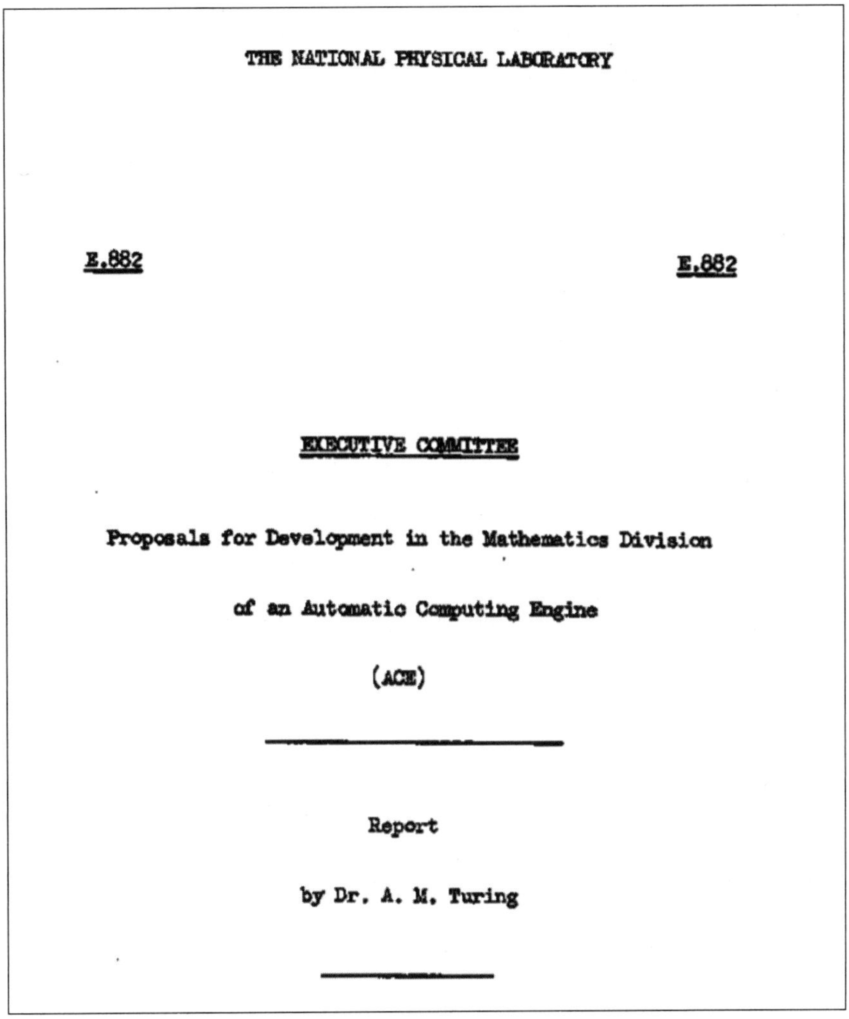

THE NATIONAL PHYSICAL LABORATORY

E.882   E.882

EXECUTIVE COMMITTEE

Proposals for Development in the Mathematics Division

of an Automatic Computing Engine

(ACE)

————————

Report

by Dr. A. M. Turing

————————

图 19-3　ACE 提案的封面

　　图灵的 ACE 提案的第 2 部分又称为技术提案，这部分详细描述了项目的一些关键技术细节，共有如下 6 章内容：

- 逻辑控制器的细节；
- 数学单元的详细描述；
- 指令表样例；
- 延迟线（Delay Lines）的设计；
- 真空管元件的设计；
- 其他形式的存储元件。

ACE 是针对延迟线内存而设计的。因为延迟线内存的基本原理是让搭载着数据的声波在水银中循环传递，所以延迟线内存不是"可随机访问的"。在读某一位时，一定要等到这一位循环到读取点后才能读取。

ACE 包含两种规格的延迟线内存。一种在计算过程中存储临时信息，相当于寄存器，每个单元的容量为 32 位。这种规格的延迟线内存一共有 32 个，命名为 TS1～TS32。用今天的话来讲，ACE 的寄存器有 32 个，每个寄存器的大小为 32 位。

ACE 的时钟频率为 1MHz，即每个时钟周期为一微秒。延迟线内存的每个循环周期为 32 微秒，这样每微秒刚好可以读取 1 位。

另一种规格的延迟线内存容量较大，有 1024 位，用来作为"主内存"。ACE 规划的内存地址是 15 位，最多可以寻址 128KW（KW 表示千字，其中的 W 是 Word 的缩写）的内存空间，这里的 ACE 的每个字都为 32 位。

因为当延迟线内存工作时，数据会在电路和水银构成的回路中不停循环，所以在图灵的 ACE 提案中，常常用"循环"来称呼内存单元，把用作寄存器的小延迟线内存称为"小循环"（minor cycle），而把用作"主内存"的大延迟线内存称为"大循环"（major cycle）。

图灵的提案没有单独列出参考文献，但是在提案第 1 部分的末尾，图灵特意提到了冯·诺依曼的《第一草稿》（见图 19-4），他写道：

"虽然当前的这个报告对将要构建的计算器已经给出相当详细的描述，但是建议与冯·诺依曼的 'EDVAC 报告' 一起阅读。"

这里的"EDVAC 报告"就是《第一草稿》。作为一位学者，图灵是诚实的。感谢图灵在这里提到《第一草稿》，这为《第一草稿》的流传和影响提供了非常切实的证据。

虽然图灵的 ACE 提案参考了冯·诺依曼的《第一草稿》，但 ACE 提案绝不是《第一草稿》的简单重复和扩展。用今天的话来讲，如果把《第一草稿》看作现代计算机的架构设计书，那么图灵的 ACE 提案就是现代计算机的第一份详细设计。图灵的详细设计解决了《第一草稿》没有考虑的如下几个关键问题。

```
      In order to obtain high speeds of calculation the calculator will
be entirely electronic.   A unit operation (typified by adding one and
one) will take 1 microsecond.   It is not thought wise to design for
higher speeds than this as yet.

      The present report gives a fairly complete account of the proposed
calculator.   It is recommended however that it be read in conjunction
with J. von Neumann's 'Report on the EDVAC'.

2.   Composition of the Calculator.
```

图 19-4　图灵在 ACE 提案中特意提到了《第一草稿》

第 1 个关键问题是内存问题。内存中央化是冯·诺依曼架构的精髓，但是《第一草稿》只强调了内存的重要性，指出了内存要达到一定的量，却没有讨论内存的具体实现和使用方法。在图灵的 ACE 提案中，有 3 章专门讨论内存和存储问题。其中第 3 章第一次谈到了存储（当时习惯用存储一词指代内存），第 14 章专门讨论延迟线内存的设计，第 16 章讨论了其他形式的存储技术。除这 3 章之外，ACE 提案的其他章节中也有很多关于内存的讨论。ACE 提案把内存分为临时存储使用的寄存器以及存放代码和数据的主内存，这种分工一直沿用至今。ACE 提案还详细规划了内存的数量和用法，寄存器内存有 32 个，主内存最大 128KW（千字）。

第 2 个关键问题便是软件，图灵在 ACE 提案中详细设计了一套完整的指令集，这套指令集具有今天流行的 RISC 风格：只有少数的 "内存访问指令"，其他指令都从寄存器获取数据。图灵在完成 ACE 提案的初稿后，又多次做了修改，反复调整指令的格式。他花了非常多的时间来思考指令的设计。计算机的指令是硬件与软件沟通的语言，对计算机系统的意义之大不言而喻。

除进行单个指令的设计之外，图灵还十分深入地思考了多条指令组合在一起后的 "指令表" 应该如何编写、组织和加载运行。为此，图灵开创性地详细描述了指令的 3 种形式（见图 19-5）。

- 机器形式：用今天的话来讲，就是加载到内存后的运行期格式，这也是交给机器执行的格式。
- 永久形式：用今天的话来讲，就是编译后的镜像文件格式。
- 流传形式：容易阅读的简单格式，用今天的话来讲，就是源程序格式。

Machine form. - When the instruction is expressed in full so as to be understood by the machine it will occupy one minor cycle. This we call machine form.

Permanent form. - The same instruction will appear in different machine forms in different jobs, on account of the renumbering technique as described in pp. 13,14. Each of these machine form instructions arises from the permanent form of the instruction. These permanent forms are on Hollerith cards and are kept in a sort of library.

Popular form. - Besides the cards we need some form of the table which can be easily read, i.e. is in the form of print on paper rather than punching. This will be the popular form of the table. It will be much more abbreviated than the machine form or the permanent form, at any rate as regards the descriptions of the CAO. The names of the instructions used will probably be the same as those in the permanent form.

图 19-5　指令的 3 种形式

图灵对于指令的 3 种形式的定义直到今天仍然适用。特别是在描述第 2 种形式时，图灵特别提到：同一条指令可能会以不同的形式出现在不同的任务中，可通过"重编号技术"（renumbering technique）来复用它们。"这些永久形式的指令应存储在卡片上，以软件库的形式保存"。在这里，图灵提出了软件库的概念，这说明图灵是第一个深刻思考大规模软件设计的人。图灵最早思考了大规模程序开发的协作问题，包括如何编写、组织和复用它们。图灵思考的不是当时大多数人所能想到的只有几条指令的简单程序，而是预见到数以千计、万计的指令相互协作的复杂程序以及很多人相互协作的社会化软件大生产。

除关于指令形式的描述之外，ACE 提案中还有一个强有力的证据能够证明图灵的超前思维，那就是栈的设计和使用——图灵定义了 BURY 和 UNBURY 操作。用今天的话来讲，图灵在 ACE 提案中首次提出了"栈结构"以及调用子函数的方法：BURY 操作相当于今天流行的 CALL 指令（调用子函数），UNBURY 操作相当于 RET 指令（从子函数返回）。图灵的这种思维远远超出其所处的时代，十几年后，图灵的方法被"重复发明"和广泛使用，直到今天。

比起出身豪门，性格开朗，经常面带微笑，无论何时何地都西装革履的冯·诺依曼，图灵更像一位工作在一线的程序员，他出身寒微，性格孤僻，不苟言笑，30 多岁仍然单身。他喜欢光着脚走路，为了让脚底的皮肤变得更粗糙耐磨，他喜欢长跑上班，喜欢跑马拉松以及在大海里游泳，他热爱这些考验毅力的运动。他勤奋务实，致力于把冯·诺依曼天马行空的高层设计变成可以施工的详细说明。他不仅给出了精确的定义和数据，还给出了代码样例（称为指令表，详见 ACE 提案的第 13 章），并用这些样例来阐释设计和验证设计。

其实，图灵早在 1936 年提出图灵机可以说是更抽象的高层设计。因此，当有人问起 ACE 和图灵机的关系时，图灵的回答是：ACE 可以当作图灵机的"工程版本"（practical version）。

1947 年 2 月，在英国皇家数学协会举办的一次著名演讲中，图灵讲道："像 ACE 这样的数字计算机其实是'万能机器'的工程版本。它们包含某种类型的电子部件以及很大的内存。当需要解决某种特定的问题时，只要把包含这些计算过程的合适指令放到内存中……"

在很长一段时间里，图灵的 ACE 提案都是以 NPL 内部文件的形式存在的，只有少部分人可以看到，直到 1986 年才对外发布。不过，在英国的计算机科研团体中间，这份 ACE 提案很早就开始流传了，而且影响深远，比如被公认为第一台存储程序计算机的"曼彻斯特婴儿"就直接使用了 ACE 提案中的很多设计。

参考文献

[1] NUMERICO T. From Turing machine to 'electronic brain' [M]. Roma:Università Degli Studi Roma Tre, 2008

[2] COPELAND B J. Alan Turing's Automatic Computing Engine:The Master Codebreaker's Struggle to build the Modern Computer [M]. Oxford:Oxford University Press, 2005.

第 20 章　1946 年，CRT 内存

在个人计算机（Personal Computer，PC）大流行的 20 世纪 90 年代，CRT 显示器是每一台 PC 的标准输出配件。那个时代的电视机大多也使用 CRT 来显示画面。进入 21 世纪后，随着液晶显示器的价格不断降低，CRT 完成历史使命，退出市场。

CRT 的英文全称是 Cathode-Ray Tube（阴极射线管）。CRT 的基本工作原理是利用阴极电子枪发射电子，在阳极高压的作用下，射向荧光屏，使荧光粉发光。CRT 的研究和探索起源于 19 世纪，20 世纪初开始有商业化的产品。1925 年，日本工程师高柳健次郎开始使用 CRT 制作电视，并在 1926 年 12 月成功接收和显示日文中的片假名字符イ。

CRT 在电视和雷达等领域的成功，进一步激发了 CRT 在更多领域的应用，包括新兴的计算机领域。1946 年 2 月 ENIAC 的正式发布吸引了更多人研究电子计算机，而内存问题是当时几乎困扰所有人的一个基本问题。在冯·诺依曼的《第一草稿》出现后，内存的重要性被提到更高的位置。因此，找到空间较大而且访问速度快的内存器件就成了研制现代计算机的首要问题。

1946 年上半年，英国的雷达技术专家弗雷德里克·卡兰德·威廉姆斯（Frederic Calland Williams，1911—1977）接受美国麻省理工学院（MIT）放射实验室（Radiation Laboratory）的邀请到美国旅行。威廉姆斯到美国的主要目的是与 MIT 的同行一起编写一套多达 24 卷的放射技术图书，因为这套书的内容很多，全部打印出来是一大摞书稿，所以这套书有个非正式的名字——"五英尺书堆"（five-foot-shelf）。

威廉姆斯出生于 1911 年 6 月 26 日，拥有曼彻斯特大学的学士和硕士学位。在第二次世界大战爆发前，威廉姆斯是曼彻斯特大学的讲师，曾为差分分析仪（differential analyzer）设计过曲线跟踪器（curve follower）。第二次世界大战期间，威廉姆斯在英国电信研究所（Telecommunications Research

Establishment，TRE）工作，是一位拥有广泛影响力的无线电专家。

除在 MIT 参与"五英尺书堆"的编写之外，威廉姆斯还经常到美国的其他一些大学和研究机构参观，包括宾夕法尼亚大学的摩尔学院。1946 年 6 月 21 日和 22 日[1]，威廉姆斯到摩尔学院做了为期两天的访问。在摩尔学院，威廉姆斯不仅实地观看了布置在摩尔大楼里的 ENIAC，而且深入了解了 ENIAC 的工作方式，他领会到 ENIAC 的优点（全电子器件，运行速度快）和不足（编程复杂，更换程序的时间长）。

更重要的是，在这次访问摩尔学院的过程中，威廉姆斯还得到一条重要的消息，那就是摩尔学院曾经研究用 CRT 作为内存，并且觉得是可行的。但是，埃克特和莫奇利更喜欢延迟线内存，因此没有继续研究 CRT 内存[①]。

当时第二次世界大战已经结束，这让战争年代的很多人一下子闲了下来。威廉姆斯工作的 TRE 研究所也是这样，很多研究人员在寻找新的项目。

在这样的背景下，威廉姆斯访问摩尔学院为自己找到了一个绝佳的研究方向，那就是使用 CRT 作为内存。1946 年 7 月，威廉姆斯从美国回到英国后，便开始了这一新的研究方向。他先是尝试保存模拟信号，但遇到不稳定的问题，于是改为保存数字信号，很快取得成功。大约在 1946 年 10 月，威廉姆斯研制出第一个具有记忆功能的阴极射线管，开创了使用 CRT 存储二进制信息的先河，后来人们把使用这种方法的内存称为威廉姆斯管（Williams Tube）。

准确地说，1946 年研制出的威廉姆斯管还属于原型，它实现了以"再生方式稳定地保存一个二进制位"（regeneratively store a single binary digit），也就是稳定地记忆 0 或 1。

内存技术对于当时的计算机来说太重要了，威廉姆斯成功地使用 CRT 记忆了二进制位，这无疑是一个重大的突破。

威廉姆斯成功的消息很快就传到当时正在研制电子计算机的英国国家物理实验室（NPL），NPL 的主任查尔斯·达尔文（Charles Darwin）和秘书长 E.S. 希斯科克斯（E.S.Hiscocks）亲自到 TRE 进行实地访问，访问的时间是 1946 年 10 月 15 日至 17 日。在这次访问中，威廉姆斯向 NPL 的两位领导演示了自己的发明。

---

① 参考 IEEE 计算机协会官网上由 J. A. N. Lee 整理的与计算机先驱（Computer Pioneers）相关的 PDF 文件。

一个多月后，NPL 和 TRE 举办了一个合作会议，参加会议的不仅有两个机构的重要领导——NPL 的秘书长希斯科克斯和 TRE 的主任 R.A.史密斯（R.A.Smith），还有一些科学家，包括当时在 NPL 工作的图灵和沃默斯利以及在 TRE 工作的 A.M.厄特利（A.M. Uttley），当然还有威廉姆斯。在这个会议上，NPL 希望 TRE 能承担起构建 ACE 所需的电子方面的开发工作。ACE 是 NPL 当时正在设计的计算机，主要设计者是当时还在 NPL 数学学院工作的图灵。因为 NPL 的成员大多是数学家，缺少电子技术方面的人才，所以 NPL 迫切希望 TRE 能够承担起电子方面的开发工作。

遗憾的是，虽然 NPL 的合作意向诚恳且迫切，但是 TRE 方面没有同样的热情。作为 TRE 主任的史密斯给出了两方面的原因：一方面，NPL 最为看重的威廉姆斯即将离开 TRE，他要到曼彻斯特大学工作；另一方面，TRE 的大部分电子技师都被转岗到英国的原子能管理局（Atomic Energy Authority），剩下的电子方面的人员则被分配给英国军备部（Ministry of Supply）从事军事项目。总之，TRE 能为 NPL 提供的帮助非常有限。

威廉姆斯成功用 CRT 存储二进制位后不久，便收到曼彻斯特大学的工作邀约，曼彻斯特大学聘请他担任电子技术（Electro-Technics）专业的爱德华·斯托克思·梅西教席（Edward Stocks Massey Chair）。批准这个邀约的委员会里既有物理学家帕特里克·布莱克特（Patrick Blackett），也有数学家麦克斯·纽曼（Max Newman）。布莱克特当时是曼彻斯特大学物理和天文学院（School of Physics and Astronomy）的兰沃西教授（Langworthy Professor），他在 1948 年获得诺贝尔奖。他之所以推荐威廉姆斯，是因为他很熟悉威廉姆斯在第二次世界大战前后所做的雷达研究。麦克斯当时是曼彻斯特大学数学系的主任，他于 1945 年上任，并于 1946 年成立了曼彻斯特的计算机实验室（Computing Machine Laboratory）。麦克斯想在这个实验室里建造现代计算机，急需人才，他推荐威廉姆斯的主要原因就是威廉姆斯在 CRT 内存方面取得的最新成就。麦克斯与冯·诺依曼交往密切，他曾经派自己的属下大卫·雷斯（David Rees）参加摩尔学院的讲座，因而深知内存技术的重要意义。麦克斯十分热衷于把像威廉姆斯这样的人才聘请到曼彻斯特大学。

因为内存是热门技术，所以威廉姆斯当时是非常抢手的人才。NPL 也非常想与威廉姆斯合作，NPL 在与 TRE 举办两次高层会议都没有谈成正式合作后，仍然没有放弃，改为直接与威廉姆斯协商。NPL 起草了一份合同给威廉姆斯，希望他能够"为 A.C.E.开发电子存储管"，此外还希望他能够"为这台机器开发算术部件，也就是加法电路和乘法电路"。但威廉姆斯不喜欢 NPL 起草的具有强约束力的合同，他更喜欢到自由的曼彻斯特大学工作。于是，1947 年 1 月 14 日，威廉姆斯搬到了曼彻斯特大学，回到自己的母校继续研究 CRT 内存。

虽然威廉姆斯离开了 TRE，但是 TRE 仍然非常支持他。首先在人员上，TRE 允许威廉姆斯把他在 TRE 的工作伙伴汤姆·基尔伯恩（Tom Kilburn）借调到曼彻斯特大学。其次，TRE 还允许威廉姆斯搬走研究 CRT 内存原型的设备，并答应继续为威廉姆斯的研究工作提供试验材料。当时第二次世界大战刚刚结束，很多电子零件在英国十分紧缺，需要从美国购买[①]。

威廉姆斯和基尔伯恩在新的工作环境中继续研究 CRT 内存。他们的研究场地位于曼彻斯特大学皇家学会计算机实验室（Royal Society Computing Machine Laboratory）。他们的研究从 1947 年年初开始，持续了几乎一整年。在这一年里，如果说威廉姆斯至少还要做一些教学工作，那么基尔伯恩则把全部精力都投入了 CRT 内存的研究中。

由于占尽天时、地利、人和，威廉姆斯和基尔伯恩的工作进展很顺利。1947 年秋季，CRT 内存的存储能力已经从原型时的 1 位增加到 2048 位。

基尔伯恩在 1948 年的博士学位论文（见图 20-1）中，详细介绍了 CRT 内存的工作原理和研究经过[1]。

---

① 参考曼彻斯特大学官网上有关威廉姆斯的介绍。

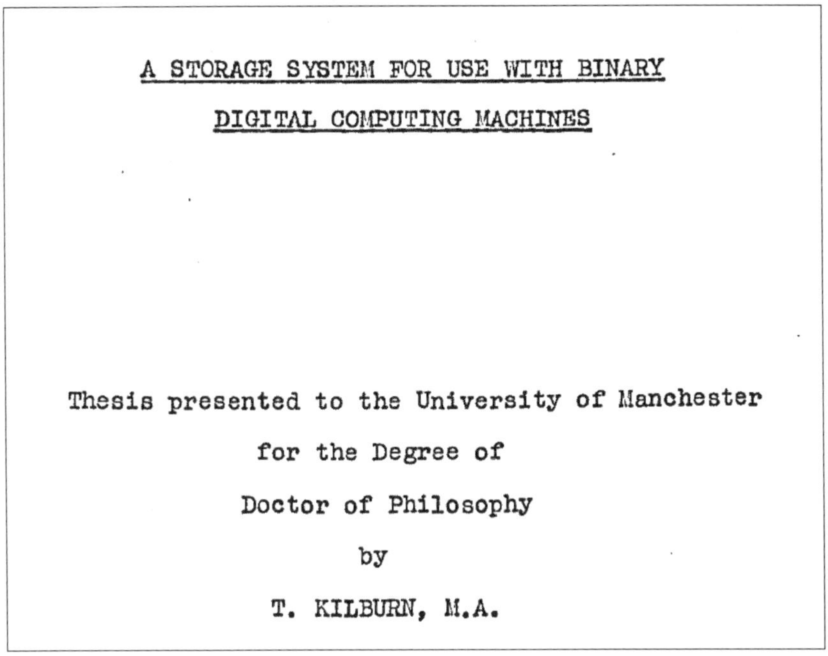

A STORAGE SYSTEM FOR USE WITH BINARY

DIGITAL COMPUTING MACHINES

Thesis presented to the University of Manchester

for the Degree of

Doctor of Philosophy

by

T. KILBURN, M.A.

图 20-1　基尔伯恩关于 CRT 内存的博士学位论文的封面

　　图 20-2 来自这篇博士学位论文的附录部分，借助这幅图，我们可以大致理解 CRT 内存的工作原理。

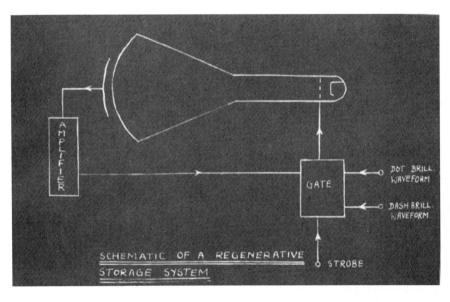

图 20-2　CRT 内存的基本电路图

在图 20-2 中，喇叭形的长筒便是 CRT 内存的主要部件——阴极射线管，其内部处于真空状态，底部（右侧）的电子枪可以发射出电子流，电子流击打在左侧的玻璃屏幕上，便会产生荧光，并且短时间内会积聚在那里。CRT 内存的关键技术是控制电子流，使其在玻璃屏幕上产生不同的积聚模式。电子积聚在一起会产生充电效应，在 CRT 内存的术语中，电子积聚模式称为充电模式（charge pattern）。因为每个二进制位只有 0 和 1 两种状态，所以只要能稳定地产生和复现两种充电模式，就可以记忆一个二进制位。

电子容易扩散，为了让 CRT 内存长时间保持记忆，就需要每隔一段时间重新发射一次电子束。进一步讲，就是必须把屏幕上的电子积聚模式感应出来；然后通过放大电路进行放大，放大后的信号则被反馈给一个经过特殊设计的门电路，这个门电路能识别出当前的充电模式；最后通过电子枪发射出相同的模式。这个刷新记忆的过程称为再生（regenerating）。图 20-2 中的英文意为"一种可再生存储系统的电路图"强调了这种再生能力。基尔伯恩在这篇论文的概要部分提到，CRT 内存的短期记忆时间为 0.2 秒，如果想长时间保持记忆，那么每秒至少要刷新 5 次。

1946 年 10 月发布的 CRT 原型只能保存一个二进制位。通过一整年的努力，威廉姆斯实现了让每个 CRT 存储 2048 位。背后的基本原理就是通过磁场控制电子束，使其在玻璃屏幕的 2048 个位置产生 2048 个积聚点，每个积聚点称为一个光斑（spot），代表 1 位。图 20-3 也来自基尔伯恩的博士学位论文，这幅插图解释了存储 5 位时的情形。

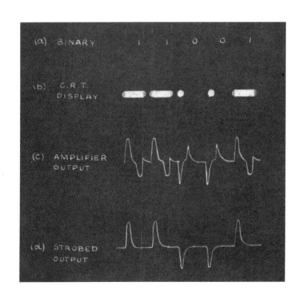

图 20-3　基尔伯恩的博士学位论文中使用 CRT 存储 5 比特的插图

图中第 1 行是 5 个二进制位——11001，第 2 行是 CRT 屏幕上显示的图像，它们代表不同的电子积聚模式：二进制 1 对应的积聚模式产生的图像是一小段横线，二进制 0 对应的积聚模式产生的图像是一个圆点。在基尔伯恩的博士学位论文中，这种"用点表达 0，用线表达 1"的充电模式称为"点-线"模式。除这种模式之外，还有"线-点"模式、"聚焦-非聚焦"模式、"非聚焦-聚焦"模式等。

图中第 3 行是放大器的输出信号，也就是玻璃屏幕感知的积聚模式经放大器放大后的信号，该信号经滤波后，便产生第 4 行所示的正负脉冲信号。按照"点-线"模式，1 对应的是正脉冲，0 对应的是负脉冲。

除基尔伯恩的博士学位论文之外，关于 CRT 内存的一份更早文献是基尔伯恩于 1947 年 12 月写给 TRE 的报告，报告的标题是《一种供二进制计算机使用的存储系统》（A Storage System for Use with Binary Digital Computing Machines）。

基尔伯恩写这份报告的目的是向 TRE 汇报自己在 1947 年所做的工作。从工作关系看，基尔伯恩当时还是 TRE 的员工，是被临时借调到曼彻斯特大学的。因此，基尔伯恩在借调时间将满一年时给自己的雇主写工作报告是很自然而且重要的事情。这份报告的篇幅很大，内容也非常详细，其中的很多内容与基尔伯恩的博士学位论文相似。

需要强调的是，我们之所以特意提到基尔伯恩写给 TRE 的报告，是因为这份报告很快就流传开来，它对计算机的发展产生了十分重要的影响。

根据埃塞克斯大学西蒙·拉文顿（Simon Lavington）教授的研究，基尔伯恩的这份报告原本是写给 TRE 的个人汇报，目的是申请继续借调。但是这份报告一经发出，就被复制了 20 份，后来又被复制了 30 份，并且很快便流传到美国[2]。

在介绍冯·诺依曼的《第一草稿》时，我们强调了内存和"存储程序"的重要性。用赫尔曼·戈德斯坦的话来讲："有了冯·诺依曼的存储程序思想，现代计算机的革命才成为可能。"

要想深刻理解"存储程序"的价值，必须首先意识到的一点，那就是现代计算机之所以能得到如此广泛的应用，就在于很容易编程，即使程序不那么完美，现代计算机也仍能凭借极高的执行速度达到令人满意的效果。而为了实现这一点，存储程序就显得特别重要。如果让 CPU 执行外存中的程序，那速度就太慢了。把编译好的程序保存到空间较大的外存中，只把需要的部分加载到内存中，这无疑是最合理的做法。让高速的 CPU 只执行保存在与 CPU 速度相当的内存中的指令，这是现代计算机具有高速度的关键因素。

冯·诺依曼的《第一草稿》流行后，很多人怀疑"存储程序"的可行性。根据威廉姆斯的回忆，在 1948 年 3 月的一次讨论中，麦克斯反复强调，无论是在美国还是在英国，大家关于构建大型存储程序计算机的最大顾虑仍是"这种计算机是否真能工作"[1]。

为了证明存储程序计算机能够工作，内存是需要解决的第一个问题。

在 CRT 内存发明前，包括埃克特和图灵等人在内的计算机科学家都把希望寄托于名为"延迟线"的内存技术。延迟线内存的基本原理是，首先把代表 0 和 1 的数据脉冲载波到超声波上，然后让超声波在水银管道中反复循环，从而保持记忆。

1947 年 1 月，曾经在摩尔学院工作过且参与了 ENIAC 项目的哈利·D. 赫斯基（Harry D. Huskey）从美国回到英国，加入 NPL。赫斯基来到 NPL 后，沃默斯利安排他做的第一件事便是调查美国和英国各计算机研究团队的情况。赫斯基调查后，写了一份报告，标题为《英美两国在电子计算机方面的最新状况》。在这份报告中，赫斯基特别对延迟线内存和 CRT 内存做了比较，如表 20-1 所示。

表 20-1　延迟线内存和 CRT 内存的比较（1947 年）

比较项	延迟线内存	CRT 内存
现状	仅制作了很少几个，每个都单独工作	连在电路中，试验令人振奋，尚无定论
213 个 32 位二进制数所需空间	$6 \times 6 \times 7 = 252$（立方英尺）	$8 \times 8 \times 2 = 128$（立方英尺）
温度	所有内存单元都必须在相近温度下（温差低于 1 摄氏度）	不重要
重量	很重	相对较轻
成本	至少 10 英镑	2 到 3 英镑
可靠性	未知，可能长期不明确	可以大量生产，很容易更换
逻辑方面	仅当数据传输到放大器时才可访问	可以立即访问
恢复记忆（Restoration of Memory）	不停循环	最大时间未知，如果持续恢复，那么与延迟线内存一样好

从表 20-1 可以看出，CRT 内存在重量、成本、速度、可靠性等多个方面优于延迟线内存。

CRT 内存是人类发明的第一种可以通过电子方式随机读取和修改的存储介质，访问速度很快，容量比较大，我们可以随机地读取存储空间中的任意位。因此，CRT 内存的发明为真正实现"存储程序计算机"铺平了道路。直到今天，人们仍经常使用 RAM（Random Access Memory，随机访问内存）指代内存。CRT 内存是第一种真正意义上的随机访问内存，它无疑是计算机发展史上的一个重要里程碑。在本书后面要介绍的磁核内存出现之前，CRT 内存是当时很多计算机系统的关键部件。从这个角度看，CRT 内存对现代计算机的贡献可谓巨大。

参考文献

[1] KILBURN T, WILLIAMS F C. A Storage System for Use with Binary-Digital Computing Machines [J]. Proceedings of the IEE-Part III:Radio and Communication Engineering, 2010, 96(40):81.

[2] LAVINGTON S H. A History of Manchester Computers [M]. NCC Publications, 1975.

第 21 章　1947 年，图灵－威尔金森讲座

1946 年 5 月，吉姆·威尔金森（Jim Wilkinson）加入 NPL 的 ACE 小组。当时，图灵仍然在改进自己的 ACE 设计方案，他把自己当时正在做的版本称为第 5 版。几个月后，M.伍杰（M.Woodger）也加入 ACE 小组。至此，ACE 小组有了 3 个人，他们一起完善和改进 ACE 的设计。

1946 年 11 月，图灵的上司沃默斯利与英国皇家军事科技学院（Royal Military College of Science）的波特博士和政府部门的一些代表见面，他们想邀请图灵做一个计算机方面的讲座。考虑到不少人都想找图灵咨询计算机方面的问题，与其每次只为一个人解答，不如举办一个讲座，让大家一起来听，这样可以节约图灵的时间。沃默斯利觉得他们的建议很好，于是便向 NPL 的主任查尔斯·达尔文（提出生物进化论的达尔文之孙）申请举办这个讲座，他列出了希望邀请的机构人员——邮局四人、英国皇家军事科技学院两人、留声机公司一人、英国汤姆森-休斯敦公司一人、TRE 两人、标准电话一人、A.G.E.两人、电影电视有限公司一人、R.R.D.E.一人、A.S.E.一人，他还列出了希望邀请的一些个人——曼彻斯特大学数学系的道格拉斯·哈特里（Douglas Hartree）、剑桥大学的莫里斯·威尔克斯、伦敦大学的哈里·马西（Harrie Massey）以及 NPL 数学学院的三名讲师。沃默斯利的申请很快就被批准了。

讲座的时间定于 1946 年 12 月 12 日开始，至 1947 年 2 月 13 日结束，每周一次，具体时间是每周四下午的 2 点到 5 点。这段时间里一共有 10 个周四，但因为 12 月 26 日是圣诞节，所以讲座的时间一共是 9 个下午。

讲座的地点起初定在英国军备部总部的地下室，但由于光线不好、室内昏暗，后来改到伦敦贝克街（Baker Street）的艾德菲酒店（Adelphi Hotel）。

讲座的总标题是"自动计算引擎"（ACE），内容涉及 ACE 设计方案的方方面面，分为表 21-1 所示的 29 个子标题。

表 21-1　图灵-威尔金森讲座的日程表

序号	子标题	主讲人	日期
1	简介	图灵	12/12
2	二进制数的表示	图灵	12/12
3	超声水银延迟线	图灵	12/12
4	图表所用的符号	图灵	12/12
5	逻辑运算	图灵	12/19
6	加法电路	图灵	12/19
7	环形计数器	图灵	12/19
8	静态化器（Staticiser）	图灵	12/19
9	动态化器（Dynamiciser）	图灵	12/19
10	源和目标（操作数）	图灵和威尔金森	1/2
11	标准源列表	威尔金森	1/2
12	编程（版本 5）	威尔金森	1/2 或 1/9
13	控制电路（版本 5）	威尔金森	1/2 或 1/9
14	源和目标树	图灵	1/9
15	简单指令举例	威尔金森	1/9
16	乘法器	威尔金森	1/16
17	累加式加法器	威尔金森	1/16
18	循环过程举例	威尔金森	1/16
19	控制和指令（版本 6）	威尔金森	1/23
20	双字指令举例	威尔金森	1/23
21	版本 6 控制系统中的特殊源	威尔金森	1/23
22	修改指令表	威尔金森	1/23
23	输入/输出单元	威尔金森	1/30
24	正负数的数学运算	威尔金森	1/30
25	版本 7	图灵	2/6
26	初始启动过程	图灵	2/6
27	极性修改器	图灵	2/13
28	N 元件	图灵	2/13
29	触发电路	图灵	2/13

在参加讲座的众多听众中，有几个人的笔记留存了下来，其中最完整的是汤米·马歇尔（Tommy Marshall）的笔记。马歇尔是名义上的会议记录者，这个任务先是分给了威尔克斯，但威尔克斯可能没有接受，于是这个任务被分给了马歇尔。马歇尔来自英国皇家军事科技学院的什里弗纳姆（Shrivenham）校区[1]。

马歇尔把自己的笔记用打字机打印出来，然后按照内容分成很多个部分，其中每一部分都写着小标题和序号，最后装订成一个小册子。

在讲座的第 1 部分，图灵首先简要介绍了计算机发展的历史，他特别提到因为第二次世界大战对导弹计算的需求，推动了数字计算机的高速发展。他还提到了哈佛大学的马克一号以及 ENIAC，并特别指出 ENIAC 是"迄今"为止最"雄心勃勃"的机器，ENIAC 能够以非常高的速度工作。不过 ENIAC 的内存很有限，这对于解决很多问题来说是不够的。

图灵接下来讲到了 ACE。他指出，"ACE 将是一台能够高速执行数学运算的电子计算机。ACE 具有极高的灵活性，能够处理各种各样的问题，而且将会是完全自动的。计算将以二进制形式通过电子手段进行，机器会配备非常大的内存（memory），既用来存放数据，也用来存放指令。机器的正常运行速度将达到每秒运算 100 万个二进制数，但前提是所需的数据都已经放在内存中。输入/输出采用的是霍列瑞斯设备（穿孔卡片），比较慢，每秒大约处理 2500 个数字。"他还指出，"最终版本的 ACE 可能会包含 512 个内存单元，能够存放大约 50 万个二进制位，并且将使用大约 8000 个真空管。"

从这个讲座第 1 部分的内容看，图灵非常清楚地了解 ENIAC 的优缺点，他深刻意识到了内存的重要性。

讲座第 2 部分的主题是二进制数，图灵不仅介绍了二进制数的基本原理以及二进制数在 ACE 中是如何表达的——用 1 微秒长的脉冲表达 1，当没有脉冲时表达 0，而且介绍了"字"（word）的概念——包含 32 个 0 或 1 的一组二进制位。

讲座接下来介绍了 ACE 使用的记忆体——超声水银延迟线。基本原理如下：首先把代表 0/1 数据的脉冲信号叠加到超声波上，然后让超声波在装满水银的长筒管道中传播；在超声波从一端传到另一端后，将数据读出来，经放大后再次叠加到超声波上，让超声波继续在水银中传播；如此循环往复，数据就被"记住"了。延迟线内存的基本结构和原理如图 21-1 所示。

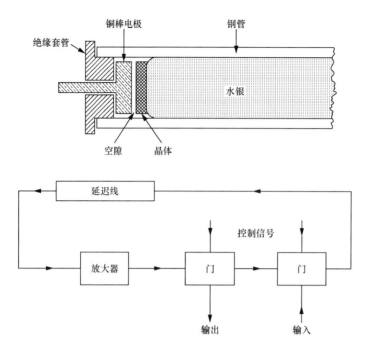

图 21-1　延迟线内存的基本结构和原理

超声波在水银中的传播速度变化很小，并且频率衰减也比较恒定。

讲座的第 8 部分指出，静态化器的作用是把以脉冲形式存储的 32 位依次传递给 32 个触发器，从而触发更多的操作。第 9 部分指出动态化器的作用——把来自触发器或其他器件的 32 位集结成一个称为小循环的脉冲组。

图灵和威尔金森不仅分享了现代计算机和软件的关键原理，而且详细介绍了他们设计的 ACE 计算机实例。在现场的听众中，既有来自 TRE 的汤姆·基尔伯恩，也有来自剑桥大学的威尔克斯，这两人不久后分别成为曼彻斯特马克一号和 EDSAC 的关键设计者。

参考文献

[1]　COPELAND B J. Alan Turing's Electronic Brain [M]. Oxford University Press, 2012.

第 22 章　1948 年，"曼彻斯特婴儿"

经过一整年的努力，1947 年，威廉姆斯和汤姆·基尔伯恩已经把 CRT 内存改进到近乎完美的状态，从最初的只能保存 1 位提高到 2048 位。他们的下一个目标是对 CRT 内存进行更多的测试，看它能否在真实环境中稳定地工作。

如何进行测试呢？因为 CRT 内存的设计目标是给高速电子计算机使用，所以最好的测试方法就是让一台电子计算机和 CRT 内存一起工作。从哪里找这样的电子计算机呢？没有现成的，要想采用这种测试方法的话，就只能自己制造一台。

基尔伯恩在 1947 年 12 月写给 TRE 的述职报告中，描述了一台电子计算机的雏形，他很谦虚地把这台电子计算机称作假想机器（hypothetical machine）。

基尔伯恩在写给 TRE 的述职报告的第 1 章中介绍了自己设计的假想机器，并且还画了一幅结构图（见图 22-1）。

图 22-1 的左上角是主存储，分为指令存储和数字存储（这说明代码和数据是分开存储的，基尔伯恩或许受到了巴贝奇的指令卡片和数据卡片的影响），主存储可以与输入输出单元交换数据。图 22-1 的左下角是计算机，分为计算电路和临时存储。用今天的话来讲，图 22-1 中的主存储就是内存，计算机就是 CPU。CPU 首先从内存中获取指令，然后由 CPU 中的计算电路和临时存储一起配合执行指令，最后将执行结果发送给主存储。

基尔伯恩还在述职报告的第 6 章介绍了存储系统和计算机如何协同工作，章名为"存储和假想机器"（the store and a hypothetical machine）。基尔伯恩希望以存储单元为基础，构建一个完整的存储系统，"阐述这个存储系统是如何在一台假想机器中工作的"。

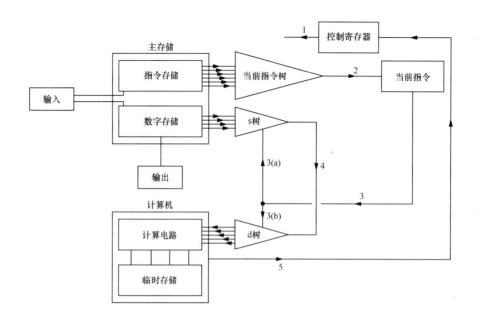

图 22-1　基尔伯恩设计的假想机器的结构图

值得说明的是，基尔伯恩写给 TRE 的述职报告中的"存储"应该指的是今天的内存（memory）。按照今天的习惯，存储一般是指外存。

在述职报告的第 6 章，基尔伯恩还为自己设计的假想机器绘制了一幅详细的电路图，如图 22-2 所示。

观察图 22-2，基尔伯恩一共画了 6 个 CRT，有 3 个 CRT 用在主存储中，另外 3 个 CRT 的用途分别如下：

- 一个用在 CPU 中，用做临时存储；
- 一个用作控制寄存器；
- 一个用作当前指令寄存器，相当于如今的程序指针寄存器（IP 或 PC）。

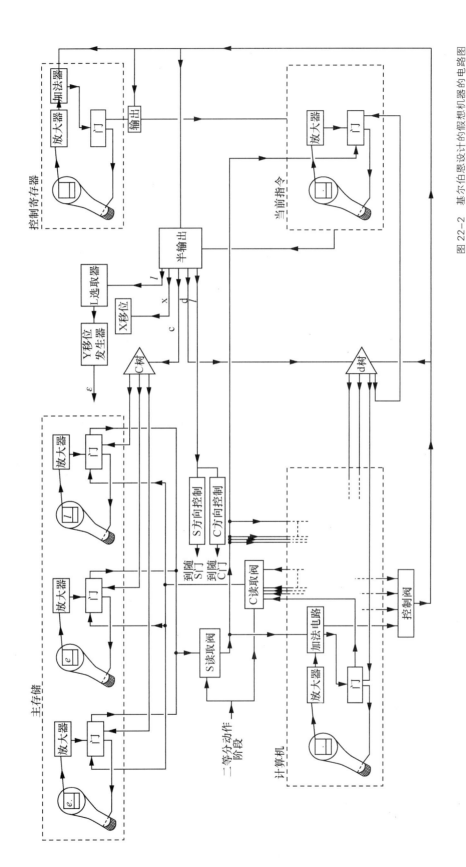

图 22-2　基尔伯恩设计的假想机器的电路图

根据基尔伯恩后来的回忆，他是在 1947 到 1948 年的那个寒冷冬天设计出上述计算机原型的。

基尔伯恩 1921 年 8 月 11 日出生于英国约克郡（Yorkshire）的迪斯伯里（Dewsbury）。迪斯伯里是约克郡西部的一座小城，位于科尔德（Calder）河畔，从 14 世纪起就因集市、教堂和磨坊而闻名。18 世纪时，这里既有运河，又有铁路，纺织业迅速发展，成为英国西部的重要工业城市。基尔伯恩的父亲是一家羊毛工厂的职员[1]。少年时，基尔伯恩就读于这座城市的惠尔赖特语法学校（Wheelwright Grammar School）①。1940 年，基尔伯恩进入剑桥大学的西德尼·苏塞克斯学院（Sidney Sussex College），学习数学。1942 年，因为第二次世界大战爆发，学制被压缩了，基尔伯恩提前从剑桥大学毕业，加入 TRE 工作。在 TRE，基尔伯恩遇到了自己事业上的伙伴威廉姆斯。

1943 年 8 月 14 日，基尔伯恩与艾琳·马斯登（Irene Marsden）结婚。艾琳也出生于迪斯伯里，是一名店员。

1947 年，基尔伯恩被借调到曼彻斯特大学，追随威廉姆斯继续研究 CRT 内存。在被借调的这段时间里，基尔伯恩住在迪斯伯里，每天乘火车上下班，往返于迪斯伯里和曼彻斯特大学。

曼彻斯特大学与迪斯伯里相距大约为 42.6 千米。如果乘坐火车，加上转车时间需要 2 小时左右。在基尔伯恩生活的时代，也许有直达火车，但即便单程估计也要 1 小时左右。

为了充分利用时间，基尔伯恩经常在火车上工作，有时继续思考没有解决的问题，有时做设计，有时写报告。上文提到的计算机原型就是基尔伯恩在火车上完成的，后文将要介绍的第一个真实运行过的存储程序也是基尔伯恩在火车上完成的。

让我们回到 1948 年的春天，在这个春天里，基尔伯恩的目标是把自己思考过很多个日夜的电子计算机变成实物。这台计算机的正式名字叫小型试验机（Small Scale Experimental Machine，SSEM）。或许是因为 SSEM 叫起来不顺口，大家很快便给这台计算机取了个小名——"婴儿"（即"曼彻斯特婴儿"计算机）。

---

① 参考 Hilary J.Kahn 发表于 Guardian 网站上的文章《Tom Kilburn：Brilliant Scientist at the Heart of the Computer Revolution》。

虽然只是一台小型试验机，但是"曼彻斯特婴儿"计算机也需要基本结构和关键部件。此时，冯·诺依曼架构已经成为大家的共识，所以冯·诺依曼架构中定义的几大部件都需要具备，比如中央处理器、内存、输入/输出单元和外存。

如果说"曼彻斯特婴儿"计算机的总设计师是威廉姆斯和基尔伯恩两个人的话，那么其底层设计师则主要是基尔伯恩和杰夫·C.图特尔（Geoff C. Tootill，1922—2017）。

图特尔生于 1922 年，1940 年进入剑桥大学基督学院（Christ's College）学习数学。1942 年，因为第二次世界大战爆发，图特尔与基尔伯恩一样不得不提前毕业。毕业后，图特尔被安排从事战斗机的研究。1943 年，图特尔争取到机会转到 TRE 从事雷达方面的工作。1947 年，图特尔被借调到曼彻斯特大学协助威廉姆斯和基尔伯恩进行研究工作。

在 1948 年上半年的几个月里，基尔伯恩和图特尔每一天都很忙碌，他们要把整个计算机分解为多个单元，然后为每个单元绘制详细的电路图，绘制好的电路图再由一位助手做成真正的电路。他们找到很多邮局用的支架（rack），用以组装和固定一张张电路板。每个支架大约 180 厘米高、60 厘米宽。起初的助手是一名男生，叫诺曼（Norman）；后来换成一名女生，名叫艾达·菲茨杰拉德（Ida Fitzgerald）[①]。

他们每完成一部分电路，就对电路进行一些简单的测试，以确保这部分电路没有大的问题。如果发现了问题，就立刻进行调试，把问题及时解决掉。

经过近半年的努力，到了 1948 年 6 月，大部分工作已完成。

接下来他们要做的就是让机器工作起来。如何测试这台机器能否工作呢？最好的方法就是运行一段程序。基尔伯恩在火车上编写了一个程序，这个程序的功能是求解某个指定整数的最大因数。基尔伯恩的这个程序是专门针对"曼彻斯特婴儿"计算机设计的，因为"曼彻斯特婴儿"计算机没有除法指令，所以基尔伯恩使用的算法很特别，基尔伯恩把这个程序命名为"基尔伯恩最大因子程序"（Kilburn Highest Factor Routine）。

"曼彻斯特婴儿"计算机一共用了 4 根威廉姆斯管，如图 22-3 所示。

---

① 参考 voices-of-science 网站上大英图书馆 2010 年对杰夫·C.图特尔的采访录音《Geoff Tootill: Building the Manchester Baby》。

图 22-3　"曼彻斯特婴儿"计算机

第 1 根威廉姆斯管用作主存储，相当于今天的主内存。存储单元分为 32 行，每行 32 比特，可以存储 32 个 32 位整数，用今天的话来讲，容量为 128 字节。

第 2 根威廉姆斯管用于保存累加器的当前值，相当于今天的寄存器，简称 A。

第 3 根威廉姆斯管用于保存当前指令的地址以及当前指令，前者简称 CI（Control Instruction），后者简称 PI（Present Instruction）。CI 相当于今天的程序指针寄存器，一般称为 PC（Program Counter）或 IP（Instruction Pointer）。

第 4 根威廉姆斯管用于实现显示功能，也就是显示上面描述的威廉姆斯管中的内容。控制面板上有切换键，用于切换想要显示内容的威廉姆斯管。

第 20 章在介绍 CRT 内存时，曾提到二进制中的 0 和 1 有多种表示方式。"曼彻斯特婴儿"计算机使用聚焦的小亮点（正脉冲）表示 0，而使用散焦的大亮点表示 1[1]。

使用"曼彻斯特婴儿"计算机的基本流程如下：首先把要执行的程序写到内存中，这可以通过"曼彻斯特婴儿"计算机的键盘来完成，虽然输入很慢，但当时的程序很短，所以问题不大。在今天的计算机中，操作系统提供了一个专门的软件来把编译好的程序从磁盘加载到内存中，这个软件一般称为加载器（loader）。

在把将要执行的程序手动加载到"曼彻斯特婴儿"计算机的内存中之后，就可以按下启动开关了。刚开始并不顺利，根据威廉姆斯的回忆，按下启动开关后，显示管上的光斑便开始疯狂跳动，给不出任何有意义的结果。

经过很多次失败和痛苦的调试后，终于有一天，疯狂跳动的光斑停了下来。屏幕上呈现出稳定的结果，把这些亮点的信息读出来，刚好是正确答案。"这一刻永远值得铭记，此后再没有什么事情能让我如此激动"威廉姆斯后来回忆说。

经过考证，那一天是 1948 年 6 月 21 日，得到正确结果的时间是上午 11 点刚过。正如威廉姆斯所说，那一刻的确值得铭记，它象征着人类的现代计算机探索之旅又向前迈进一大步。

在大致了解"曼彻斯特婴儿"计算机的研发过程后，接下来我们介绍"曼彻斯特婴儿"计算机的一些软件特征。"曼彻斯特婴儿"计算机的指令格式如图 22-4 所示。

图 22-4　"曼彻斯特婴儿"计算机的指令格式

"曼彻斯特婴儿"计算机的每条指令都是 4 字节的。指令的基本格式如下：

- 指令的 0~4 位用来表示要操作的内存行号，5 个二进制位刚好能够索引 32 个内存行中的任意一行。

- 指令的 13~15 位用来表示操作码，这意味着最多支持 8 条指令，如表 22-1 所示。

表 22-1 "曼彻斯特婴儿"计算机的所有指令

操作码	原始表示	现代助记符	说明
0	S, CI	JMP	把指定地址赋值给 CI 寄存器,即绝对跳转
1	Add S, CI	JRP	把操作数累加到 CI 寄存器,即相对跳转
2	S, C	LDN	把指定地址的内容读取出来,取负,放入累加寄存器
3	C, S	STO	把累加寄存器的内容保存到指定地址
4 或 5	SUB, S	SUB	减法,用累加寄存器的值减去指定地址的内容
6	Test	CMP	比较,如果累加寄存器的内容小于 0,则递增 CI
7	Stop	STP	停止,暂停执行并且点亮"停止"灯

"曼彻斯特婴儿"计算机的指令虽然总共只有 7 条,但却已经能够代表以下 4 种指令类型:

- 数学运算指令;
- 内存读写指令;
- 程序流程控制指令;
- 逻辑比较指令。

仅从这些指令类型看,它们与今天的计算机已经非常相似。值得强调的是,"曼彻斯特婴儿"计算机的流程控制指令都是针对程序指针设计的,这一点与现代计算机完全相同。

我们再来看一下基尔伯恩编写的那个程序是如何使用这些指令实现计算的。遗憾的是,基尔伯恩编写的这个程序的手稿已经遗失。我们今天在博物馆里可以看到的是图 22-5 所示的一份手稿,不过写这份手稿的人不是基尔伯恩,而是图特尔。

这份手稿中的文字比较潦草,第 1 列的标题是 Function,意思是将要执行的操作。例如,Function 标题下第 1 行的第 1 列是"−24 to C",意思是对第 24 行内存的内容取负,然后放入寄存器 C,这相当于今天的赋值语句,比如 x86 计算机中的 MOV 指令。接下来右侧的 4 列分别是寄存器 C 和第25~27 行内存的值,因为这几行内存的值随着指令的执行可能发生变化,所以需要列出它们的变化轨迹。第 6 列是行(line)号,相当于今天的内存地址。最后两列分别是操作数和操作码,也就是指令的二进制表示,或者说是机器码。

图 22-5 所示的手稿来自图特尔的工作手册，手稿上书写的时间是 1948 年 7 月 18 日，也就是在基尔伯恩的第一个程序成功运行后大约 1 个月。

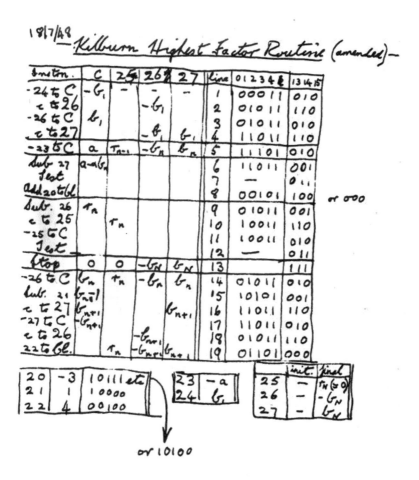

图 22-5　图特尔工作手册的一份手稿

在图 22-5 中，程序标题后面的括号中写着 amended（修改版）。根据图特尔后来的回忆，这是做了一些改进后的版本，而不是基尔伯恩最初设计的样子。

1948 年年末，基尔伯恩被授予博士学位并成为曼彻斯特大学电子工程系的正式成员。

"曼彻斯特婴儿"计算机取得成功后，曼彻斯特大学继续建造完整的计算机，名为"曼彻斯特马克一号"。在建造新的计算机时，"曼彻斯特婴儿"

计算机的一些零件被挪用，"曼彻斯特婴儿"计算机被拆解了。

1994 年，克里斯·伯顿（Chris Burton）发起重建"曼彻斯特婴儿"计算机的倡议[1]。这个倡议得到包括基尔伯恩和图特尔在内很多人的支持。为了能够在新建的"曼彻斯特婴儿"计算机上运行最初的程序，在重建"曼彻斯特婴儿"计算机硬件的同时，还必须考虑如何恢复当年的软件。1996 年 3 月，基尔伯恩和图特尔开始恢复"曼彻斯特婴儿"计算机执行的最初程序。他们一起回忆最初程序的细节。多亏了图特尔的笔记，根据这个笔记，他们最终复原出最初的程序。1998 年，图特尔在英国的《计算机复活》（Computer Resurrection）杂志（第 20 期）上发表了一篇标题为《最初程序的最初面目》（The Original Original Program）的文章，详细介绍了自己与基尔伯恩一起复原最初程序的过程，这篇文章还包含了复原好的最初程序。考虑到这个程序对软件发展历史的重要性，我们特意将其摘录在了表 22-2 和表 22-3 中。

表 22-2　"基尔伯恩最大因子程序"（最初版本）的代码部分

行号	操作	注释
1	18,C	对第 18 行内存（变量 18）的值取负，然后赋给寄存器 C
2	19,C	加载第 19 行内存中的　a，取负后放入寄存器 C，相当于 load +a
3	Sub 20	减法测试（trial subtraction）
4	Test	判断差值是否为负
5	Add 21,Cl	如果仍为正，跳回两行
6	Sub 22	因为超过了（overshot），所以加回 bn
7	c, 24	把+r 写到 n（store +r n）
8	22,C	读 bn（load bn）
9	Sub 23	form b(n+1) = bn 　1
10	c, 20	写 b(n+1)到变量 20
11	20,C	读变量 20 并取负，相当于把　b(n+1)写到寄存器 C
12	c,22	把寄存器 C 的值保存到变量 22

---

[1] 参考 Chris Burton 发表于 Computer Conservation Society 网站的文章《Award for Lifetime Achievement in Relation to Computer Conservation》。

行号	操作	注释
13	24,C	读 r 到 n（load r n）
14	Test	测试余数是否为 0
15	25,Cl	如果是 0，跳到变量 25 指示的第 17 行（jump to line 17）
16	23,Cl	如果不是 0，跳到变量 23 指示的第 2 行
17	Stop	读 b(n+1)

表 22-3 "基尔伯恩最大因子程序"（最初版本）的数据部分

行号	初始值	当前值	最终值	说明
18	0	—	—	用于初始化累加寄存器
19	a	—	a	对输入值取负
20	b1	bn 或 b(n+1)	b(n+1)	—
21	3	—	—	—
22	b1	bn 或 b(n+1)	b(n+1)	—
23	1	—	—	—
24		r n	r n	—
25	16	—	—	—

即便是今天的程序员，理解这个程序也需要花一些时间。首先需要说明表 22-2 和表 22-3 中的行号，这里的行号不仅仅是简单的序号，它们还代表内存地址。前面介绍过，"曼彻斯特婴儿"计算机的主内存一共有 32 行，每行 32 位，并且每一行的行号代表内存地址。如果用在赋值操作中，则行号代表对应的内存单元。例如，在表 22-2 中，"-18，C"表示对第 18 行内存的值取负数，然后放入寄存器 C（累加寄存器）。在部署程序时，第 18 行内存中存放的是 0，所以这条指令的执行结果是把寄存器 C 清零。再如，"-19，C"表示把输入参数 a 赋值给 C，因为第 19 行内存中存放的是-a，所以需要先取负数，之后再赋值给 C。

因为"曼彻斯特婴儿"计算机没有除法指令，所以基尔伯恩使用减法来替代除法。在表 22-2 中，接下来 15 条指令（表 22-2 中的第 2~16 行）的功能就是通过循环进行减法来实现除法。

与今天的程序相比，这个最初程序已经具有如下特征：

- 具有逻辑判断并且能够根据判断结果进行分支跳转；
- 按内存行号组织代码和数据，并且能够针对内存地址执行操作，有了"内存指针"的雏形；
- 使用内存变量辅助计算。在表 22-3 中，第 19～25 行内存就起临时变量的作用。

不过，这个最初程序还缺少如下特征：从指令的角度看，还没有像除法这样的复杂指令；从代码组织的角度看，还不支持函数。

如今，人们普遍认为，"曼彻斯特婴儿"计算机是第一台存储程序电子计算机。所谓存储程序，就是执行的程序存储在内存中。此前，哈佛大学马克一号执行的是穿孔纸带上的程序，程序保存在外部存储介质上，优点是比较直观，容易编程，但是速度慢。ENIAC 执行的程序是用电路布线的方式实现的，程序体现在数量众多的连线上，按下启动开关后，信号沿着电路奔跑，跑动的轨迹便代表程序的执行流程，优点是速度快，但是更换程序时需要重新连线，程序不直观，排错艰难，"加载"程序的速度太慢。"曼彻斯特婴儿"计算机执行存储在威廉姆斯管中的程序，不仅执行速度快，而且加载程序时十分便捷。

"曼彻斯特婴儿"计算机的成功，证明了冯·诺依曼架构的正确性和有效性。从此，冯·诺依曼架构的地位完全确立，现代计算机的发展方向更加明确，进入一个新的发展阶段。

当然，"曼彻斯特婴儿"计算机的成功也证明了 CRT 内存的有效性。这是"曼彻斯特婴儿"项目的最初目标。从这个角度看，"曼彻斯特婴儿"项目不仅圆满完成了最初目标，而且在现代计算机的发展史上树立起一座丰碑。

参考文献

[1]   HEIMANN M, MATTHEW H, HARRISON B. The Oxford Dictionary of National Biography [J]. Journal of the Royal Society of Medicine, 2004 ,7(3):555.

第 23 章 1949 年，EDSAC

伍斯特郡是英格兰岛中西部的一座著名城市，靠近英国境内最长的河流塞文河（Severn River），从中世纪起就以出产煤和铁矿石闻名，从 18 世纪起有运河与英国的第二大城市伯明翰相通。因为有便利的交通和丰富的矿产，所以工业和采矿业在这片区域内快速发展，同时也对空气和环境造成了污染，于是这一带有了"黑乡"（Black Country）之称。

伍斯特郡老城区的西部有个名叫达德利（Dudley）的小镇。1913 年 6 月 26 日，莫里斯·文森特·威尔克斯（Maurice Vincent Wilkes）便出生在这里。这一年图灵 1 岁，爱迪生 66 岁。

莫里斯的父亲名叫文森特·约瑟夫·威尔克斯（Vincent Joseph Wilkes，1887–1971）。文森特在达德利伯爵庄园工作，起初是账务员。达德利伯爵庄园因为经营煤矿而很富有。文森特勤奋好学，对煤矿业具有浓厚兴趣，他工作有热情，能力很强，于是得到提升，负责管理庄园的现金。1947 年，煤矿业国有化之后，文森特成为英国国家煤炭部（National Coal Board）的区域主任（director）。

莫里斯从小就喜欢做手工，拼装和拆卸各种玩具。少年时，莫里斯对无线电产生了浓厚兴趣。六年级时，莫里斯学会莫尔斯电码（Morse code），获得无线电爱好者许可证，他还订阅了《无线工程师》杂志。他认真阅读这本杂志上的每一篇文章，从中学到了很多知识，他还尝试制作无线发送和接收装置并进行无线通信。

1931 年 10 月，莫里斯进入剑桥大学圣约翰学院学习数学。莫里斯非常喜欢数学，他广泛阅读了大量的数学书，这为他后来从事计算机领域的工作打下了坚实基础。在学习数学的同时，莫里斯也没有放弃对无线电技术的热爱。他参加了无线电协会，听取了无线电方面的课程，并且做了许多无线电方面的试验。1934 年 6 月，莫里斯以一等生成绩从剑桥大学毕业。在当年的毕业生中，获得如此优异成绩的还有图灵。莫里斯进入剑桥大学和本科毕业的时间刚好与图灵一样，不过他们不在同一个学院（图灵在国王学院学习），读书时他们也不认识。

本科毕业后，莫里斯成了无线电方向的一名研究生，导师是著名的无线电专家 J.A.拉特克里夫（J. A. Ratcliffe）。莫里斯所在研究小组的研究课题是超长无线电波的传输。为此，他们经常乘坐一辆驾着天线的汽车外出做试验。他们使用便携的测量仪器测量数据，然后进行各种分析。

在读研究生的第二年，莫里斯参加了一个讲座，这个讲座改变了莫里斯的人生。演讲者是曼彻斯特大学的道格拉斯·哈特里（Douglas Hartree，1897—1958）。哈特里是应用数学方面的教授，同时也是英国皇家学会的院士。1930 年，美国麻省理工学院（MIT）的万尼瓦尔·布什（Vannevar Bush）发明了一种模拟计算机，可以求解微分方程，名叫微分分析仪（differential analyzer）。1934 年，哈特里受万尼瓦尔的启发，也制作出一台微分分析仪，并且复制了一台给约翰·伦纳德-琼斯（John Lennard-Jones）。伦纳德-琼斯是计算化学方面的教授，并且也是英国皇家学会的院士。在演讲那天，哈特里展示了他为伦纳德-琼斯复制的那台微分分析仪。

看到微分分析仪后，莫里斯立刻就对这种可以求解微分方程的机器产生了兴趣。他找到伦纳德-琼斯，请求是否可以用一下这台机器。伦纳德-琼斯答应了莫里斯的请求。因为从小就喜欢搞各种小发明，数学基础也好，莫里斯很快便熟悉了微分分析仪的用法，并且对它入迷了。看到莫里斯能把常人望而生畏的微风分析仪用得就像摆弄玩具一样，伦纳德-琼斯索性邀请莫里斯掌管这台机器，为其他用户提供技术支持。幸运的是，这个原本双方都认为不会长久的合作很快得到资金上的支持，工业研究和科学系为微分分析仪的研究出了一笔经费，于是莫里斯的工作便有了研究津贴。为了把这件事长期做下去，1937 年，伦纳德-琼斯得到剑桥大学的同意后，决定成立"计算实验室"（Calculating Laboratory）。但就在实验室即将成立的时候，大家又决定把实验室的名字改为"数学实验室"，原因可能是"计算"这个词在当时容易被理解为枯燥乏味的简单劳动。1970 年，这个实验室被改名为"计算机实验室"（Computer Laboratory），此时计算的含义已经大为不同。

"数学实验室"成立之初，伦纳德-琼斯被任命为实验室主任，莫里斯被任命为助理主任，级别为大学示范员（University Demonstrator）。

第二次世界大战爆发后，英国军备部接管了"数学实验室"。1940 年 7 月，莫里斯被动员参军，他先是被分配到英国皇家空军的鲍德西（Bawdsey）

基地，从事雷达设施的技术和运维工作；后被调到 TRE 工作，研究和改进雷达设备的有效性。

1945 年春，第二次世界大战即将结束，剑桥大学准备重建"数学实验室"。1945 年 10 月，莫里斯回到昔日工作过的"数学实验室"，被任命为实验室的临时主任，级别为大学讲师。

莫里斯接管"数学实验室"后，任务就是开展计算机方面的研究工作，此外还有一项任务，便是为实验室的用户提供计算设备和服务。1946 年 5 月，英国资深的计算专家莱斯利·约翰·康里（1893—1950）来访问莫里斯。康里很早就专注于自动计算，他于 1937 年便在伦敦成立了科学计算服务（Scientific Computing Service）机构，这是当时世界上最早的以盈利为目的的计算机构。康里来找莫里斯的目的是想为"数学实验室"提供计算设施。同时，康里还为莫里斯带来一份珍贵的文件，这份文件就是冯·诺依曼的《第一草稿》。我们在介绍图灵时，曾提到 NPL 数学学院的首任院长约翰·罗纳德·沃默斯利在 1946 年春夏之交，将《第一草稿》从美国带回了英国，但我们不清楚康里的这份《第一草稿》是否来自沃默斯利。

当时的"数学实验室"还没有复印机，莫里斯连夜阅读了《第一草稿》。看完《第一草稿》中描绘的"存储程序"计算机后，莫里斯心里的第一个念头就是自己领导的"数学实验室"应该有这样一台计算机。

正当莫里斯思考如何为"数学实验室"建造一台这样的计算机时，他收到一封来自大洋彼岸的电报。电报来自美国的摩尔学院，内容是那里将要举办一个计算机设计方面的讲座，摩尔学院的院长彭德（Pender）邀请他参加这个讲座。莫里斯收到电报后，非常激动，他恨不得马上就动身出发。但他需要先申请。经过层层审批，莫里斯的申请得到了批准。接下来便是预订船票和焦急地等待航程开始。因为审批的耽搁和轮船的延期，莫里斯到达摩尔学院时，为期 8 周的讲座已经进行 6 周，他只赶上最后两周的课。

幸运的是，因为 EDVAC 项目在当时仍是保密项目，所以讲座的前几周课程介绍的都是一些并不敏感的基础知识，这些知识对于莫里斯来说不需要。在讲座的后期，保密方面的要求放松了，演讲者被允许把 EDVAC 的设计图纸给学员们看并做介绍。但是学员们只可以做笔记，不可以把设计图纸带走，但这对于莫里斯来说足够了。

摩尔学院讲座结束后不久，莫里斯便搭乘玛丽皇后号客轮返回英国。在轮船上，他便设想为"数学实验室"建造一台与 EDVAC 类似的计算机，并迫不及待地开了设计工作。他将自己设计的这台机器取名为 EDSAC，取名为 EDSAC 的目的是让其看起来就与 EDVAC 相近，从而让大家看了之后就能想到源头。

EDSAC 的中文全称是"电子延迟存储自动计算机"（Electronic Delay Storage Automatic Calculator），其中的"延迟存储"代表使用延迟线内存技术。在摩尔学院讲座的第 41 讲中，主题便是电子延迟线，演讲者是 ENIAC 的首席工程师埃克特。埃克特是延迟线内存技术的积极拥护者。

内存是当时制造计算机的关键部件之一，如何把延迟线内存技术用好关系整个项目的成败（见图 23-1）。正当莫里斯苦苦寻找熟悉延迟线内存技术的人才时，他非常幸运地迎来一位研究生。1946 年 10 月，托马斯·戈尔德（Thomas Gold）到剑桥大学的卡文迪什实验室（Cavendish Laboratory）报到。第二次世界大战期间，戈尔德在研究雷达项目时使用了延迟线内存，用来追踪移动的目标。因为一个偶然的机会，莫里斯遇到了戈尔德，在得知他曾使用过延迟线内存后，便向他询问延迟线内存技术的细节，戈尔德讲得头头是道，这让莫里斯喜出望外，于是立刻邀请他参与 EDSAC 项目。

建造 EDSAC 的工作在 1947 年年初正式开始。有了延迟线内存技术方面的人才之后，莫里斯还需要更多电子技术方面的人才。戈尔德再次帮了大忙，他向莫里斯推荐了自己在研究雷达时的同事威廉·伦威克（William Renwick），伦威克是一位经验丰富的电子工程师。此外，莫里斯还把自己在 TRE 工作时的同事埃里克·马奇（Eric Mutch）也请了过来。在 1947 年年底前，莫里斯又召集了一些技术员以及还在剑桥大学读书的学生，EDSAC 的团队规模进一步壮大，研制工作全速向前推进。

图 23-1　莫里斯与延迟线内存（照片来自剑桥大学计算机实验室）

在参与 EDSAC 项目的剑桥大学学生中，有个人名叫大卫·惠勒（David Wheeler）。多年之后，当 C++ 之父比亚尼·斯特劳斯特鲁普（Bjarne Stroustrup）到剑桥大学读博士时，指导他的便是惠勒。

1927 年，惠勒出生于伯明翰。1945 年，惠勒获得奖学金到剑桥大学三一学院学习数学。1947 年，惠勒开始参与 EDSAC 项目。1948 年本科毕业后，惠勒到"数学实验室"读硕士，成为"数学实验室"里最早的 3 名研究生之一，另外两人分别是约翰·本内特（John Bennett）和斯坦利·吉尔（Stanley Gill）。

1949 年 3 月，EDSAC 的硬件制造工作基本完成，惠勒等人开始编写程序来测试 EDSAC。

1949 年 5 月 6 日，一个打印平方根的程序在 EDSAC 上成功运行，这标志着世界上第一台 EDVAC 类型的计算机诞生了。图 23-2 是 1949 年 5 月 EDSAC 团队成员的合影。

图 23-2　1949 年 5 月 EDSAC 团队的成员（前排中间为莫里斯，右二为惠勒，照片来自剑桥大学计算机实验室）

尽管"曼彻斯特婴儿"计算机已经摘得第一台存储程序计算机的桂冠，但它的功能非常有限，属于原型性质，因此 EDSAC 被称为第一台实用的存储程序计算机。

1949 年 6 月 24 日，EDSAC 的发布会在剑桥大学举行，来自英国和欧洲其他国家的 144 名代表参加了这场发布会。图灵也参加了，并且他还发表了一篇论文，题目为《检查庞大子过程》。图灵在这场发布会上讨论了如何检查大型程序中的错误，这篇论文的第一句话便是，"我们怎样才能检查一个程序，从而确保这个程序是正确的？"从这篇论文的内容看，图灵很早就意识到定位软件错误的重要性。

在 EDSAC 发布会结束后，莫里斯也以亲身经历验证了图灵的担心是有必要的。莫里斯想要实际体验一下 EDSAC 的效果，看看它对科研的作用到底有多大。1949 年 6 月，莫里斯开始编写自己的第一个 EDSAC 程序，目标是求解大气物理学中的一个微分方程。因为既熟悉 EDSAC，又熟悉数学，所以编写程序并不难，莫里斯很快便写好了。程序并不长，只有 126 条指令。但是当莫里斯把自己写好的程序输入穿孔纸带并交给 EDSAC 执行后，他并没有得到预期的结果，而是遇到了错误。于是，莫里斯不得不定位错误和修改程序。修改程序后，还需要编辑穿孔纸带，小的调整可以复用上次的纸带，但如果调整比较大的话，就需要把整个程序重新打孔一次。

多年之后，莫里斯仍清楚记得自己当年的经历。"EDSAC 在'数学实验室'的顶楼，而纸带的打孔和编辑设备在 EDSAC 的楼下一层……"莫里斯楼上楼下跑了十几次，才得到正确的结果。在楼上楼下不断往返时，莫里斯意识到"自己的余生中会有一大部分时间用来寻找程序中的错误"。

莫里斯把自己的经历说给惠勒听。惠勒听完后，向莫里斯展示了自己非常引以为傲的一个工具程序，这个工具程序可以把符号化的指令翻译成二进制的机器码。换句话说，如果使用惠勒的这个工具程序，那么在编写程序时就不用像莫里斯那样直接写机器码，而是可以按惠勒为每条指令定义的符号来写程序，这样写出来的程序更容易被人理解。惠勒把自己的这个工具程序命名为"初始码"（Initial Code）。其实，用今天的话来讲，惠勒的这个工具程序就是汇编器（Assembler），他为 EDSAC 指令定义的符号就是"汇编助记符"，用这些符号编写的程序就是汇编语言程序，简称汇编程序。

看了惠勒的这个工具程序后，莫里斯被深深打动，他想到了这个工具程序的价值：人类查找程序中的错误很慢，但有了像"初始码"这样的工具程序，就可以让计算机来帮助发现错误，通过这样的"程序巡回演出"可以提高编程效率。想到这里，莫里斯对眼前的这个年轻人又多了份认可。

EDSAC 成功的消息很快就传遍剑桥大学，于是有很多人想用一用 EDSAC。作为实验室的主任，莫里斯需要思考如何为用户提供好的服务。大多数用户没有用过计算机，如何教大家使用呢？

经过一番思考后，莫里斯想到一个解决方法，就是编写一个手册来系统地介绍计算机的使用方法。于是他召集惠勒和斯坦利，3 个人一起写这个手册。

1950 年 9 月，师生 3 人共同编写的手册完稿，名叫《如何为 EDSAC 准备程序以及子程序库的用法》（Report on and the Preparation of Programmes for the EDSAC and the Use of Library of Sub-routines）。手册写好后，莫里斯将其打印了很多份，并给可能对 EDSAC 感兴趣的每个人都送了一份，包括前来访问的 MIT 学者兹内克·科帕尔（Zdenek Kopal）。科帕尔阅读了这个手册后，非常喜欢，他把这个珍贵的礼物带回了美国，并且推荐给了 Addison-Wesley 出版社。Addison-Wesley 出版社很快决定将这个手册出版，于是便向莫里斯发出邀约。莫里斯当时正想着如何把这个手册出版，于是双方一拍即合。

一切的进展都非常顺利，1951 年 1 月，这个手册被正式出版，书名为《为数字电子计算机准备程序》（The Preparation of Programs for an Electronic Digital Computer，见图 23-3）。这是人类历史上第一本介绍计算机编程的图书，是后来大量编程书的"始祖"。

当时很多人都渴望了解和学习计算机，但苦于找不到学习资料。这本书刚好填补了这个空白，一出版便大受欢迎，开始广泛流传。因为作者是莫里斯师生 3 人，他们的姓氏分别为 Wilkes、Wheeler 和 Gill，所以这本书又被大家简称为 WWG。

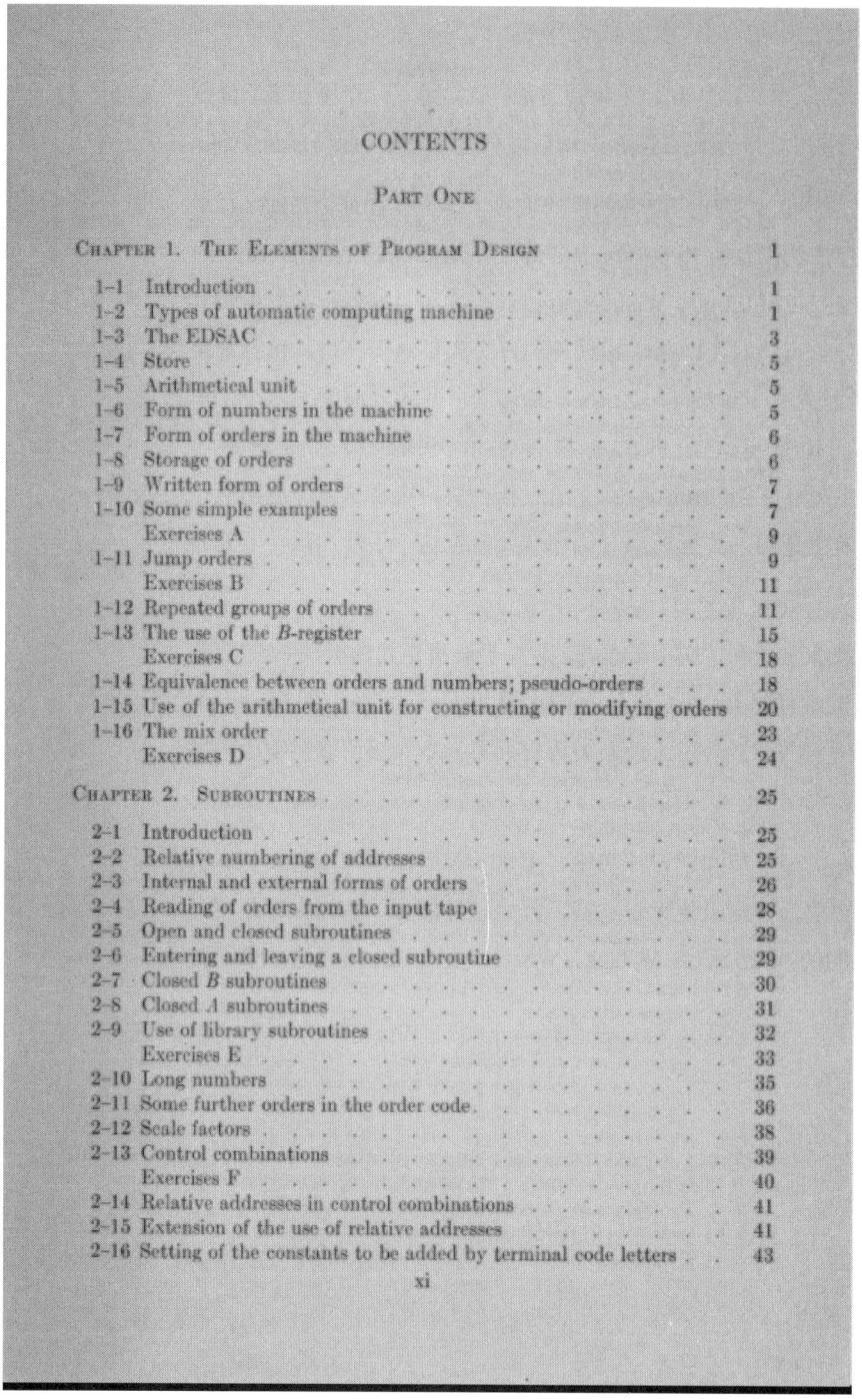

图 23–3 《为数字电子计算机准备程序》目录（局部）

　　与此前的 ENIAC 手册以硬件为主线展开内容不同，WWG 的内容完全从编程角度展开。WWG 的第 1 章名为"程序设计的要素"（Elements of Program Design），该章在简要介绍计算机的主要部件后，便介绍计算机中的数字和指令，最后介绍如何使用指令编写简单的程序，并且给出了多个实例和练习。

WWG 的第 2 章名为"子程序"，这里的子程序也就是今天大家常说的子函数。该章非常详细地介绍了子程序的编写方法，包括如何调用子程序库。WWG 全书约 240 页，分为 3 部分。其中，第 1 部分的第 5 章为"子程序库"；第 6 章为"诊断程序中的错误"，讲解如何定位程序中的错误，从而提高调试程序的效率；第 7 章为"完整程序示例"；第 8 章为"自动编程"，讲解如何利用惠勒设计的汇编符号并使用汇编语言编写程序。WWG 的第 2 和第 3 部分则是介绍子程序库的。

WWG 的影响非常深远，在 20 世纪 50 年代和 60 年代，使用计算机的大多数人都读过这本书。书中关于子程序库的组织方式已成为子程序库的组织样本，影响深远。

1957 年，英国计算机学会（British Computer Society，BCS）成立，莫里斯担任首任主席。

1967 年，莫里斯获得图灵奖。图灵奖在 1966 年首次颁发，莫里斯是第 2 位获奖者，第 1 位获奖者是对 ALGOL 语言做出重要贡献的艾伦·佩利（Alan Perlis）。

1985 年，莫里斯的自传《一个计算机拓荒者的回忆录》出版（见图 23-4）。莫里斯在这本书中回忆了自己的人生经历，包括构建 EDSAC 的过程以及与图灵、冯·诺依曼、戈德斯坦、艾肯、莫奇利、埃克特等人的交往。

2010 年 11 月 29 日，莫里斯在剑桥大学去世，享年 97 岁。英国

图 23-4　莫里斯自传的封面

广播公司（BBC）在次日的新闻报道中^①，引用计算机历史学家西蒙·拉文顿（Simon Lavington）教授的话，将莫里斯誉为"英国计算之父"（Father of British computing）。

参考文献

[1] HENDRY J. Book Review:Memoirs of a Computer Pioneer Maurice Wilkes [J]. lsis, 1986, 77(3):572.

[2] WILKES M. Memoirs of a Computer Pioneer [M]. Combridge:the MIT Press, 1985.

---

① 参考 2010 年 11 月 30 日的 BBC 新闻《英国计算机之父莫里斯 •威尔克斯爵士的逝世》（Father of British computing Sir Maurice Wilkes dies）。

第 24 章　1949 年，曼彻斯特马克一号

"曼彻斯特婴儿"项目是试验原型性质的，它的成功既验证了 CRT 内存，也为开发全规格计算机奠定了基础。于是，当"曼彻斯特婴儿"项目完成后，继续研发完整的存储程序计算机便成了"曼彻斯特婴儿"项目团队的下一个目标，他们给将要研发的下一台计算机取名为"曼彻斯特马克一号"（Manchester Mark I）。

Mark 的基本含义是标记或印记，隐含着开创新纪录的意思。因为在当时制造计算机是前所未有的工程，所以"马克"（Mark）这个名字很流行。我们在前面介绍过哈佛大学马克一号，现在我们介绍曼彻斯特马克一号。曼彻斯特马克一号成功后，它的商业版本名叫"费兰蒂"（Ferranti）马克一号。为了行文简洁，除非特别说明，否则本章提到的马克一号专指曼彻斯特马克一号。

1948 年 8 月，马克一号项目正式开始。除了"曼彻斯特婴儿"项目的 3 名设计者弗雷德里克·威廉姆斯、汤姆·基尔伯恩和杰夫·图特尔之外，马克一号项目又有 3 名研究生参与进来，他们分别是 D.B.G·爱德华兹（D. B. G. Edwards）、戈登·埃里克·托马斯（Gordon Eric Thomas）和亚历克·罗宾森（Alec Robinson）。

爱德华兹生于南威尔士，他的父母都是老师。1945 年高中毕业后，爱德华兹来到曼彻斯特大学学习物理。1948 年毕业后，爱德华兹成为威廉姆斯教授的研究生。在马克一号项目中，爱德华兹参与了我们后面将要介绍的索引寄存器的设计。

戈登 1928 年出生在南威尔士，他 1948 年刚从曼彻斯特大学的电子工程系毕业后，便加入了马克一号项目。

1924 年，亚历克出生于斯肯索普（Scunthorpe），他 1944 年从剑桥大学克雷尔学院毕业后，加入英国电气公司工作，先是做学徒，后来成为开发工程师。1947 年，亚历克到曼彻斯特大学攻读博士学位，加入马克一号的设计团队，其主要工作是设计新引入的乘法器硬件。

马克一号项目开始后不久，1948 年 10 月，项目组又迎来一位重量级人物，他就是艾伦·图灵。图灵本来在 NPL 设计和制造 ACE，但他对 NPL 的官僚作风以及 NLP 在 ACE 项目上的保守态度很不满意。于是图灵接受麦克斯·纽曼教授的邀请，到曼彻斯特大学工作，他在曼彻斯特大学的正式职务是计算机实验室的副主任。

马克一号的设计团队实际上开发了两个版本：第 1 个版本称为过渡版本，改进后的第 2 个版本称为最终版本。

过渡版本于 1949 年 4 月开始运行，大多数功能可以工作，但是缺少一个比较重要的功能，就是不能通过程序自动在主存和新增的磁鼓存储器之间交换数据，而是需要停机，通过手动操作来发起数据传输。

图 24-1 是根据基尔伯恩后来发表在《自然》杂志上的一篇论文中的插图而绘制的马克一号原理图。圆形代表使用 CRT 作为记忆装置的寄存器和内存，A 代表累加寄存器，M 用来存放乘数和被乘数，C 用来存放当前指令的内容和地址，这些都与"曼彻斯特婴儿"计算机十分相似。但与"曼彻斯特婴儿"计算机不同的是，马克一号新增了磁鼓设备，作用是进行后备存储（backing store）。磁鼓的特点是存储空间较大，而且掉电之后信息不丢失。磁鼓相当于今天的外部存储设备。

过渡版本不能以编程方式读写磁鼓设备，只能通过手动操作把磁鼓上的数据加载到内存中，或者把内存中的数据保存到磁鼓上。用今天的话来讲，就是程序不能访问外存，只能访问内存中的代码和数据。

为了解决这个问题，马克一号的设计团队增加了一些指令，作用是进行主存和磁鼓之间的数据传递，他们把这些指令实现在了最终版本中。

过渡版本的另一不足是没有专门的输入输出设备，而只能通过开关手动输入数据，并且计算结果也只能输出到 CRT 屏幕上。为了弥补这一不足，马克一号的设计团队在最终版本中增加了穿孔纸带机，既可以从图 24-2 所示的 5 孔纸带上读取数据，也可以把计算结果输出到这样的空白纸带上。

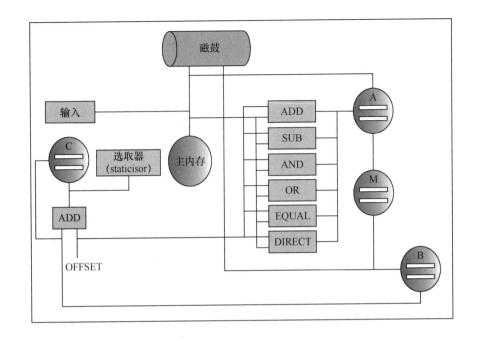

图 24-1 马
克一号的原理
图（源自基尔
伯恩发表在
《自然》杂志上
的一篇论文）

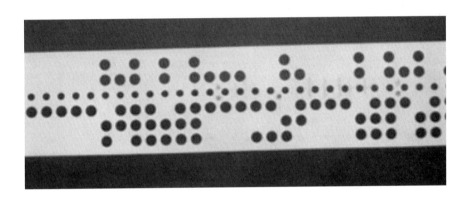

图 24-2 五
孔纸带

马克一号的输入/输出设备是图灵设计的。威廉姆斯回忆图灵为马克一号所做的主要贡献时说："我们的第一台机器既没有输入机制，仅有一种方法可以向选择的位置插入单个数字；也没有输出机制，我们需要从监视内存的阴极射线管上读取答案。在这个问题上，我认为图灵做出了重大贡献。他定义了一种最小化的简单输入设施，可以从五孔纸带上读取输入，并且可以采用类似的方式让机器输出结果。"

五孔纸带上有两种直径的孔，小孔用来拉动纸带，大孔用来记录信息。每一排最多有 5 个大孔，可以表达 5 个 2 进制位。5 个二进制位刚好与图灵设计的 5 位"图灵码"匹配，这样每一排孔便与一个"图灵码"对应。马克一号的字长为 40 位，这意味着一个字与纸带上的 8 排孔对应。

1949 年 10 月，马克一号的最终版本（见图 24-3）可以完全工作了。它一共使用了 4050 个真空管，根据图灵在"ACE 提案"中做出的成本估算，每个真空管加上背板的成本大约为 5 英镑。因此仅仅真空管方面，成本就是 20 250 英镑。但因为实际使用的电子管大多是由 TRE 提供的第二次世界大战后余下的热电子真空管（thermionic valves），所以项目的实际开支并不大[1]。

图 24-3　曼彻斯特马克一号

为了提高内存的稳定性，马克一号专门向英国电气公司（GEC）定制了 CRT 配件供 CRT 内存使用，而不像"曼彻斯特婴儿"计算机那样使用普通的 CRT 产品。

大量的真空管需要消耗大量的电力，马克一号的总功耗高达 25 千瓦。不过，与 ENIAC 150 千瓦的功耗相比，马克一号还是省电多了。

与"曼彻斯特婴儿"计算机的 32 位字长不同，马克一号的字长为 40 位。每个字可以用来存储一个数字或两条程序指令，每条程序指令的长度为 20 位。

在主存方面，过渡版本配备了两根双密度的威廉姆斯管，每根的容量为两组 32 字的记忆阵列，也就是 2×32×40=2560（位）；最终版本则将容量扩大一倍，也就是 4 根威廉姆斯管——8 组 32×40 位的记忆阵列。

值得指出的是，马克一号已经有了"页"的概念，每组 32×40 位的记忆阵列被称为一个页。每根威廉姆斯管的容量为两页。有了"页"的概念后，最终版本的内存空间便有 8 页。

更为重要的是，有了"页"的概念后，便可以页为单位组织和传输内存数据，比如从外存加载一页到内存中，或者把一页写到外存等。

马克一号还引入磁鼓作为内存空间的后备空间（backing store）。过渡版本的后备存储空间为 32 页，最终版本则提高到 128 页。这样，最终版本的总内存就是 8 个物理内存页再加上 128 个后备页。用今天的话来讲，马克一号不仅有物理内存，而且有虚拟内存。

直到今天，虚拟内存技术仍是计算机系统中不可缺少的关键技术。马克一号引入了"页"和"后备页"的概念，在虚拟内存方面迈出了具有重要意义的第一步。

在寄存器方面，马克一号保持了"曼彻斯特婴儿"计算机的程序指针寄存器（C）和累加寄存器（A）。此外，马克一号还引入了具有开创性意义的索引寄存器（B），以及用来存放乘数的寄存器（M）用于支持新引入的乘法指令。索引寄存器主要用于循环操作，适合用来依次处理一组数据。举个例子，假设要把从内存 n 开始的 10 个数累加起来，如果使用索引寄存器，那么只需要把起始地址赋给索引寄存器，在执行完一次加法操作后，索引寄存器就会自动递增。这种设计已被后来的大多数计算机继承，x86 计算机中的 SI 和 DI 寄存器便是如此，SI 用来指向源数据，DI 用来指向目标数据，把要处理的一组数据放入 CX 寄存器后，就可以开始循环处理这组数据了。比如在将源内存块复制到目标地址时，复制完一个单元后，SI 和 DI 的值就会自动递增，CX 的值则会自动递减。

在软件方面，马克一号的指令长度为 20 位，其中的 10 位表示操作码，另外 10 位表示操作数。马克一号的过渡版本中定义了 26 条指令，最终版本则增加到 30 条指令。

马克一号没有汇编语言，程序必须以二进制形式提交给马克一号。考虑到二进制数不便于人类阅读，图灵设计了一种 5 位的二进制编码。我们称其为图灵码。可以说，图灵码是今天普遍使用的 ASCII 编码和中文编码的"前辈"。图灵码的码长为 5 位，一共可以表达 32 个符号。除英文字母外，图灵还设计了一些具有特殊含义的编码，比如 00000 代表空操作（no effect）、01000 代表换行（line feed），图灵使用字符"/"和"@"分别代表这两个特殊编码。

在内存中，不用的空间经常被初始化为 0，如果把这样的数据区打印出来并翻译成图灵码，得到的便是很多个"/"。比如，一个全 0 的字就是 8 个"/"，连续写的话是"////////"，就像雨水顺着玻璃窗倾斜着向下流。马卡一号的一些早期用户认为这是图灵设计编码时不由自主的决定，象征曼彻斯特经常阴雨霏霏的天气和图灵的心情。

人们在马克一号上运行的第一个完整程序是用来寻找梅森素数（Mersenne prime）的。梅森素数是指等于 2 的 n 次幂减 1 的素数，梅森素数是根据 17 世纪的法国数学家马兰·梅森的名字命名的。

曼彻斯特大学数学系的主任麦克斯·纽曼设计了一种寻找梅森素数的算法，基尔伯恩和图特尔将其实现为马克一号上的程序。1949 年 4 月初开始设计和调试，在 6 月 16 日和 17 日夜间连续运行 9 小时，其间没有发生错误。在麦克斯设计的算法成功后，图灵设计了一个优化版本，绰号为"快速梅森"（Mersenne Express）。

马克一号建造完成后，留在了曼彻斯特大学，执行各种数学计算任务，包括研究黎曼假设和光学计算等，直到 1950 年 8 月被拆解。1951 年 2 月，基于马克一号制造的费兰蒂马克一号（简称费兰蒂一号）开始发货，成为世界上最早的商业化计算机。第一台便交付给曼彻斯特大学，取代旧的马克一号。

因为马克一号是在大学里开展的研究性项目，不像第二次世界大战时的巨神计算机那样需要保密，所以当时英国的媒体对马克一号进行了大量的报道，包括其研发过程和关键特征，这让马克一号成功的消息很快就传到了大洋彼岸的美国。

1949 年 7 月，IBM 邀请马克一号的主要设计者之一威廉姆斯到美国。IBM 不仅支付了所有的差旅费用，而且购买了包括 CRT 内存在内的多项专利。这样的技术交流为 IBM 后来研制大型机奠定了基础。

参考文献

[1] LAVINGTON S H. Early British Computers [M]. Manchester University Press, 1980:139.

第 25 章 1950 年，试验型 ACE

图灵离开 NPL 后，詹姆斯·哈迪·威尔金森（James Hardy Wilkinson，1919—1986）接手了 ACE 项目。

威尔金森出生于 1919 年，他从小就喜欢数学，16 岁时便赢得剑桥大学的奖学金，到剑桥大学学习数学。1939 年，第二次世界大战爆发，威尔金森的学业被打断，他加入剑桥大学的数学实验室，以研究员的身份为英国军方服役。威尔金森服务的机构是英国军备部（Ministry of Supply）武器装备理论司，具体工作包括使用差分分析仪（differential analyzer）等计算工具计算弹道（ballistic）参数。

第二次世界大战结束后，威尔金森听说 NPL 新成立的数学学院正在研制电子计算机，于是联系已经加入 NPL 数学学院的剑桥同学 E.T.古德温（E.T.Goodwin）。古德温邀请威尔金森到 NPL 与图灵见面。NPL 坐落在英国伦敦特丁顿的灌木公园，这里既是英国国家测量标准的研究中心，也是英国最大的应用物理研究组织。

1946 年春天，威尔金森应邀来到 NPL，他与图灵进行了一番长谈，两个人都很认可对方。图灵邀请威尔金森到 NPL 与自己一起工作。威尔金森很快接受了邀请，于 1946 年 5 月正式加入 NPL 数学学院。

威尔金森加入 NPL 数学学院后，便与图灵一起参与 ACE 的设计工作。

从 1946 年 12 月 12 日到 1947 年 2 月 13 日，威尔金森在此期间协助图灵一起举办了一个计算机讲座，这个讲座的听众中就有汤姆·基尔伯恩和莫里斯·威尔克斯。在这个讲座上，威尔金森不仅是图灵的助手，而且还代替图灵讲了部分内容。

1947 年，决策迟缓的 NPL 终于决定成立一个小的电子部门来建造 ACE，但这个部门招聘到的成员大多不是电子方面的专家，他们需要一边学习、一边工作。更为糟糕的是，领导这个部门的人是一个名叫托马斯的博士，他没有意识到计算机的潜力，因此对它不感兴趣。他感兴趣的是当时已被市场接受的工业电子产品。托马斯和图灵的风格迥异，两个人没有任何共同兴趣，他们都不愿意与对方合作。

上司的官僚作风加上难以合作的兄弟部门让图灵非常难过。1947 年年中，图灵向 NPL 的领导申请休假，希望回到母校剑桥大学待一段时间。图灵的申请得到批准，于是 1947 年秋天，图灵离开 NPL 到剑桥大学，一边休假，一边做研究工作。

1948 年春天，图灵回到 NPL，参加了 NPL 的年度运动会，赢得 4.8 公里长跑的冠军。

1948 年 5 月，图灵正式离开了 NPL。

图灵离开后，威尔金森接替了图灵的位置。不久，负责电子部门的托马斯也厌倦了 NPL 的工作，辞职去了自己喜爱的工业电子领域工作。

接替托马斯职务的是 F.M.科尔布鲁克（F.M. Colebrook）。科尔布鲁克虽然没有太多数字电路方面的经验，但他当过很多年的无线电工程师，经验丰富，而且他阅历广泛，为人也很随和。上任两周后，科尔布鲁克便主动找到威尔金森，他说："我们两个似乎在抱着烫手的山芋。"科尔布鲁克坐下来，与威尔金森一起商量对策。科尔布鲁克提议成立"联合电子小组"，让自己部门的人和威尔金森部门里的 4 位高级成员都加入这个小组，共渡难关。

威尔金森同意了科尔布鲁克的建议，他与另外 3 名同事一同加入"联合电子小组"。威尔金森的另外 3 名同事分别是杰拉德·G.奥尔维什（Gerald G. Always）、唐纳德·W.戴维斯（Donald W. Davies）和 M.伍杰（M. Woodger）。

联合电子小组成立的时间大约是 1948 年 5 月或 6 月。科尔布鲁克很快就把大家团结在一起，开始密切协作了。联合电子小组中的爱德华·阿瑟·纽曼（Edward Arthur Newman）在第二次世界大战期间曾在 EMI（电子与音乐工业公司）工作，他掌握比较多的数字技术，是小组里的数字技术导师。当时电子器件仍比较紧缺，好在小组里的 W.威尔逊（W.Wilson）有很多供应渠道，总是可以迅速找到紧缺的器件。大家相互学习，一起攻关，用了一两个月的时间就搭起一些基础的电路，并且有了自信心。于是，他们决定根据图灵设计的版本 5 进行小规模的实现，取名为"试验型 ACE"（Pilot-ACE）。

1948 年秋，试验型 ACE 的设计工作正式开始。这些数学家和工程师一起动手，以机箱为单位分工，绘制详细的电路。经过两三个月的努力后，一张张图纸相继完成，并在 1948 年年底送到 NPL 的加工车间。

电路板制作完成后，联合电子小组的人便把它们插到设计好的机柜里，连接线路并进行组装和调试。纽曼、奥尔维什和威尔金森 3 人承担了很多重要的组装和调试工作，包括组装和调试敏感的延迟线内存电路。

到了 1950 年的春天，一些先安装的部件已经通过测试，比如加法器、减法器、逻辑运算器等。

正当大家忙着组装和测试试验型 ACE 时，NPL 的领导也有了变化，特迪·布拉德（Teddy Bullard）接替达尔文成为新的主任。

1950 年 4 月末，布拉德到联合电子小组找到威尔金森，询问进展情况。威尔金森回答说："我们应该可以在一两周内让一些东西跑起来。"布拉德带着轻蔑的口吻说："别蒙我了。我听说进展非常不好。"威尔金森猜测可能是哈里·赫斯基向布拉德介绍了旧项目的情况，于是解释说："以前这个项目确实如此，不过现在已经向好的方向发展，我有信心让它在一两周内开始工作。"

1950 年 5 月 10 日，所有电路板都安装好了，大家准备对整个机器做联合测试，也就是执行一个简单的程序。

试验型 ACE 有 32 个输入按键，可以输入一个 32 位的数字。此外，它还有 32 个指示灯，可以通过程序输出来开灯和关灯。测试程序的功能是把输入的数字不断累加到累加器中。每当累加器溢出时，测试程序就依次点亮 32 个指示灯中的其中一个。

因为当时的延迟线内存使用的放大器不稳定，经常导致延迟线内存丢失记忆，所以在输入测试程序时，输了好几次都没有成功；而且当时只能通过 32 个输入按键来输入程序指令，逐位输入，速度很慢。失败了几次后，威尔金森对奥尔维什说："我们再试几次，如果还不成功，今天就收工了，下班回家。"

在尝试第 4 次时，所有灯突然都亮了，这让大家的情绪立刻高昂了起来，但这也可能是随机发生的。为了确保是机器在工作，大家将输入的数字变小，这一次果然有变化，32 个指示灯逐次点亮，速度比刚才慢了很多。

为了进一步验证，大家将输入的数字变大一倍，指示灯的开启速度也随着快了一倍。对于数字电路来说，这样的试验结果已经很有说服力了，大家一致相信"机器一定在工作"。接下来大家一起欢呼，多年的期待终于变为现实，近一年的汗水没有白流。

这一天使用的测试程序（见图 25-1）后来成为 ACE 计算机上的著名程序，大家给它取了个名字，叫"数字排成行"（Successive Digits，简称 SUCK DIG）。

图 25-1 试验型 ACE（照片中左起分别为奥尔维什、威尔金森、纽曼，拍摄于 1950 年，照片版权属于 NPL）

测试程序工作后，威尔金森便找布拉德汇报情况。威尔金森先是打电话，但是没有人接听。威尔金森知道新机器虽然开始工作了，但是还不稳定，随时可能停止工作，于是想抓紧时机让领导看一下。但是他楼上楼下到处找，也找不到布拉德，于是气愤地说："当你需要他的时候，怎么也找不到他。"

威尔金森回到组装 ACE 的房间后不久，就看到布拉德来了。布拉德在走进办公室前，就隔着窗户说："我听说机器能工作了。"

威尔金森给布拉德演示了"数字排成行"程序，布拉德还亲自动手操作。确认机器能工作后，他微笑着对威尔金森说："虽然机器在工作了，不过这个测试程序还是有点简单，不足以成为里程碑。"

联合电子小组的成员继续工作，终于在 1950 年 6 月底之前把所有的电路板和机柜都组装好了。

1950 年 12 月，NPL 为试验型 ACE 举办了盛大的庆祝活动。活动持续 4 天，有大量媒体、官员和学者参加了这场庆祝活动。在这 4 天的时间里，试验型 ACE 做了很多次演示，都非常顺利。

试验型 ACE 机柜的下面有轮子，可以移动。在当时的大型机中算是比较灵活的。庆祝活动结束后，大家很容易就把它推到了数学学院。1951 年年底，升级后的试验型 ACE 运行得非常稳定，正式投入使用。试验型 ACE 的功耗为 10 千瓦，在大型机中不算高。在接下来的几年时间里，试验型 ACE 完成了很多计算任务。直到 1955 年 5 月，试验型 ACE 完成历史使命，正式退役，它被送到伦敦科学博物馆，保存至今。

1951 年，英国电气公司找到 NPL，希望基于试验型 ACE 生产商业计算机，得到 NPL 同意后，便有了名为 DEUCE（Digital Electronic Universal Computing Engine）的大型机（见图 25-2）。DEUCE 由英国电气公司制造和销售，于 1955 年发布。DEUCE 在几年时间里销售了 30 多台，为英国电气公司后来生产 KDF9 等其他大型机打下了基础。

1969 年，威尔金森被推选为英国皇家学会院士。

1970 年，威尔金森获得图灵奖。在获奖演说中，威尔金森详细描述了自己与图灵的交往，特别是与图灵一起在 NPL 工作、协助图灵设计 ACE 的过程。他回忆了一些有趣的细节，图灵"对一些雕虫小技般的编程技巧也表现出极大的热情，当看到我用的一些小花招时，他会像孩子一样咯咯地笑出声来。[1]"威尔金森还特别提到，他刚到 NPL 时，并没有打算在 NPL 长期工作。但是与图灵一起工作的那段时间点燃了他对计算机项目的热情，让他改变了原来的想法。

---

[1] 参考威尔金森的图灵奖获奖演说《Some Comments from a Numerical Analyst》。

图 25-2 英国电气公司生产的 DEUCE 计算机（拍摄于 1958 年，照片版权属于 NPL）

　　1980 年 1 月，威尔金森从 NPL 退休，他在 NPL 工作了将近 34 年。1986 年 10 月 5 日，威尔金森因心脏病在英国去世。

参考文献

[1]　NASH J C. An Interview with James H.Wilkinson [EB/OL]. [1984-07-13]. http://history.siam.org/pdfs2/Wilkinson-complete.pdf

第 26 章 1951 年,《第一手册》

1948 年 10 月,图灵辞去自己在 NPL 的职务,到曼彻斯特大学工作,开始了他在曼彻斯特的生活,这也是图灵生活的最后一座城市。

图灵是受导师麦克斯·纽曼的邀请来曼彻斯特大学的。早在 1939 年,麦克斯便成为英国皇家学会的院士。第二次世界大战结束后,麦克斯成为曼彻斯特大学数学系的领头人,他从英国皇家学会得到充裕的经费用于研究和建造计算机。在这样的背景下,威廉姆斯也从 TRE 来到曼彻斯特大学,于是有了后来的 CRT 内存和"曼彻斯特婴儿"计算机。

1948 年年底,在英国军备部的撮合下,曼彻斯特大学与费兰蒂公司合作,基于研发中的曼彻斯特马克一号建造商业计算机——费兰蒂马克一号。根据双方的合作协议,第一台费兰蒂马克一号是为曼彻斯特大学建造的。

1949 年的夏天,曼彻斯特大学开始建造包含两层楼的新计算机机房,新机房于当年年底建造完毕。1950 年 1 月,图灵以计算机实验室主任的身份搬到新机房的二楼办公。当时与图灵搬到新机房的还有西塞莉·波普尔韦尔(Cicely Popplewell)。西塞莉于 1942 年从剑桥大学毕业,后于 1949 年加入曼彻斯特大学。

尽管新机房和工作人员已准备就绪,但费兰蒂马克一号的交付日期却一再推迟。就在等待新机器交付的这段时间里,图灵为正在建造的费兰蒂马克一号编写了具有开创性意义的编程者手册(Programmers' Handbook)[1]。在这本手册里,图灵先从编程者的角度描述了计算机硬件和存储设备,随后由浅入深地介绍了如何为现代计算机编程。图灵从计算机的基本结构开始,详细介绍了编程所需的基本知识和方法,并且给出了具体的代码实例。

---

[1] 参考 The Turing Digital Archive 网站文章《Programmers' Handbook for Man chester Electronic Computer》。

图灵的编程者手册后来一再改进，一直伴随着费兰蒂计算机产品的发展。这种性质的文档也成为后来所有现代计算机必备的标准文档。因此，我们称图灵的编程者手册称为《第一手册》。《第一手册》的完整名称是《曼彻斯特马克二号电子计算机的编程者手册》。图 26-1 显示了带有图灵本人签名的打印版本，这张图片来自剑桥大学的图灵数字档案站点[1]。

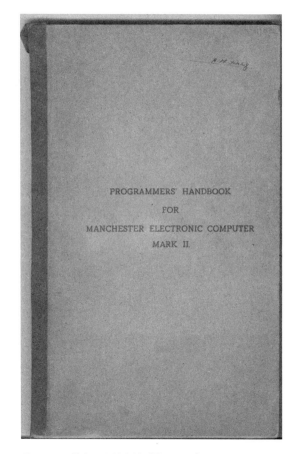

图 26-1 带有图灵签名的《第一手册》

《第一手册》的最初版本发布于 1951 年 3 月，共 110 页，其中包含 20 章正文外加简短的前言和一个附录。

在开篇的前言中，图灵首先说明了这本手册的编写目的：这本手册是为了帮助那些在马克二号计算机上编程的人而写的，既不是为了介绍计算机的结构，也不是为了介绍计算机使用的工程技术。

接下来，图灵解释了手册的编写背景——手册是在还无法在马克二号计算机上实际运行程序时编写的，手册中给出的建议和约定都基于马克一号上的编程经验。

图灵在手册中提到的马克二号其实就是后来的费兰蒂马克一号。图灵把费兰蒂公司正在建造的计算机称作马克二号。他没料到产品真式发布时的名字是费兰蒂马克一号。

考虑到当时很多人对电子计算机还比较陌生，所以在手册的第 1 章中，图灵对电子计算机的特点做了简要介绍——"电子计算机的设计初衷是执行通过有限步骤可以完成的任何过程，这些过程原本可以让人类操作员以严格纪律和非智能的方式完成。不过，电子计算机能够以非常快的速度获得结果。"

值得说明的是，在现代计算机发展的初期，人们对计算机的称呼很不一致，常常称其为计算机器（computing machine），因为在电子计算机被广泛使用之前，computer 是指人类计算员。在手册的第 1 章中，图灵使用 electronic computer 来称呼电子计算机，并使用 human computer 来称呼人类计算员，他还对二者做了生动对比："如果把电子计算机和人类计算员放在一起比较，那么人类操作员需要一些辅助工具，包括一台摆在桌子上的计算器、书写结果的纸，以及记录执行步骤的详细说明书。这些辅助工具在电子计算机中都有对应的部件：计算器变成了计算电路，纸变成了'信息存储器'，简称'存储器'（无论是用来记录结果的纸还是包含操作步骤的纸，都是如此）。"

图灵继续写道："在这台机器里还有一个名为'控制器'的部件，这个部件对应的就是操作员自己。"图灵所说的控制器相当于如今的中央处理器（CPU）。"如果要在控制器中非常精确地表达人类操作员的所有可能行为，那么控制器电路的复杂度就会变得非常可怕。好在我们仅仅需要它严格执行写好的指令，而且这些指令可以写得非常明确，这样控制器就变得简单多了。"

"电子计算机还有两个部件，就是输入和输出设备。外部信息可以通过这些设备传入存储器，反之亦然。如果继续用人类操作员来做比喻，这两个部件就相当于人类操作员用于和雇主沟通的耳朵和声带。"

手册的第 1 章名为"关于电子计算机的总体评价"（General Remarks on Electronic Computers），在这一章中，图灵用生动的比喻介绍了电子计算机的关键部件和特征，语言简单、通俗易懂。

在手册的第 2 章中，图灵首先介绍了计算机内部使用的符号，费兰蒂计算机使用的是二进制数 0 和 1 共两个符号，而 ENIAC 使用的是十进制数；图灵然后介绍了对费兰蒂计算机编程时经常使用的外部符号——图灵自己发明的 5 位编码，也就是图灵码（见图 26-2）。

```
0 00000 /    11 11010 J    22 01101 P
1 10000 E    12 00110 N    23 11101 Q
2 01000 @    13 10110 F    24 00011 O
3 11000 A    14 01110 C    25 10011 B
4 00100 :    15 11110 K    26 01011 G
5 10100 S    16 00001 T    27 11011 "
6 01100 I    17 10001 Z    28 00111 M
7 11100 U    18 01001 L    29 10111 X
8 00010 ¼    19 11001 W    30 01111 V
9 10010 D    20 00101 H    31 11111 £
10 01010 R   21 10101 Y
```

图 26-2　图灵码的编码表

简单来说，图灵码使用 5 位的二进制数来表达电传打字机（teleprint）中使用的 32 个常用符号，包括 26 个英文字母和 6 个特殊符号——/、©、:、¼、"和£。

在这本手册中，图灵还给出了一个例子，比如下面的二进制序列：

10001 11011 10100 01001 10001 11001 01010 10110 11001 00110

如果使用图灵码来表示的话，就是 Z"SLZWRFWN。

通过这个例子可以看出，图灵码的一种用途就是以简短的方式表达冗长的二进制数，使其更简洁，更适合人类书写、沟通和记忆。换句话说，二进制数适合计算机使用，而图灵码适合人类使用。

图灵特别建议编程者记住图 26-2 所示的编码表，因为这样更容易把计算机内部的二进制数与适合人类阅读的编码符号对应起来。

图灵发明的 5 位编码（即图灵码）在费兰蒂计算机中使用了很多年。图灵码是今天普遍使用的 ASCII 编码的前身，ASCII 编码使用 7 位的二进制数来表示 128 个常用符号，是对图灵码的扩展。

在手册的第 3 章中，图灵介绍了费兰蒂计算机使用的两种存储方式——磁性存储和电子存储，即如今的外存和内存。图灵仍用生动的语言介绍了这两种存储的特征。磁性存储的空间相对较大，有 655 360 位；电子存储的空间相对较小，有 20 480 位。磁性存储的访问速度较慢，里面的信息就像在书里，需要翻页才能找到；电子存储的速度很快，就像摆在桌子上的纸，只要把目光聚焦过去，就可以看到上面的单词或符号。"

接下来，图灵深入介绍了磁性存储的机械结构：圆柱的表面记录着信息，圆柱可以转动。信息是按磁道来组织的，一共有 256 条磁道，每条磁道包含 2560 位，它们被分成相等的两部分，就好像读书时的左页和右页。

最后，图灵详细介绍了电子存储。电子存储的空间总共为 20 480 位，相当于如今的 2KB。这些空间由 16 根"管子"构成，每根管子有 1280 位。因为马克一号使用的是 CRT（阴极射线管）内存，所以图灵使用管子称呼它们。每根管子上的信息被划分为 64 行，每一行包含 20 位的信息。每一行还被赋予一个全局的行号，行号的范围是 0～1023。如果用图灵码来表达行号的范围，就是"从//到££"，图灵为此特意在手册中画了一张表（见图 26-3）。

Tube 0		Tube 1			Tube 15	
//	/E	/@	/A		/V	/£
E/	EE	E@	EA		EV	E£
@/	@E	@@	@A	......	@V	@£
⋮	⋮	⋮	⋮		⋮	⋮
£/	£E	£@	£A		£V	££

图 26-3　用图灵码表示阴极射线管上的信息

每根管子上的信息量刚好与半条磁道的信息量相等，半条磁道的信息量被称为一页。这样的相等并非巧合，而是有意为之，因为这样就可以把外存中的信息以页为单位传输到内存中，这与如今我们普遍使用的内存交换机制是一样的。图灵的这段描述让我们得知"按页交换"的方法至少在 1950 年前后就已经提出了。因为冯·诺依曼架构的基本思想是多级存储，信息在内存和外存中要经常交换，所以早期的存储程序计算机已经考虑到这一点。

在手册的第 4 章中，图灵从软件的角度描述了"缩减的计算机"。在"有限状态机"的思想下，计算机的状态由以下信息决定：

- 内存中的内容，共 1024 行，每行 20 个二进制位；
- 累加器的内容；
- 控制器的内容；

用今天的话来讲，上述列表中的最后两项就是寄存器中的数据。

图灵认为，计算机的初始状态 Σ 决定了计算机将要执行的一条指令 I(Σ)，这条指令执行后的状态 Σ' 由初始状态 Σ 和指令 I 共同决定。

在手册的第 4 章中，图灵还给出了对马克二号计算机编程时常用的 10 条指令（见图 26-4）。

Function symbol	Equations
/H	$C' = C + 1 \pmod{2^{10}}$ if $2^{40} < A \leq 2^{39}$ $C' = S \pmod{2^{10}}$ otherwise
/P	$C' = S$
/S	$S' = A$
T/	$A' = S$
T:	$A' = 0$
TI	$A' = A + S$
TN	$A' = A - S$
TF	$A' = -S$
TK	$A' = 2S$
T£	(no effect)

图 26-4　对马克二号计算机编程时常用的 10 条指令

指令表中第 1 列是使用图灵码表示的指令操作码，它们是机器码的一部分；第 2 列描述了指令执行的操作，符号 C、A、S 的含义如下。

- A 代表累加寄存器。
- C 代表控制寄存器，也就是如今的程序指针。
- S 代表指定内存地址的内容，在概念上相当于 C/C++中的指针。

例如：指令 T/表示把内存 S 中的内容赋给累加寄存器 A；指令/P 表示跳转到内存 S 中保存的代码位置，在概念上相当于如今的跳转到函数指针 S，也就是转移到 S 指向的函数，作用相当于 x86 计算机中的 JMP DWORD PTR[S]。

在手册的第 5 章中，图灵给出了两个练习的例子，并且做了非常详细的说明。第一个例子是图 26-5 所示的名为 MULREP 的"循环乘法"程序，其功能是以循环累加的方式实现乘法运算。

```
                // /CT/        It is assumed that we have
                E/ DSTI        the following fixed contents:
                @/ D//H
                A/ R//P            DS ££££
MULREP          :/ /C/S            RS ££££
                S/ :CT/            JS ////
                I/ @CTI
                U/ :C/S
                ⅟ JS/P         [should be DS/P?]
                D/ A/
                R/ @/
```

图 26-5　《第一手册》中的"循环乘法"程序

图 26-5 中第 1 列是使用图灵码表示的内存地址,注意当时的习惯是高位在右、低位在左,这与如今的习惯不同。如果用如今的习惯来表示,那么应该是//(相对于 00)、/E(相对于 01)等。

图 26-5 中的第 2 列对应内存地址中的数据,也就是指令的机器码。例如,对于第 2 列中的指令/CT/,当时 20 位指令的编码规则如图 26-6 所示。

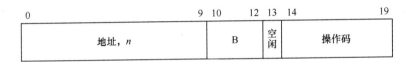

图 26-6　指令的编码规则

指令中的 B 代表索引寄存器,一共有 8 个,所以用 3 位来编码。以 MULREP 程序的第 1 条指令为例,操作码是 T/,索引部分为 0,操作的地址是/C,执行的操作是把内存 S 中的数据读到累加寄存器 A 中。

MULREP 程序的第 2 条指令的操作码是 TI,执行的操作是 $A' = A + S$,表示把内存 S 中的内容累加到 A 中,结果仍在 A 中。在这里,操作的地址是 DS,因此内存 DS 中的数据将被累加到 A 中。在这个例子的说明(见图 26-7)中,图灵介绍了当程序执行时,内存 DS、RS 和 JS 中将保存一些特殊的常量,它们总是全 1 或全 0。

DS ££££
RS ££££
JS ////

图 26-7　MULREP 程序执行时内存的示例说明

为了解释 MULREP 程序的工作过程，图灵以 2×27 为例描述了具体的执行过程，参见图 26-8 所示的检查清单。

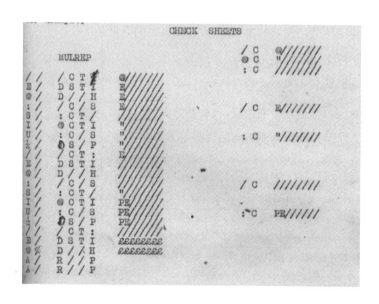

图 26-8　图灵绘制的 MULREP 程序检查清单

在图 26-8 所示的检查清单中，图灵描述了计算机执行 MULREP 程序的过程。因为有跳转指令，所以在图 26-8 中，第 1 列中的地址不再是连续的。例如，第 8 行中的 JS/P 是跳转指令，表示跳转到 JS 内存中包含的地址。因为 JS 内存中的内容是 0，程序将跳转回地址 0 执行，所以下一行的地址是//（第 0 行）。

第 3 列是累加器中的内容，图灵是以计算 2×27 为例来说明的，因为乘数 2 和 27 已经事先存放在内存/C（地址为 C0，C0 等于十进制的 448）和 @C 中，所以在执行第 1 条指令后，累加器 A 中的内容便是©，也就是 2。在执行第 2 条指令后，累加器 A 中的内容由 2 变为 1。

图 26-8 中的最右边两列描述的是内存中的数据，其中一列是地址，另一列是对应的数据，这两列相当于如今的变量区。图 26-8 的右上角显示了 3个变量的初始值，/C 变量的初始值为 2，@C 变量的初始值为 27，结果变量 C 的初始值为 0。在罗伯特·S.托（Robert S. Thau）整理的数字版本中，结果变量的初始值被错误地写成了 2。在图 26-8 中，初始值的下方是当指令执行时，受影响变量的新值，比如第 4 条指令/C/S 会把累加器中的内容写到变量/C 中，于是变量/C 的值就变成了 1。接下来的指令先把结果变量的当前值读到累加器中，再与另一个乘数累加，累加结果则被写回变量:C 中，最后跳转进行下一次循环。

那么循环是如何结束的呢？在图 26-8 中，倒数的 6 条指令回答了这个问题。当第 2 次执行 JS/P 指令并跳回到第 0 行时，将加载/C 变量的内容，累加器中的值变为 0，对累加器加-1，累加器中的值变为-1。接下来执行 D//H指令，这是一条对累加器敏感的特殊指令：当累加器中的值不等于全 1 时，程序指针简单累加，执行下一条指令；当累加器中的值等于全 1 时，程序就跳转到立即数所代表的地址，即/D 位置，/D 位置的指令也是跳转指令，程序进入无限循环，等待操作员进行干预。

综上所述，MULREP 程序的设计原理如下。

- 程序的指令位于内存中的低端，也就是从//（0）到 R/（10）的区域，有 11 行，共 11×20 位 ＝220 位。
- 程序要计算的参数放在数据区，也就是放在内存/C（第 448 行）和 @C（第 450 行）中。
- 程序的执行结果放在约定的固定位置，也就是放在内存:C（第 454 行）中。

为了便于大家理解，这里特别制作了表 26-1 解释图 26-8 所示检查清单的执行过程。

表 26-1　图 26-8 所示检查清单的执行过程

内存行号	十进制行号	指令	执行的操作	累加器中的值	受影响变量的新值
//	0	/CT/	$A' = [/C]$	2	—
E/	1	DSTI	$A' = A+[DS]$	1	—
@/	2	D//H	$C' = C+1$	1	—

:/	4	/C/S	[/C] = A	1	[/C] = 1
S/	5	:CT/	A′ = [:C]	0	—
I/	6	@CTI	A′ = A+[@C]	27	—
U/	7	:C/S	[:C] = A	27	[:C] = 27
¼/	8	JS/P	C′ = [JS] = 0	27	—
//	0	/CT/	A′ = [/C]	1	—
E/	1	DSTI	A′ = A+[DS]	0	—
©/	2	D//H	C′ = C+1	0	—
:/	4	/C/S	[/C] = A	0	[/C] = 0
S/	5	:CT/	A′ = [:C]	27	—
I/	6	@CTI	A′ = A+[@C]	54	—
U/	7	:C/S	[:C] = A	54	[:C] = 54
¼/	8	JS/P	C′ = [JS] = 0	54	—
//	0	/CT/	A′ = [/C]	0	—
E/	1	DSTI	A′ = A+[DS]	1	—
©/	2	D//H	C′ = [D/] = A/	1	—
A/	3	R//P	C′ = [R/] = @/	1	—
A/	2	D//H	C′ = [D/] = A/	1	—
A/	3	R//P	C′ = [R/] = @/	1	—

  图灵在介绍编程方法的同时，还告诫编程者一定要养成良好的编程习惯。为了让代码便于他人使用，编程者应该认真描述每个程序的功能和用法。例如，图灵给出了 MULREP 程序的如下描述。

  MULREP. The routine is entered at // and left at A/. Its effects are described by the equation [:C]′ = [/C] [@C] + [:C]

  翻译如下：

  MULREP. 这个程序的入口在地址//，出口在地址 A/。这个程序的作用可以用公式[:C]′ = [/C] [@C] + [:C]来描述。

其中的[:C]表示地址:C 的内容，这种使用 "[]" 来表示指针的方法一直沿用至今。

《第一手册》的前 5 章可以看作一个相对完整的循环，从计算机概述到计算机内外的数据表示，再到内存、外存以及指令，最后是两个完整的示例。看完《第一手册》的前 5 章后，读者基本上就可以尝试编写一些简单的程序了。

《第一手册》前 5 章描述的是简化的计算机，目的是让大家快速入门，接下来的 7 章介绍的才是真实的计算机，这 7 章的内容如下：

- 乘法器和双长累加器（double length accumulator）。

- 逻辑运算。

- 用作索引寄存器的 B 管（B-Tube）。

- 特殊功能，比如，假停机（dummy stops）、可以通过脉冲发出声音的汽笛（hooter）、手工开关、随机数发生器等。

- 磁鼓的数据组织。

- 输入输出机制。

- 控制台。

如果说《第一手册》的前两部分是写给希望编写简单应用程序的人看的，那么从第 13 章开始的最后 8 章则是为专业的计算机维护工程师或高级编程者编写的，最后 8 章的内容如下：

- 启动机器。

- 使用规范，特别介绍了具有系统软件性质的 PERM 程序的用法和工作原理。

- 编程原则，特别描述了设计程序的基本过程，具体分为 4 个大的步骤：制订计划、分解问题、编写新的子过程以及编写主程序。

- 经验分享和一些常见问题的提示，汇集了很多编程经验，比如保留一些空行、为插入没有考虑到的指令保留位置、使用图灵码书写程序等。

- 子函数的严格描述，详细描述了如何编写子函数，包括书写功能描述和定义严格的调用提示（称为 Skeleton Cue）等。

- 磁带。

- 检查过程，特别介绍了寻找软件错误的步骤。

- 简要的提醒，以列表方式回顾了《第一手册》中的重要内容，提醒大家这些内容最为重要，请不要忘记。

《第一手册》还有一个很长的附录，名为"试验机器（曼彻斯特计算机马克一号）"。在这个附录中，图灵首先描述了试验机器的硬件，特别是内存组织和输入输出；然后介绍了编程方法，他以 PERM 程序为例，列出了标准的子函数，包括输入/输出函数和常见的数学运算；图灵最后介绍了自己曾在试验机器上尝试解决的问题以及试验机器的稳定性问题，从编程者的角度看，试验机器最不稳定的部件就是写磁鼓的设施。

数年前，当笔者第一次阅读《第一手册》时，就被它深深吸引了。从开篇的一段简短描述中，就可以感受到这本手册的与众不同。《第一手册》不愧是由一位经验丰富的程序员写的，图灵处处站在程序员的角度，阐释了如何才能写出好的程序。《第一手册》既有俯瞰计算机系统的广度，又有思考软件基本问题的高度，而这一切又都结合着具体的硬件和软件环境，没有一句废话，没有一句空话。

在写本章时，笔者反复阅读《第一手册》，以免错过其中的每一句话，特别是图灵用笔修改过的每一个地方。《第一手册》中包含了几个示例程序，因为图灵当时没有硬件来实际测试这些示例程序，所以编写这些示例程序的难度是很大的。图灵用心算的方式模拟程序的执行过程，并且列出了程序执行中的寄存器变化和内存变化情况，这需要非常细致的思考和很多的时间。

关于《第一手册》的写作时间，存在一些不同的说法。笔者认为，准备工作很可能在图灵来到曼彻斯特大学后就开始了。真正开始写作则可能是在1950 年 1 月，也就是图灵搬到新建造的计算机机房二楼办公室时。第一稿的发布时间是 1951 年 3 月，也就是费兰蒂马克一号运到计算机机房后不久。1950 年年底，图灵得到消息，费兰蒂马克一号将运到计算机机房。一方面，图灵要参加组装和测试工作，没有时间继续修改《第一手册》；另一方面，在组装和测试过程中，可能有人需要阅读《第一手册》。于是图灵就交稿了，时间可能是 1950 年年末。保存于美国计算机历史博物馆的一份《第一手册》有图灵手写的封面（见图 26-9），上面写有手册的名称、初稿字样、图灵的签名，此外还标注了年份，这些可能是图灵在把手稿交给打字员之前写的，时间可能是 1950 年年底。

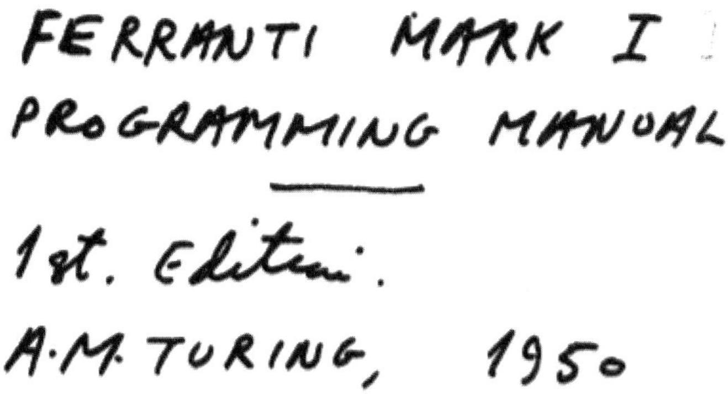

FERRANTI MARK I
PROGRAMMING MANUAL

1st. Edition.
A.M. TURING, 1950

图 26-9　《第一手册》封面上的图灵手迹

初稿发布后，曾有过两次勘误，时间分别是
1951 年 3 月 28 日和 1951 年 7 月 9 日。据此推算，
图灵是在等待费兰蒂马克一号的大约一年时间里
写了《第一手册》。在写作《第一手册》时，硬件
还没有造好，无法测试。在硬件到达计算机机房
后不久，初稿就发布了。在组装和测试硬件的过
程中，有人读了《第一手册》，并且测试了其中的
示例程序，发现了一些问题，于是图灵（见图
26-10）分别在 1951 年 3 月和 7 月发布了两次勘
误。

　　1951 年 10 月，来自剑桥大学的拉尔夫·安
东尼·布鲁克（Ralph Anthony Brooker）接替了
图灵的职位。布鲁克接替图灵的职责后，一方面
领导开发了名为 AutoCode 的编译器程序，另一方
面修改了图灵编写的《第一手册》，并于 1952 年
10 月发布了《第一手册》的第 2 个版本[①]。与第 1
个版本相比，第 2 个版本做了较大修改，重新组
织了内容。布鲁克在对图灵所写的 20 章内容进行
压缩和修改后，将它们放在了第 2 版的第 1 章中，第 2 版的第 1 章没有包含
图灵精心编写的 MULREP 和 SUMPGA 示例程序。

图 26-10　1951 年时的图灵
照片来自英国国家肖像图库（National
Portrait Gallery）

---

① 参考 The Turing Digital Archive 网站上的《Programmers' Handbook (2nd Edition) for the Manchester Electronic
Computer Mark II.》

在接下来的几年时间里，图灵虽然不再担任计算机实验室的领导职务，但他仍经常到计算机机房，他是费兰蒂马克一号计算机的忠实用户，每周都预定两个晚上的机时。图灵对布鲁克的 AutoCode 不感兴趣，他仍使用旧方法直接编写机器码，程序的内容是研究形态生成学（morphogenesis），用来探索生命的起源[3]。

参考文献

[1] LAVINGTON S H. Early Computing in Britain:Ferranti Ltd. and Government Funding, 1948—1958 [M]. Springer, 2019.

第 27 章　1951 年，费兰蒂马克一号

1864 年 4 月 9 日，塞巴斯蒂安·齐亚尼·费兰蒂（Sebastian Ziani de Ferranti）出生于英国利物浦，他的父亲是意大利人、摄影师，母亲是一位钢琴家。

费兰蒂从小就喜欢思考，尤其对新兴的电力设备感兴趣。费兰蒂在 16 岁时就制作了一台发电机并申请了专利，专利的名字就叫费兰蒂发电机（Ferranti Dynamo）。费兰蒂在伦敦读中学，大学时他曾先后就读于圣奥古斯丁学院和伦敦大学学院（University College London，UCL）。

1885 年，费兰蒂与另外两个人合伙成立了费兰蒂公司，这家公司最初的产品是电表、发电机等电力产品。

1887 年，伦敦电力供应公司（London Electric Supply Corporation）雇用费兰蒂为他们设计将要在德特福德建设的发电厂。于是费兰蒂为德特福德电厂做了一整套设计，包括厂房、发电车间以及电力传输系统。当时，人们仍在争论应该使用直流（DC）传输还是交流（AC）传输。包括著名发明家爱迪生在内的很多人都认为应该使用直流传输，但是费兰蒂坚持认为应该使用交流传输，他为德特福德电厂设计的传输系统使用的就是交流传输。

1891 年，德特福德电厂建设完毕，成为世界上第一个提供高压交流电的现代化电厂。后来的历史证明，使用高压交流传输有很多好处，这已成为普遍的做法。

1912 年，费兰蒂在加拿大成立费兰蒂电子公司，开始自己全球扩张的步伐。

1930 年，费兰蒂去世，他的儿子文森特·费兰蒂（Vincent Ferranti）成为费兰蒂公司的核心领导者。

1935 年，费兰蒂公司开始生产电视机、收音机和电子钟等家用电器。第二次世界大战期间，费兰蒂公司开发了能够快速识别敌友（Identification Friend or Foe，IFF）的雷达系统，成为国防电子领域的跨国企业。

20 世纪 40 年代后期，电子计算机在美国和英国屡屡取得成功后，费兰

蒂公司开始规划如何快速进入这一新兴领域。

1947年，数学家迪特里克·G.普林茨（Dietrich G.Prinz，1903—1989）加入费兰蒂公司。

1948年7月，英国军备部（MOS）的首席科学顾问亨利·蒂泽德（Henry Tizard）在曼彻斯特大学参观了"曼彻斯特婴儿"计算机，他意识到计算机的重要性，于是立刻向英国军备部建议加速开发计算机，越快越好。

1948年10月，英国军备部的首席科学家本·洛克斯皮泽（Ben Lockspeiser）到曼彻斯特大学考察，他在参观了"曼彻斯特婴儿"计算机后，积极倡导费兰蒂公司与曼彻斯特大学合作。费兰蒂公司本来就想进入计算机领域，现在有英国军备部介绍大学来合作，当然求之不得。对于曼彻斯特大学来说，能与费兰蒂这样的公司合作也是件好的事情，于是双方一拍即合，很快便签订合作协议。协议的主要内容是由费兰蒂公司根据曼彻斯特马克一号的设计，为曼彻斯特大学制造一台达到商用产品质量的电子计算机，同时提供安装和维护，合同的总金额为113 783英镑。

回顾历史，英国军备部出面促成这个合作真是做了一件非常有意义的事。

有了与费兰蒂公司的合作计划后，曼彻斯特马克一号的研发工作便多了一项使命，就是为费兰蒂公司的规模化生产提供验证过的设计方案。

1948年9月，25岁的基思·朗斯代尔（Keith Lonsdale）加入费兰蒂公司，成为费兰蒂公司的第一批计算机设计工程师之一。当时，费兰蒂公司的计算机小组刚刚成立，只有四五个人。除朗斯代尔外，另一名计算机设计工程师是布赖恩·波拉德（Brian Pollard）。

1948年11月，费兰蒂公司的计算机小组开始工作，工作地点为费兰蒂公司的莫斯顿（Moston）厂区。莫斯顿厂区位于曼彻斯特市中心的东北方向。从曼彻斯特市中心沿奥尔德姆（Oldham）大街向东北方向行驶大约4.8公里就到了。在生产计算机之前，莫斯顿厂区制造的主要产品是收音机。费兰蒂公司当时最赚钱的产品是高压变压器，工厂在霍灵伍德（Hollingwood）。莫斯顿厂区位于莫斯顿工业区，莫斯顿工业区里的最主要企业是纺织厂。

计算机小组最早的一项集体活动是到曼彻斯特大学接受培训。从1948年11月8日到12日，在4个下午的时间里，汤姆·基尔伯恩为他们做了4

场讲座[①]。

此时计算机小组的领导是埃里克·格伦迪（Eric Grundy），格伦迪是仪器部（Instrument Department）的经理，1949 年 3 月升任莫斯顿厂区的经理。

1949 年年初，新计算机的设计和生产工作在莫斯顿工厂逐步启动。新计算机的名字就叫费兰蒂马克一号（简称费兰蒂一号）。

1949 年秋，曼彻斯特马克一号项目组的图特尔从曼彻斯特大学辞职后加入费兰蒂公司，这极大增强了计算机小组的实力。图特尔做的第一项工作就是整理设计资料，把曼彻斯特马克一号的各种图纸和资料整理成新的设计文档。1949 年 11 月，文档完成，打印出来的报告有 49 页，里面包含很多插图，文档的名字叫《费兰蒂马克一号计算机的非正式报告》（Informal report on the design of the Ferranti Mark I computing machine）。

1950 年 4 月，曼彻斯特马克一号的另一位设计者亚历克·罗宾森也加入了费兰蒂公司。罗宾森曾为曼彻斯特马克一号设计乘法器。加入费兰蒂公司之后，罗宾森对乘法器的设计进行了改进，极大提高了乘法指令的执行速度，这为费兰蒂一号增添了一个很大的亮点，也是费兰蒂一号与曼彻斯特马克一号的重要区别之一，费兰蒂一号"青出于蓝而胜于蓝"。

随着设计工作逐步完成，制造和生产第一台费兰蒂一号的工作也紧张开展起来。其中最为繁重的一项任务是把一张张电路图制作成一块块电路板。图 27-1 所示的珍贵照片记录了莫斯顿工厂的女工们为费兰蒂一号的电路板焊接元器件的情景。

焊接好的电路板在经过检查和初步测试后，需要安装到机柜上进行连线并执行更多的测试。费兰蒂一号的机柜很大，高 2.13 米，宽 1.625 米，深 0.962 米。为了摆放这么大的机柜，计算机小组在莫斯顿厂区内专门搭建了一个用于组装和测试的车间。在这个车间里，6 个高大的机柜分成两组，面对面地摆在车间里（见图 27-2）。

---

① 参考 Lavington S H 写的《Early Computing in Britain: Ferranti Ltd. and Government Funding, 1948—1958》。

图 27-1 为费兰蒂一号制
作电路板的女工们
（大约拍摄于 1950 年，版权
属于费兰蒂数字档案）

图 27-2 组装中的
费兰蒂一号

进入 1950 年之后，费兰蒂一号的制造工作变得紧张起来，参与这个项目的工程师增加到 12 人，其中两个人的工作是把曼彻斯特马克一号的设计文档和图纸传递到莫斯顿工厂。

经过整整两年的努力，到 1950 年年底，费兰蒂一号的建造工作基本完成。整个计算机包含 4000 个真空管、2500 个电容、15 000 个电阻、100 000 个焊点和 9.6 公里长的电线。费兰蒂一号的功耗相比曼彻斯特马克一号高 2 千瓦，达到 27 千瓦。

1951 年 2 月，第一台费兰蒂一号交付给曼彻斯特大学，经过几个月的安装后，于 1951 年 7 月举行了盛大的发布会。这标志着世界上第一款商用计算机的交付使用，代表着现代计算机开始走向越来越多的用户，走向越来越广阔的世界。

从 1951 年到 1957 年，费兰蒂一号一共销售了 9 台。1957 年的费兰蒂飞马（Pegasus）计算机一共销售了 38 台。费兰蒂公司的计算机业务一直持续到 20 世纪 70 年代。

第 28 章　1951 年，计算机机房

根据事先签订的协议，第一台费兰蒂一号计算机是给曼彻斯特大学用的。为了迎接新的计算机，曼彻斯特大学专门新建了一个两层楼的计算机机房，两个楼层的总面积有 3000 平方英尺（约 278.71 平方米）。1949 年 7 月，建造新机房的特别申请（第二次世界大战后钢铁紧缺，房屋建造需要特批）得到批准，新机房在 1950 年年底基本完工。新机房具有专门设计的供电和空调设施。

建造新机房的经费来自英国皇家学会提供给麦克斯·纽曼教授的拨款。除了建造经费之外，计算机实验室的工资预算为每年 1 万英镑。计算机实验室的最初成员是图灵、汤姆·基尔伯恩和西塞莉·波普尔韦尔（Cicely Popplewell）。

1920 年 10 月 29 日，西塞莉出生于英国的斯托克波特。她在剑桥大学学习数学，并于 1942 年毕业。1949 年，西塞莉加入曼彻斯特大学计算机实验室。1950 年 1 月，计算机实验室搬到了新的计算机机房（见图 28-1）。新机房一共有两层，一层放计算机，二层是办公室。新机房的二层有打字间（房间 G）、操作员办公室（房间 F）、工程师共用的办公室（房间 E），此外还有两个单独的房间——一间（房间 C）是给基尔伯恩和图特尔的，另一间（房间 D）是给图灵的。

虽然做好了各项准备工作，但新计算机就位的时间却一再延迟。先是从 1950 年年初推迟到 1950 年 6 月，而后又推迟到 1950 年 12 月。这使得急于使用新计算机的用户不断向图灵询问进度，图灵只好告诉大家继续等待，但不确定要等多久。在 1950 年 12 月写给阿伯丁大学数学系希拉·麦金太尔（Sheila Macintyre）的回信中，图灵如此写道："至少在未来 6 个月的时间里您是不可能用到新计算机的。"

1951 年 2 月 12 日，费兰蒂一号终于交付给了曼彻斯特大学。

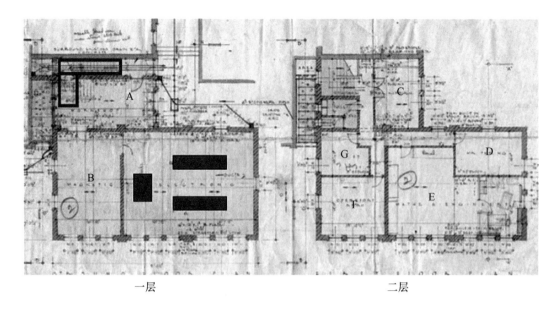

一层 二层

图 28-1　新机房的布局

接下来的任务是把新的计算机安装到刚刚建造好的机房里。莫斯顿工厂派了两位工程师——基思·朗斯代尔（Keith Lonsdale）和布赖恩·波拉德（Brian Pollard）到曼彻斯特大学，他们与计算机实验室的人一起完成了费兰蒂一号的组装和调试工作。

经过几个月的努力后，第一台费兰蒂一号计算机终于在新机房开始工作了。这台计算机在这里工作了 3 年多，直到 1954 年被搬到电子工程大楼，它在那里又工作了大约 4 年，直到 1958 年圣诞节前夕才关机，完成自己的历史使命。

图 28-2 是图灵、隆斯代尔、波拉德在机房里的合影，站在控制台边上的是图灵，坐着的是隆斯代尔（左）和波拉德（右）。

图 28-3 更清楚地展示了费兰蒂一号的控制台。通过控制台上的两个大 CRT，我们可以观察内存。每个大 CRT 可以显示 8 个内存页中任意一个内存页的内容，并且可以使用按钮来切换。4 个小的 CRT 始终显示 A、B、C、D 这 4 个寄存器中的数据。寄存器 A 是 80 位的累加寄存器；寄存器 B 是索引寄存器，有 8 个，每个 20 位；寄存器 C 是控制地址和当前指令寄存器，相当于如今的 IP 指针；寄存器 D 则保存了当前的被乘数。

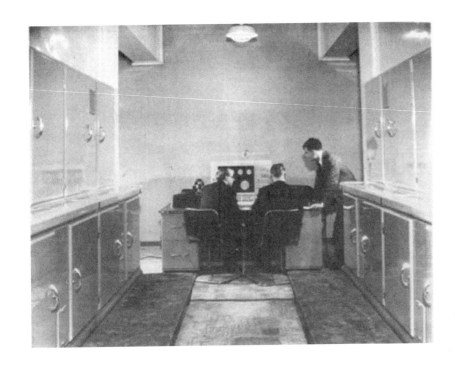

图 28-2 图灵、隆斯代尔、波拉德在机房里（拍摄于 1951 年）

图 28-3 费兰蒂一号的控制台

　　1951 年 7 月 9 日至 12 日，曼彻斯特大学为新计算机召开了隆重的发布会（Inaugural Conference），有 169 名代表参加了此次发布会，其中 13 名是来自国外的客人。

在发布会的第一天，英国皇家学会科技和工业研究部（Department of Scientific and Industrial Research）的主席大卫·布伦特（David Brunt）亲自为新计算机揭幕。

发布会召开后，消息立刻就传开了。很多期盼已久的用户都希望能分到机时，体验一下这台计算机。

费兰蒂一号工作得很稳定，速度很快，它的服务能力甚至超出内部用户的需要，有富裕的机时可以提供给外部用户。对外部用户有两种收费方法：一种是把准备程序的时间和运行程序的时间（称为生产时间）合起来算，每小时 10 英镑；另一种是只计算生产时间，每小时 20 英镑。

费兰蒂一号的用户既有从事原子能和武器研究的，也有从事工程、科学和商业应用的。在费兰蒂一号的发布会上，威廉姆斯列出了如下一些研究方向：

- 生物计算中的偏微分方程；
- 线性微分方程和矩阵代数；
- 拉盖尔函数；
- 光系统设计；
- X 射线；
- 板式分馏塔设计；
- 国际象棋问题。

除了严肃的工程和科研应用之外，还有用户在费兰蒂一号上编写了一些很轻松的应用，包括国际象棋程序、音乐程序等。乐于开发这类轻松应用的是具有"编程天才"美誉的克里斯托弗·斯特雷奇（Christopher Strachey，见图 28-4）。

图 28-4　克里斯托弗·斯特雷奇

1951 年 9 月 25 日下午，斯特雷奇来到曼彻斯特大学的计算机机房，他在机房里等了一会儿后，图灵走了进来，图灵以非常快的速度向斯特雷奇介绍了计算机的用法，然后就离开了。这种图灵风格的用户培训不仅速度快，而且没有什么铺垫和过渡，学习坡度极陡。好在动身来之前斯特雷奇就仔细阅读了图灵编写的《第一手册》，并且做了充足的准备，写好了很多代码。

经过一天两夜的努力，纠正了很多代码错误和忍受很多次随机发生的硬件故障后，9 月 27 日上午，斯特雷奇的音乐程序终于开始工作了，不同频率的脉冲信号驱动费兰蒂一号的扬声器发出一个个音符，演奏出"上帝拯救国王"颂歌的旋律。

在成功运行音乐程序后，斯特雷奇的下一个目标是在费兰蒂一号上运行国际象棋程序。在来到曼彻斯特大学的计算机机房之前，斯特雷奇曾在 NPL 的试验型 ACE 上编写过国际象棋程序，但因为内存太小，他的尝试失败了。经过几个月的努力，在 1952 年的夏天，斯特雷奇的程序终于可以完整地下一盘棋了。这个程序还有一些有趣的逻辑，例如，当检测到对手的做法不合规范时，就会输出下面这样的消息："我不想再浪费时间了。走开，去和人类玩吧。"

斯特雷奇编写的另一个著名程序是"情书程序"。费兰蒂一号的硬件中有一个随机数产生器（这是图灵的建议）。有了这个随机数产生器，"情书程序"就可以在事先准备好的词库中动态选择单词，从而创作出内容生动的情书。"情书程序"每次运行的结果（情书）都是不同的，下面是其中的一封：

Darling Sweetheart:

You are my avid fellow-feeling. My affection curiously clings to your passionate wish. My liking yearns to your heart. You are my wistful sympathy, my tender liking.

Yours beautifully!

MUC

落款中的 MUC 代表曼彻斯特大学计算机（Manchester University Computer）。

1952 年秋，斯特雷奇远赴加拿大，为加拿大的圣劳伦斯海路项目编写软件。后来，斯特雷奇成为剑桥大学第一位计算机科学教授。

参考文献

[1] LAVINGTON S H. Early Computing in Britain:Ferranti Ltd. and Government Funding, 1948—1958 [M]. Berlin:Springer, 2019.

第 29 章　1951 年，加载器和系统软件

正当费兰蒂马克一号的用户们各自编写不同领域的应用程序时，曼彻斯特大学计算机实验室的员工们也在编写代码。用今天的话来讲，他们编写的是系统软件，包括基础的加载器（loader）和子函数库。

在马克一号上，最常用的预安装软件是图灵编写的 Scheme A。当时大家喜欢用 Scheme 一词来称呼程序。Scheme A 的主要功能是加载应用程序，也就是把应用程序的指令读到内存中，以便处理器执行应用程序中的代码。

开机后，Scheme A 就会被加载到内存中，占用 4 页的空间。Scheme A 是永久驻留在内存中的，又叫 Perm，Perm 是永久驻留（permanently resident）之意。

Scheme A 的最初版本发布于 1951 年春，从这个时间看，图灵很可能是在安装和调试费兰蒂马克一号时编写了这个程序。

除了加载程序之外，Scheme A 还包含子函数库，其中一共有 50 个子函数，分为数学、输入输出和杂项 3 大类。数学类别中的余弦函数（COSINE）是由图灵的助手西塞莉编写的。

为了更好地管理应用程序，在 Scheme A 中，图灵还编写了一系列具有全局用途的公共函数，统称 Formal Mode（正规模式）。这一系列函数中的核心函数名叫 ACTION。ACTION 函数的功能类似于今天的调试器。当应用程序遇到异常情况时，可以通过 ACTION 函数输出一条消息给用户，然后就进入停止状态。用户看到消息后，可以进行如下调试动作：

- INTERFERE：修改内存中的一行。
- BURSTS B：反复运行指定的子函数，直至得到一致的结果，验证是否一致的方法是使用校验和。
- COPY R OUT：把内存中的信息转储到磁鼓中，需要时可以再加载进来。

在完成调试动作后，用户可以恢复执行原来的应用程序，这类似于如今调试器的"恢复执行"功能。

图灵本人非常喜欢使用 Formal Mode 功能，就是用调试器调试和改进代码。但是，其他用户觉得 Formal Mode 太难用了，因此使用 Formal Mode 的人不多。

在图灵留下的两段程序输出中，中间包含了"++ ACTIONWHATNEXT--0"这样一行信息，这行信息就是使用 Formal Mode 功能输出的（见图 29-1）。

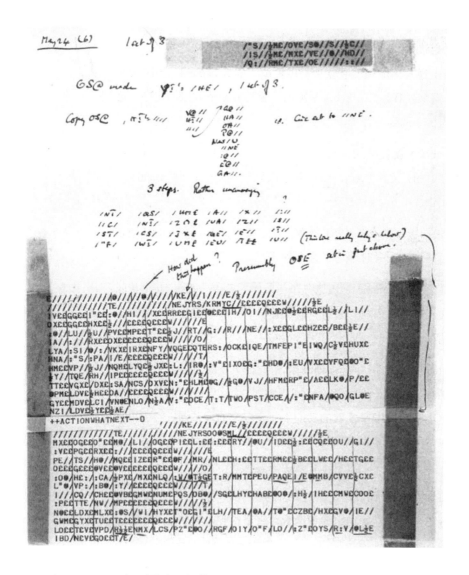

图 29-1 图灵使用 Formal Mode 功能输出的调试信息

在 Scheme A 中，图灵已经使用了页的概念。页的大小统一为 64 行，一共 1280 位。不仅可以以页为单位组织内存，而且可以以页为单位对主存中的数据与磁鼓等外部存储器（即外存）中的数据进行交换（见图 29-2），这为后来的虚拟内存机制奠定了重要基础。直到今天，按页管理内存仍是内存管理的一条基本原则。

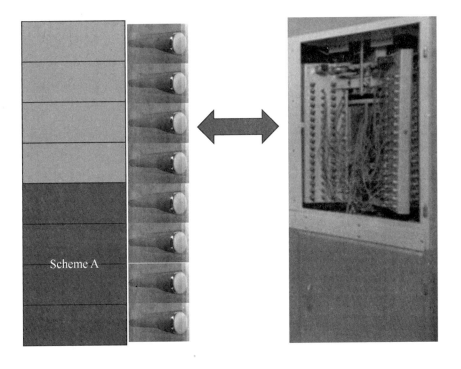

图 29-2
Scheme A 的页
交换机制（本书
作者根据资料
绘制）

以曼彻斯特大学的费兰蒂马克一号为例，这台机器最初配备了 8 个内存页，每页有 64 行，每行 20 位。磁鼓的容量为 256 条磁道，每条磁道包含 2560 位，这意味着每条磁道的空间刚好是两个内存页大小。也就是说，每半条磁道对应一个内存页，每条磁道对应两个内存页。

Scheme A 总共有 9000 行代码，1952 年的夏季，Scheme A 被复制了一份给加拿大，目的是给那里的 FERUT 计算机使用。

用今天的话来讲，Scheme A 具有加载、管理和调试其他程序的功能，承担着为其他程序提供公共服务的角色。从这个角度看，Scheme A 是如今可以追溯到的最早投入实际应用的操作系统。

参考文献

[1] LAVINGTON S H. Early Computing in Britain:Ferranti Ltd. and Government Funding, 1948—1958 [M]. Berlin:Springer, 2019.

第 30 章 1951 年，第一销售员

在英国政府的协调下，1948 年年底，费兰蒂公司与曼彻斯特大学签订了制造数字计算机的合同，这代表着费兰蒂公司正式进入计算机领域。

当时计算机的价格很贵，如何才能把昂贵的计算机销售出去呢？费兰蒂公司很早就考虑到了这个问题，并且想到了招聘专职的市场和销售人员来做这件事。

1950 年，贝尔特拉姆·维维安·鲍登（Bertram Vivian Bowden，1910—1989）博士受聘加入费兰蒂公司，成为费兰蒂公司第一名负责计算机销售业务的员工。

鲍登出生于 1910 年，他于 1931 年从剑桥大学伊曼纽尔学院毕业。第二次世界大战期间，鲍登曾在英美两国联合组建的海军研究实验室从事雷达研究，战争结束后在英国原子能管理局工作。因为当时计算机的主要客户是政府部门和大学等机构，所以费兰蒂公司招聘鲍登也是看中了他曾在政府部门工作的背景。

鲍登加入费兰蒂公司后，便开始思考如何销售计算机。他需要解决的第一个问题是纠正当时人们的一些错误认识。当时很多人认为，既然计算机的速度非常快，那么整个英国使用一台计算机就足够了。为了说服用户购买计算机，鲍登认真学习了计算机的历史，研究了当时几乎所有的计算机，包括美国哈佛大学的马克一号、ENIAC 以及英国的计算机。后来他把自己的研究成果整理成了一本书，书名为《比思想更快——数字计算机论文集》（Faster Than Thought, A Symposium on Digital Computing Machines），这本书于 1953 年出版，是计算机领域最早的专著。

在这本书中，鲍登高度评价了埃达和巴贝奇为计算机做出的贡献，他还特别在书的扉页上放了埃达的画像（见图 30-1）。很多人正是通过鲍登的这本书才知道埃达和巴贝奇。

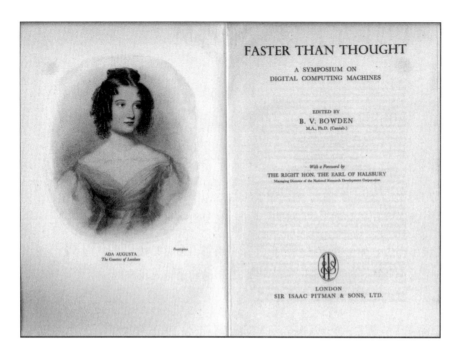

图 30-1 鲍登编写的计算机领域最早的专著

1950 年 12 月到 1951 年 1 月，鲍登到美国和加拿大考察，调研美国的计算机发展状况并寻找潜在的客户。

鲍登本人是数学方面的博士，他觉得要想做好计算机的销售，自己还需要商科专业的人来辅助。1951 年 6 月，鲍登招聘了 B.伯纳德·斯旺（B.Bernard Swann）来加强销售力量。斯旺具有会计学背景，做过公务员。

为了了解客户的想法，鲍登走访科学、工程、商业等各个领域的潜在客户，与他们对话，从飞机制造商的总工程师到保险公司的总裁，再到英国国家银行的部门领导等。

1951 年年底，加拿大多伦多大学计算中心决定采购费兰蒂马克一号，于是费兰蒂的莫斯顿工厂开始生产和组装第一个海外订单。

在生产和测试费兰蒂马克一号的过程中，负责编写测试程序和软件库的程序员团队提出了一些改进意见。设计团队针对这些意见对费兰蒂马克一号做了改进，并将改进后的费兰蒂马克一号取名为 Mark I*。

1952 年 12 月，壳牌石油公司的阿姆斯特丹实验室采购了一台 Mark I*。这个订单让壳牌石油公司成为计算机历史上第一个购买现代计算机的商业公司，此前的计算机用户都是大学或政府部门，资金都直接或间接来自政府（见表 30-1）。这台计算机被取名为 Mokum's Industrial Research Automatic

Calculator for Laboratory and Engineering（阿姆斯特丹工业研究自动计算机），
首字母合起来刚好是 MIRACLE，MIRACLE 是奇迹的意思。

表 30-1　费兰蒂马克一号的用户列表

序号	客户	国家	交付时间	用途	备注
1	曼彻斯特大学	英国	1951 年	数学研究	Mark I
2	多伦多大学	加拿大	1952 年	数学研究	Mark I
3	英国军备部（Ministry Of Supply）	英国	1953 年	保密	Mark I*
4	皇家壳牌实验室，阿姆斯特丹	荷兰	1954 年	石油精炼研究	Mark I*
5	意大利数学应用国家研究院（National Institute for Applications of Mathematics），罗马	意大利	1955 年	研究工作	Mark I*
6	英国奥尔德玛斯顿的原子武器研究机构	英国	1954 年	研究工作	Mark I*
7	位于霍尔斯特德堡（Fort Halstead）的军备研究所，属于英国军备部	英国	1955 年	研究工作	Mark I*
8	阿芙罗（Avro）飞机公司，曼彻斯特	英国	1954 年	飞机设计计算	Mark I*
9	阿姆斯特朗西德利电机有限公司，考文垂	英国	1957 年	研究工作	Mark I*

　　在成功打开现代计算机的市场后，鲍登于 1953 年离开费兰蒂公司，到
曼彻斯特理工学院担任校长。1963 年，鲍登被授予终生爵位。同年，英国首
相哈罗德·威尔逊（Harold Wilson）任命鲍登为科教部部长，任期为 1964～
1965 年。任职期满后，鲍登回到曼彻斯特理工学院工作，直到 1976 年退休。
退休后，鲍登受眼疾折磨，视力下降，但他仍坚持社会活动，有时出现在英
国国会的上议院。鲍登经常向社会呼吁高等教育和科技的重要性[①]。他曾说：
"看起来第二次工业革命不久后就要发生。"（It seems probable that we shall
have a second Industrial Revolution on our hands before long.）

---

① 详情请参见曼彻斯特大学官网上对鲍登的介绍。

参考文献

[1] AVINGTON S H. Early Computing in Britain:Ferranti Ltd. and Government Funding, 1948—1958 [M]. Berlin:Springer, 2019.

第 31 章　　1951 年，锡屋里的程序员

在第一台马克一号顺利交付后，莫斯顿工厂的管理团队意识到需要组建一支软件团队来为马克一号编程。在讨论软件团队的组建计划时，管理团队遇到一个问题，那就是安排软件团队到哪里办公。马克一号的硬件是在莫斯顿工厂生产、组装和测试的，但是厂区除了嘈杂的生产车间之外，就是仓库，让程序员们在机器轰鸣的车间里工作显然不合适。

管理团队最后决定在莫斯顿厂区靠近圣玛丽路的一块空地上使用预制板搭建一栋新的建筑。第二次世界大战结束后英国物资紧缺，政府鼓励使用预制板搭建房屋，预制板既可以搭建小的屋子，也可以搭建比较大的建筑。于是，莫斯顿工厂从一家飞机研究机构收购了一栋用预制板搭建的建筑，工人们将预制板拆解下来，运到莫斯顿厂区重建。根据奥拉夫·切佐伊（Olaf Chedzoy）的回忆，整栋建筑有 72 英尺（约 21.95 米）长、36 英尺（约 10.97 米）宽，里面有 3 个独立的办公室和两个大的开放区域——其中一个供实验用，另一个供程序员使用，此外还有秘书室和卫生间。虽然这栋使用预制板搭建的建筑并不小，但大家还是给它取了个听起来十分小巧的名字——锡屋（Tin Hut）。

准备好办公场地后，莫斯顿工厂在《自然》（Nature）杂志上发布了招聘广告——"急招想要在数字计算机上工作的数学家"（Mathematicians Wanted to Work on a Digital Computer）。

1951 年的秋天，一位女士来到锡屋面试，她的名字叫玛丽·李·伍兹（Mary-Lee Woods）[1]。玛丽 1924 年 3 月 12 日出生于伯明翰，她的父母都是教师。玛丽在读中学时就很喜欢数学，在分科时，她带着不舍的心情放弃了自己也比较喜欢的英语和法语，而选择了数学、物理和地理。但是，玛丽的学业很快就受到第二次世界大战的影响。1939 年，15 岁的玛丽不得不跟随自己的学校撤退到格洛斯特郡一个名叫悉尼的小镇躲避战争。虽有战

---

① 参考 IBM 官网上玛丽·李·伍兹 2001 年的口述记录，采访由 IEEE 历史中心的 Janet Abbate 主持。

争造成的各种阻碍，但是玛丽始终没有放弃学习数学。第二次世界大战期间，玛丽在英国电信研究实验室（Telecommunications Research Laboratory）工作，为国家服务。战争结束后，玛丽继续到伯明翰大学学习，获得数学专业的学位。大学毕业后，玛丽远赴澳大利亚的堪培拉天文台工作。玛丽很喜欢澳大利亚，那里既适合观赏宇宙，又适合欣赏地球。玛丽身边的同事也非常友善，伍利（Woolley）博士还把自己的马借给玛丽，让她骑着马欣赏自然美景。玛丽在澳大利亚度过了 3 年的快乐时光，后因母亲身体不好，玛丽从澳大利亚回到英国。她不想做简单的重复劳动，而是希望尝试新的有挑战性的工作。恰巧，她看到《自然》杂志上为数字计算机招聘数学家的广告。数字计算机是什么？为了弄清楚这个问题，玛丽跑到伯明翰图书馆查找资料。花了两天时间，玛丽明白了什么是数字计算机，更重要的是，玛丽觉得这个方向非常有趣，于是她应聘这个工作并得到面试的机会。

面试那天，玛丽在曼彻斯特市中心的车站坐上了一辆公交车。公交车先是顺着奥尔德姆（Oldham）路行驶，然后渐渐离开市区，向曼彻斯特的东北方向驶去，进入郊区。车上的乘客越来越少，道路两边不时出现各种规模的棉花加工厂，有些工厂看起来非常杂乱。下了公交车后，玛丽按照地址寻找，在一个满是各种棉花厂的工业区找到了费兰蒂公司的莫斯顿厂区，厂区里机器轰鸣。对于习惯了澳大利亚自然风光的玛丽来说，要在这样的工业区上班真是太难接受了。她在心里对自己说："我可不要生活在这种地方，永远不要，永远！"

来面试前玛丽做了功课，凭借自己多年积累的数学功底，已经搞清楚数字计算机的原理，所以对于面试官的每个问题，玛丽的回答都干净漂亮。更为重要的是，她还能抓住时机，不时向面试官回敬一个恰到好处的问题。玛丽的个人经历和面试表现打动了面试官。这是一次非常愉快的面试，面试双方都很满意。顺利完成面试后，玛丽糟糕心情立刻烟消云散，看着眼前的一栋栋厂房，也不再觉得它们讨厌了。

很快，玛丽便接受了莫斯顿工厂的工作，成为锡屋里的第一批程序员之一，开始了自己在曼彻斯特的生活。后来她才知道，因为自己成功打动了面试官，她的起薪要比身边的同事高三分之一。

玛丽的工作是为费兰蒂马克一号（简称费兰蒂一号）编写软件。她首先需要熟悉费兰蒂一号。因为有扎实的数学功底，而且喜欢学习新鲜事物，玛丽很快就理解了费兰蒂一号的关键特征，比如费兰蒂一号使用的是图灵发明的 5 位编码（图灵码），并且费兰蒂一号有 3 个常用的寄存器，简称 A、B、C，A 寄存器用来累加，B 寄存器用来索引，C 寄存器则代表下一条指令的位置（作用类似于如今的 IP 寄存器）。玛丽擅长通过实例来理解这些寄存器的用法，比如寄存器 A 和 B 的典型用法是把一个数组累加起来，A 寄存器用来存放累加结果，B 寄存器用来指向这个数组的每一个元素。

当时虽然还没有操作系统，却已经有一些公共的程序，比如图灵编写的 Scheme A，也叫 Perm。Perm 的基本功能是把外存中的程序读到内存中，作用相当于如今操作系统中的加载器（loader）。

玛丽很快就熟悉了 Perm 的用法，她还在 Perm 的基础上编写了一个调试程序，并在其中增加了一个非常有用的诊断功能。用今天的话来讲，玛丽新编写的这个调试程序具有调试器的功能。这样就可以把主存中的一条指令转换成跳转指令，在跳到调试程序之后，调试程序就会输出各种调试信息，包括寄存器的值和当时的部分内存数据，最后返回到主程序。因为内存空间有限，所以玛丽的调试程序也十分精简，只占 64 行（一行包含 40 位）大小的内存。这个在计算机历史上非常早的调试程序被取名为"停止并打印"（Stop and Print）。

当时的计算机数量非常少，在 1952 年前后，费兰蒂公司的员工不得不与曼彻斯特大学共用一台计算机。随着大学需要的机时越来越多，费兰蒂公司员工的上机时间被不断挤压。先是只能在傍晚使用，而后推迟到只能在晚上使用，最后竟然变成只能在午夜到早上 8 点使用。更为糟糕的是，费兰蒂公司的人事部门考虑到女员工的安全问题，要求女员工不得夜里到计算机实验室去。但是，人事部门的这一规定并没有能阻挡玛丽和其他女程序员，她们把行军床带到计算机实验室，夜里轮番上机，没轮到的人可以先睡一觉。

1951 年年初，锡屋里的程序员只有几个人，包括玛丽、迪特里希·普林兹（Dietrich Prinz）、西里尔·格拉德韦尔（Cyril Gradwell）和奥德丽·贝茨（Audrey Bates，见图 31-1）。普林兹是费兰蒂公司的老员工，大约在 1947 年就加入莫斯顿厂区工作。他努力主张费兰蒂公司应该进入计算机领域。普林兹和格拉德韦尔合用锡屋里的一间独立办公室。

贝茨 1949 年从曼彻斯特大学数学专业毕业，然后继续在那里攻读硕士学位，她的导师便是图灵，她也是图灵带的第一位研究生。在一段时间里，她曾和图灵以及图灵的助理西塞莉共用一间办公室。

1950 年 11 月，贝茨来到费兰蒂公司的莫斯顿厂区，她是锡屋里的第一位女程序员。贝茨后来远赴加拿大，到那里为多伦多大学购买的费兰蒂一号提供技术支持。在工作过程中，贝茨也收获了爱情，她在加拿大结婚并留在了那里。

贝茨在多伦多大学工作多年，是 FERUT 计算机方面的专家。在 1955 年关于远程使用

FERUT 计算机的一张新闻照片（见图 31-2）中，正在操作电报机的就是贝茨[①]。

图 31-1　奥德丽·贝茨

图 31-2　以电报形式进行远程计算的新闻照片（拍摄于 1955 年，照片版权属于多伦多大学）

[①] 参考 Susan Pedwell 发表在多伦多大学网站上的文章《Paving the Way for the Information Highway，U of T profs are the first to send computer data across Canada》。

值得说明的是，贝茨读研究生时研究的方向是如今十分流行的 lambda 演算，她使用曼彻斯特计算机编写了最早的 lambda 演算程序。贝茨于 1950 年 10 月获得硕士学位，硕士论文的题目是《丘奇的 lambda 演算中一个问题的机械求解》（The Mechanical Solution of a Problem in Church's Lambda Calculus）。

锡屋程序员团队的主管名叫约翰·本内特（John Bennett）。锡屋的中部有几间小办公室，其中一间就是本内特的。程序员们的工位在锡屋里右侧的开放区域。锡屋里左侧的开放区域是给费兰蒂公司计算机部门的设计和开发工程师用的。本内特是澳大利亚人，他在第二次世界大战期间做过雷达工作，1947 年到剑桥大学学习，是 EDSAC 项目的第一位博士生，本内特使用 EDSAC 完成了自己在结构工程计算方面的研究。在此过程中，本内特对剑桥大学的编程方法和思想有了非常深入的理解。1950 年，本内特加入费兰蒂公司的莫斯顿厂区，一直工作到 1956 年。离开费兰蒂公司后，本内特回到澳大利亚，后来成为悉尼大学的教授。

在领导程序员团队为费兰蒂一号编写和调试软件的过程中，本内特感受到费兰蒂一号的一些不足，为此他提出了一系列改进建议。1951 年 4 月 13 日，设计团队在曼彻斯特大学开会，讨论本内特提出的 17 页改进建议。本内特的一些改进建议很快就被采纳了，基于这些建议改进的机器便是后来的 Mark I*。

本内特的技术能力很强，前面提到的调试程序的想法就来自本内特。本内特有了这个想法后，便安排玛丽编写代码来实现。

在工作过程中，玛丽认识了一名男同事，名叫康韦·伯纳斯-李（Conway Berners-Lee，见图 31-3）。康韦于 1921 年出生在伯明翰，也是数学专业出身，曾在 NPL 工作。康韦于 1952 年加入费兰蒂公司的伦敦计算机部门，职责是了解用户需求，发掘计算机的应用场景。玛丽与康韦 1954 年 7 月结婚，次年 6 月，他们的第一个孩子蒂姆·伯纳斯-李（Tim Berners-Lee）出生。蒂姆成年后，和他母亲一样，也从事编程和软件工作，蒂姆因为发明 HTML 和 HTTP 协议而被誉为"万维网之父"。

图 31-3 玛丽和康韦的合影，拍摄时间约为 1954 年

在很长一段时间里，锡屋里的程序员团队规模为 15 人左右。表 31-1 列出了 1953 年夏季锡屋里的程序员团队名单。

表 31-1　1953 年夏季时锡屋里的程序员团队成员名单

序号	姓名	性别	加入费兰蒂公司的时间
1	Dietrich Prinz	男	1947 年
2	Audrey Bates	女	1950 年 11 月
3	John Bennett	男	1950 年 12 月
4	Betty Dyke	女	1951 年 9 月
5	Mary-Lee Woods	女	1951 年 9 月
6	Olaf Chedzy	男	1952 年 10 月
7	Harry Cotton	男	1952 年 9 月
8	Vera Hewison	女	1952 年 9 月
9	Erik Robertson	男	1953 年 3 月
10	Joan Kaye	女	1953 年 4 月
11	Sheila Fletcher	女	约 1953 年

序号	姓名	性别	加入费兰蒂公司的时间
12	Cyril Gradwell	男	未知
13	Mary Tunnell	女	未知
14	Joyce Ward	女	未知
15	Ted Braunholtz	男	1953 年的夏季
16	Wendy Walton	女	1953 年的夏季

在表 31-1 列出的 16 名成员中，有 9 名是女士，女性所占的比例为 56%。在当时英国的很多地方，男女并不平等。比如在大学中，对女性的偏见还很明显，即便优秀的女教师，也并不容易晋升为教授。正因为如此，贝茨离开了曼彻斯特大学，到费兰蒂公司工作，从事全新的程序员工作。在这个全新的领域，女性占大多数，她们一起为女性争取权利。在 2001 年接受采访时，玛丽还很自豪地回忆起当年向公司争取男女同工同酬并取得胜利的经历。

参考文献

[1] LAVINGTON S H. Early Computing in Britain:Ferranti Ltd. and Government Funding, 1948—1958 [M]. Berlin:Springer, 2019.

第 32 章 1952 年，加拿大的第一台计算机

1950 年 12 月到 1951 年 1 月，鲍登到加拿大和美国考察。在这次考察中，鲍登得知多伦多大学正计划买一台商业计算机。

早在 1945~1946 年，多伦多大学的数学系和电子工程系就联合成立了计算机委员会，目标是在多伦多大学建立计算中心。

1947 年年末，詹姆斯·斯坦利（James Stanley）和特丽克西·沃斯利（Trixie Worsley）成为多伦多大学计算中心的第一批专职工作人员，他们的职位是"计算助理"。他们的到来意味着多伦多大学计算中心正式启动。但是他们还没有现代计算机，只有 IBM 穿孔卡片机和一台传统的计算器。

1948 年年末，斯坦利和特丽克西被派到英国的剑桥大学加入 EDSAC 项目，学习如何为 EDSAC 编程。其间，特丽克西常到曼彻斯特大学数学系，请图灵指导她的博士课题研究。

1950 年 12 月，特丽克西被通知尽快返回加拿大，她刚收到消息，就写信通知图灵，告知图灵自己需要尽快返回加拿大的原因很可能是回去支持多伦多大学研发的计算机——UTEC。UTEC 的设计思想主要源自曼彻斯特高等研究院（IAS）的 EDVAC 项目——也就是由冯·诺依曼和戈德斯坦一起主持的那个项目。

1952 年 1 月，特丽克西写信给图灵，信中说 UTEC 项目被放弃了，主要原因是出资方和用户觉得 UTEC 的进度难以满足要求，不如花钱购买一台现成的计算机。其实早在 1951 年 8 月，加拿大国家研究委员会就向费兰蒂公司索要了报价。

于是，从 1951 年年底开始，费兰蒂公司的莫斯顿工厂便开始组装第 2 台费兰蒂一号了，客户便是多伦多大学。这台费兰蒂一号计算机到了多伦多大学后，特丽克西给它取了个名字，叫 FERUT（Ferranti computer at the University of

Toronto）。

因为已经有制造第 1 台费兰蒂一号计算机的经验，所以 FERUT 的制造速度很快，1952 年 2 月底便组装完毕并完成工厂测试，后来的事实证明测试还不够充分。

完成工厂测试后，莫斯顿工厂便把 FERUT 拆解了，以便装箱运输。

1952 年 3 月 29 日，装有 FERUT 的 15 个大木箱被装上"曼彻斯特先锋者号"（Manchester Pioneer）轮船，准备漂洋过海，长途旅行。为了防止因反复装卸而损坏庞大的 FERUT，这次运输任务是从曼彻斯特直达多伦多，整个航程不更换船舶，也没有中间站增减货物。

经过近一个月的海上航行后，4 月 25 日，"曼彻斯特先锋者号"停靠在了多伦多码头。5 月 5 日，清关手续完毕，FERUT 被移交给多伦多大学。

为了学习新计算机的使用方法，1952 年 4 月，多伦多大学计算中心的主任凯利·戈特利布（Kelly Gotlieb）亲自来到曼彻斯特大学。在那里，凯利学习了如何为费兰蒂一号编程，她还写了一些简单的程序。当凯利即将返回时，曼彻斯特大学把当时的全套子程序复制了一份给凯利，让她带回多伦多大学。这套子程序有大约 9000 行代码，里面包含图灵编写的 Perm 程序以及其他常用的基础代码。从某种程度上讲，这套子程序凝结了曼彻斯特大学和费兰蒂公司在费兰蒂一号上积累的宝贵经验，是很多人智慧的结晶。

1952 年 5 月 19 日，多伦多大学开始组装 FERUT。工人们把包装 FERUT 的大木箱打开，去掉一层一层的包装，识别编号后，准备把 FERUT 重新组装起来。但大家一开始遇到的一个问题就是如何把一个个体积巨大的机柜运到实验室里。与曼彻斯特大学把马克一号计算机安装在一楼不同，多伦多大学想把 FERUT 安放在较高的楼层里。为了解决这个问题，大家不得不找来大型起重机。在图 32-1 所示的珍贵照片中，起重机正吊起 FERUT 的部分中央处理单元。

- 6 月 10 日，经过初步安装的 FERUT 机柜被一个个树立起来。
- 6 月 21 日，机柜之间的连线完成。
- 7 月 23 日，控制台和临时直流供电的连接完成。
- 7 月 28 日，3 相的 60 赫兹供电就绪。
- 8 月 1 日，测试工作开始，使用临时的 DC 供电。
- 8 月 5 日，正式的 DC 供电安装完毕。
- 8 月 20 日，单独运输的磁鼓部件到达多伦多。
- 9 月 1 日，大部分组件完成测试。

图 32-1 起重机将 FERUT 的部分中央处理单元吊到多伦多大学的计算机实验室

上述列表中的日期来自布赖恩·波拉德（Brian Pollard）的笔记。我们之前提到过，波拉德当时在费兰蒂公司工作，他是费兰蒂公司的第一批计算机工程师之一。另外，在为曼彻斯特大学组装第一台费兰蒂马克一号计算机时，波拉德是核心人物之一。

1952 年 9 月，美国计算机学会（ACM）的年度会议在多伦多大学举行。此次会议吸引了来自全球各地的很多计算机学者，包括来自曼彻斯特大学的西塞莉·波普尔韦尔以及来自费兰蒂公司莫斯顿工厂的奥德丽·贝茨（Audrey Bates）。

ACM 的此次年度会议结束后，西塞莉和奥德丽仍留在多伦多大学计算中心工作，她们被借调到多伦多大学，目的是希望她们给 FERUT 的早期用户提供更好的支持，进而使这台计算机尽快发挥价值。

1953 年上半年，西塞莉参与了圣劳伦斯海路（St. Lawrence Seaway）计算项目。圣劳伦斯海路项目是一个巨大的水利工程，目标是建设一系列水渠和船闸，进而在大西洋和加拿大的五大湖之间建立起航行通道。参与圣劳伦斯海路计算项目的还有具有编程天才美誉的克里斯托弗·斯特雷奇（Christopher Strachey）。斯特雷奇是英国人，他在曼彻斯特大学的费兰蒂马克一号上编写了很多程序。1952 年的夏天，斯特雷奇的国际象棋程序完工，这个程序可以完整地下一盘棋。1952 年的秋天，斯特雷奇来到加拿大，开始了新的编程任务。

奥德丽在工作过程中收获爱情，她与肯·沃利斯（Ken Wallis）结婚，长期留在多伦多。

特丽克西（见图 32-2）一直在多伦多大学计算中心工作到 1965 年，在这十几年的时间里，她一直是多伦多大学计算中心的骨干。1955 年，特丽克西与帕特·休姆（Pat Hume）一起为 FERUT 开发了一个编译器，名为 Transcode，这是加拿大历史上的第一个编译器。有了这个编译器之后，FERUT 的用户便可以使用高级语言开发软件，从而扩大 FERUT 的应用范围。Transcode 对加拿大软件的发展产生了重大影响。

图 32-2
特丽克西坐
在 FERUT 的
控制台前

特丽克西也是最早提倡远程使用计算机的开拓者之一。早在 1952 年，在与图灵的书信中，她就提到远程访问计算机。后来，特丽克西在多伦多大学计算中心积极实践，使得用户可以通过邮件和电报来提交程序。

特丽克西于 1972 年因为心脏病去世，终年 50 岁。如今，特丽克西被誉为加拿大的计算机科学先驱以及"第一个为加拿大的计算机科学做出突出贡献的女性科学家"。2015 年 5 月 21 日，加拿大计算机科学学会为特丽克西举办了特别的纪念活动，以表彰她做出的贡献[①]。

参考文献

[1] LAVINGTON S H. Early Computing in Britain:Ferranti Ltd. and Government Funding, 1948—1958 [M]. Berlin:Springer, 2019.

---

① 参考加拿大计算机科学学会官网上对特丽克西的介绍。

第 33 章　1954 年，图灵的最后程序

图灵于 1931 年 10 月进入剑桥大学国王学院，于 1934 年获得学士学位。之后，图灵继续在剑桥大学读硕士。1935 年春，图灵参加了一个名为"数学基础"（Foundations of Mathematics）的讲座，举办这个讲座的是剑桥大学的数学教授麦克斯•纽曼（Max Newman，见图 33-1）。至少从这个讲座开始，图灵的人生就与麦克斯建立起密切的关联。

图 33-1　麦克斯•纽曼

1897 年 2 月 7 日，麦克斯出生于伦敦的切尔西（Chelsea）。麦克斯的父亲是德国人（公司秘书），母亲是英国人（小学老师）。1915 年，麦克斯进入剑桥大学圣约翰学院学习。但麦克斯的学业很快被第一次世界大战打断。在第一次世界大战期间，麦克斯做了很多与战争有关的工作，比如当军队的发薪员（paymaster）。1919 年，麦克斯回到剑桥大学继续自己中断的学业。麦克斯于 1921 年毕业，并于 1923 年成为圣约翰学院的院士。

1928～1929 年，麦克斯到普林斯顿大学做访问学者，这为后来图灵到普灵斯顿大学留学埋下伏笔。

1935 年，图灵在听麦克斯的讲座时受到启发，开始研究"可判定性问题"。图灵写好那篇著名的"论可计算数"论文的草稿后，首先拿给麦克斯看。麦克斯看完后，很是惊讶。"可判定性问题"是当时数学界公认的难题之一，但图灵在论文里使用"机械"方法非常巧妙地解决了这个难题，并给出了否定的答案，证明方法非常新颖，很有说服力。这篇论文深深打动了麦克斯，让他对眼前这个年轻人刮目相看。

事有凑巧，就在几个月前，麦克斯曾看到"可判定性问题"的另一种解法，使用的是 λ 算子（λ-calculus），作者是普林斯顿大学的阿隆佐•丘奇（Alonzo

Church）教授。

想到这里，麦克斯有点为图灵感到惋惜，因为丘奇已经早于图灵给出了"可判定性问题"的答案。

但麦克斯仍然认为图灵的论文非常有价值，因为图灵使用的方法与丘奇的完全不同。很可能是麦克斯向丘奇教授推荐了图灵，于是图灵在 1935 年 9 月长途旅行到美国普林斯顿大学求学，成为丘奇的学生。在普林斯顿大学，图灵把自己的方法与丘奇的方法结合起来研究，证明了这两种方法是等价的，得出著名的丘奇-图灵论题（Church–Turing thesis），证明了"任何在算法上可计算的问题同样可由图灵机计算"。

丘奇的 λ 算子启发了后来的 LISP 编程语言、现代 C++中的匿名函数以及函数式编程。

图灵在 1938 年获得博士学位后，拒绝了冯·诺依曼教授提出的留在美国工作的邀请，回到英国。回到英国后，图灵接受了关于破解通信密码方面的培训。

1939 年 9 月 3 日，英国向德国宣战。宣战的第 2 天，图灵就到布莱切庄园报到，成为"X 电台"的第一批数学家之一。"X 电台"是第二次世界大战期间盟军设在英国的秘密通信基地，目标就是破解德军的通信密码，获取军事情报。

很快，"X 电台"又招聘了一批数学家，里面就有麦克斯。这是图灵第二次与麦克斯走到一起。他们在同一个单位工作，目标都是破解德军的密码。

1945 年 5 月 8 日，德国宣布无条件投降。欧洲战场的第二次世界大战结束。布莱切庄园里的数学家们完成了战争赋予的使命，开始考虑下一个人生驿站。

一两个月后，NPL 的沃默斯利邀请图灵到 NPL 工作，研发 ACE 计算机。图灵接受了邀请，开始设计 ACE 计算机的方案。

差不多相同的时间，曼彻斯特大学向麦克斯发出了邀请。1945 年 9 月，麦克斯被任命为曼彻斯特大学数学系的领导人，并同时获得菲尔登教席（Fielden Chair）。不久后，麦克斯从英国皇家学会获得 3.5 万英镑的资金用于研究计算机。

1945 年 10 月，图灵到 NPL 报到，信心满满地准备研制 ACE 计算机。

图灵很快完成了 ACE 计算机的设计方案，但是项目的进展让图灵很不满意。

到了 1947 年年末，离当初与沃默斯利见面已经两年多，但是建造完整 ACE 计算机的工作还没有真正启动，这让图灵感到懊恼，对继续在 NPL 工作失去了兴趣。于是图灵向 NPL 请了一年的长假，回到剑桥大学，开始研究机器智能。在这段时间里，图灵花了很多时间思考软件编程的基本问题，包括如何建立函数库。图灵还编写了很多将来有可能用到的基础代码，并思考了如何使用计算机来解释人类思维的机制。

麦克斯得知图灵在 NPL 遇到的问题后，便给图灵提供了讲师（Reader）职位，邀请图灵到曼彻斯特大学工作。1948 年 9 月，图灵正式辞去 NPL 的工作，加入曼彻斯特大学，再次与麦克斯走到一起。

图灵是以讲师身份加入曼彻斯特大学的，名义上的职务（nominal title）是"英国皇家学会计算机实验室副主任"。因为根本没有任命过正式的主任，所以图灵并没有非常明确的工作职责和任务。此时，威廉姆斯和基尔伯恩等人正在研制曼彻斯特马克一号，但是威廉姆斯不想让图灵插手硬件设计。好在图灵对软件非常感兴趣，所以他先使用"曼彻斯特婴儿"计算机的指令码编写了一个可以做长除法的程序，然后和图特尔一起调试，直到这个程序能正常工作。

1949 年 4 月，曼彻斯特马克一号开始工作后，图灵立刻充满热情地开始为曼彻斯特马克一号编程。他与麦克斯合作，编写了一个可以寻找梅森素数（Mersenne Primes）的程序。

在使用曼彻斯特马克一号编程的同时，图灵继续研究机器智能。1950 年 10 月，图灵发表了著名的《计算机器与智能》（Computing Machinery and Intelligence）论文。正是在这篇论文里，图灵提出了测试机器是否具有智能的简单方法，也就是著名的"图灵测试"。除了图灵测试，图灵在这篇论文中还预言了人工智能技术的美好前景。

从 1949 年年末开始，曼彻斯特大学与费兰蒂公司一起建造费兰蒂一号，图灵是重要的软件设计者。图灵对费兰蒂一号的最重要贡献是承担软件架构师的职责，他为费兰蒂一号规划了软件蓝图，包括编程方法和基础软件。在助手西塞莉·波普尔韦尔（Cicely Popplewell）的协助下，图灵编写了名为 Scheme A 的加载器和其他一些标准子程序，这些软件成为费兰蒂一号出厂时的基础软件，它们在用户使用费兰蒂一号时必不可少。

另外，图灵还为费兰蒂一号编写了第 1 个版本的编程手册（《第一手册》）。图灵对费兰蒂一号的指令和硬件设计也有影响，有明确记载的贡献便是随机数生成器。

1951 年 2 月，第一台费兰蒂一号计算机被交付给曼彻斯特大学，经过几个月的安装后，曼彻斯特大学于 1951 年 7 月举行了盛大的发布会。对于曼彻斯特大学的马克一号设计团队来说，这标志着马克一号项目的顺利结束。于是，图灵、麦克斯和威廉姆斯等人都退出了马克一号项目。图灵把自己负责的软件工作移交给了托尼·布鲁克（Tony Brooker）。布鲁克是从剑桥大学加入曼彻斯特大学的。

虽然图灵退出了马克一号项目，但他仍然是马克一号计算机的忠实用户。图灵经常到计算机实验室里，使用安装在那里的第一台马克一号计算机。他把马克一号作为自己的研究工具，并经常帮助其他使用马克一号的人解决各种问题。

1951 年 5 月 15 日，BBC 播出了由图灵录音的一个演讲，主题是《数字计算机能思考吗？》（Can Digital Computers Think？）。在这个演讲的末尾，图灵说："整个思考过程对我来说还是很神秘，但是我相信，建造可思考机器的努力会帮助我们搞清楚我们自己是如何思考的。"（The whole thinking process is still rather mysterious to me, but I believe that the attempt to make a thinking machine will help us greatly in finding out how we think ourselves.）

1951 年 7 月，图灵当选为英国皇家学会的院士，这一年他 39 岁。22 岁成为剑桥大学国王学院的院士，39 岁成为英国皇家学会的院士，这样的成就让很多人羡慕不已。

1951 年 11 月 9 日，图灵向英国皇家学会提交了一篇关于生命科学的论文，论文的题目是"形态发生的化学基础"（The Chemical Basis of Morphogenesis）。这篇论文在 1952 年正式发表，成为生命科学中具有奠基作用的著名文献。

在这篇论文中，图灵为生物系统建立了一个简单的数学模型。起初生命体系是均匀的，但由于某些化学物质的扩散而导致不均匀，这样的变化触发不规则的生物体产生，比如蜗牛的外壳就是因为不同方向的生长速度不同造成的。图灵还提出，均匀态失稳会使生命体系自组织出一些定态图纹，比如老虎身上的斑纹。如今，我们把图灵描述的定态图纹称为"图灵斑"，并把这个过程命名为"图灵失稳"。

为了验证自己的想法，图灵编写了很多程序，并用马克一号计算机来模拟自己设计的"形态发生"模型。

正当图灵痴迷于研究"形态发生"机理，一幅生命体形成过程的蓝图在脑海中逐渐变得清晰时，他自己的人生却被世俗的阴影笼罩，日渐暗淡。

1951 年 12 月的一个中午，图灵在离曼彻斯特大学不远的牛津街上遇到一个年轻的男孩，名叫阿诺德·默里（Arnold Murray）。默里 19 岁，没有工作和稳定的收入，又不愿意做辛苦的工作，靠借钱糊口，一看就营养不良的样子。出于怜悯，图灵请默里吃了一顿午饭，并邀请默里周末到自己的住处。默里接受了邀请，但是到了周末却没有到图灵住处。

从 1950 年的夏季开始，图灵一直住在英格兰柴郡的一个名为威姆斯洛（Wilmslow）的小镇。图灵的住宅是一座名为"霍利米德"（Hollymead）的二层小楼，位于威姆斯洛小镇的东部、阿德林顿路的北侧。图灵一直没有结婚，他一个人独居。小楼名字中的"霍利"是冬青的意思，所以本书将图灵的住宅称为"冬青屋"。

图灵与默里在周一又见了面，这一次图灵希望默里立刻到自己的住处，默里同意了。

1952 年 1 月，默里又到图灵的冬青屋，他们一起吃了晚饭，并住在一起。

默里有个名叫哈里（Harry）的伙伴，哈里是个品行很差且有偷盗恶习的人。更为糟糕的是，默里把冬青屋的地址告诉了哈里。哈里找到冬青屋后，破门而入，吃了一些食物，又拿走一些不是很值钱的小东西。

哈里没有拿贵重东西的原因可能是不希望主人报警。但是图灵发现住处被盗后，还是报了警。哈里是个惯犯，警察根据哈里的指纹很快就破了案。警察在破案的过程中，得知默里曾经和图灵住在一起[1]。

默里来到警察局后，他向警察交待了与图灵的关系。于是，图灵被起诉。

1952 年 3 月，图灵被判有罪，并受到惩罚。

对于这样的判决，图灵的内心一定很痛苦。但是在同事们面前，他非常乐观，把这件事当作玩笑。他在计算机实验里公开谈论这件事，坚决不表现出任何懊悔或羞愧，他认为这是法律的荒谬。

1953 年的夏季，图灵到希腊的科孚（Corfu）岛度假。

1954 年的夏季，图灵本来想到国外度假，但是他在这个夏天没有假期。这验证了图灵自己在一年前与好朋友罗宾开的玩笑话：持异端思想者不可以到国外度假[①]。

1954 年的 6 月 4 日是周五，图灵仍像往常一样到曼彻斯特大学的计算机实验室编写、修改和调试程序。

6 月 6 日是周日，这天上午，图灵的邻居威廉森在家门口看到图灵走过，他穿着一件衬衫，外面套着一件灰色的马甲，头发很乱，没有戴帽子，与往常一样看起来有些邋遢。图灵回来时，带着当天的《观察家报》（The Observer）。《观察家报》创办于 1791 年，是英国很流行的新闻周报，每周日发行。

6 月 7 日是周一，这一天是公共假日——惠特森银行假日（Whitsun Bank Holiday，1871～1972 年期间英国的一个公共假日，在这一天，即便像惠特森银行这样的服务机构也休息，所以称作银行假日）。

6 月 8 日是周二，这天上午，图灵没有像往常那样到曼彻斯特大学的计算机实验室，但这并没有引起任何人注意。

这天下午的 4 点 55 分左右，图灵雇用的清洁员伊莉莎·克莱顿（Eliza Clayton）来到图灵家的门口。从 1951 年 10 月起，图灵就雇用了伊莉莎。伊莉莎每周到图灵家 4 次——周一、周二、周四和周五。一般的工作时间是下午 4 点到 8 点，主要是为图灵打扫房间和准备晚餐。

因为前一天是公共假日，所以伊莉莎没有来。

周二这天，伊莉莎到图灵家的时间比平时有些晚，因为她在另一个雇主的房间里做了一些清洁工作。当伊莉莎走近冬青屋时，她看到二楼图灵卧室的灯还亮着，但是按照往常的规律，这时图灵应该还没有回到家。图灵卧室的窗帘没有拉上，是敞开的。不过，图灵很少把窗帘拉上。

伊莉莎只有冬青屋后门的钥匙，她绕到冬青屋的后门，取出钥匙，打开了房门。她走进位于一楼的餐厅，看到餐台上还有一些吃剩的食物，看起来应该是有人在那里吃过羊排。

---

① 参考图灵网上的文章《The Alan Turing Internet Scrapbook》（艾伦·图灵互联网剪贴簿）。

伊莉莎顺着楼梯走到二楼，当她走到浴室时，看到图灵的鞋子在卧室的门口，这十分反常。难道图灵还在卧室里面吗？伊莉莎敲了敲卧室的房门，没有回应。她向里面看，看到图灵还躺在床上。图灵仰卧在床上，睡衣拉得很高，直到脸部，嘴角有一些类似于泡沫的东西。伊莉莎摸了下图灵的手，他的手是冰冷的。

伊莉莎赶紧来到另一个屋子，打电话给警察报案，这时是下午5点。5分钟后，威姆斯洛警察站（Wilmslow Police Station）的伦纳德（Leonard）警官来到了冬青屋。

伦纳德与伊莉莎会合后，一起从后门进入冬青屋。伦纳德走进图灵的卧室，看到椅子上放着《观察家报》，在右侧床头柜的上面，有个已经被咬了几口的苹果。伦纳德在检查图灵的尸体后，又到朝北的一个小卧室调查。卧室的灯也是开着的。从房间里的陈设看，这个房间像是一个实验室，从房顶的灯上引了电线到一个变压器，房间的桌子上摆了一个做饭用的锅，锅里面有一些液体，有两根电线连到锅上，一根连在锅的把手上，另一根连在锅里的一个硬的物体上。这个小卧室里有很强的苦杏仁味道。

在二楼中间的一个卧室里，伦纳德发现一个小瓶子，上面写着"剧毒：氰化钾"（Potassium Cyanide）。

在一楼楼梯下面的一个房间的废纸篓里，伦纳德发现一张《曼彻斯特卫报》，报纸上的日期是1954年6月7日，那天是周一，这说明图灵在周一时还活着。但这是图灵在这个世界上的最后一天，他很可能是在这一天的晚上离开的，这一天离他的42岁生日（6月23日）只有十几天。

1954年6月8日下午7点40分，图灵的遗体被搬出冬青屋，他在这里居住了大约4年。

麦克斯听说图灵去世的消息后，非常悲伤，他亲自写了讣告，刊登在1954年6月10日的《曼彻斯特卫报》上。6月11日，麦克斯又在《曼彻斯特卫报》上发表了一篇纪念图灵的文章，标题为"对图灵博士的感激"（DR ALAN TURING An Appreciation）。麦克斯说："图灵的去世让数学和科学界失去了一位伟大的原创思想家（original thinker）。"

在曼彻斯特工作的几年里，图灵与麦克斯一家的关系非常好。麦克斯的儿子威廉姆（William）在多年后回忆自己每年过生日时，图灵送给他的礼物都很特别，有一年送的是精美的蒸汽发动机，还有一年送的是包含各种工具的小工具箱。图灵与威廉姆兄弟一起玩大富翁游戏，还输给了他们。

威廉姆清楚地记得，有一年的春天，图灵与他们家一起到北威尔士的克里基厄斯（Criccieth）度假，他们在海边租了一个房子。在面向大海的客厅里，图灵与麦克斯等人一起讨论着事情。图灵喜欢在海边跑步，威廉姆看见图灵跑得越来越远，慢慢消失在视野里，过一会儿，图灵又跑着回来。

图灵非常喜欢跑步，多次参加马拉松比赛，最好成绩是 2 小时 46 分 3 秒，与 1948 年的奥运会冠军相差 11 分钟[①]。很多认识图灵的人曾回忆图灵跑步的故事。有一天大清早，威廉姆听到房子外面有声音，他推开前门，看到图灵穿着跑步的衣服站在信箱前。图灵是跑步过来邀请麦克斯一家共进晚餐的。担心时间太早，惊扰麦克斯的家人，所以图灵用树枝在杜鹃花的叶子上写了字，准备投到信箱里。

除了跑步，图灵还喜欢骑自行车。

1959 年，图灵的母亲萨拉（Sarah）写了一本回忆图灵的书，在这本书的序言部分，有一篇由麦克斯的妻子琳恩·欧文（Lyn Irvine）写的序。在这篇序言中，琳恩引用了神经学家杰弗里·杰斐逊（Geoffrey Jefferson）写给萨拉的一封信的内容。在这封信里，杰弗里回忆了一段往事。有一年的冬天，曼彻斯特大学哲学系组织了一个会议，那天的天气很不好，一直下着雨。开完会后，杰弗里回到了家。出乎杰弗里预料的是，在天已经黑的时候，图灵骑着自行车来了，他没有像样的防雨工具，只披着雨披，也没有戴帽子，脸上满是雨水。杰弗里后来才知道，图灵那时还没有吃晚饭。当天晚上，图灵与杰弗里和约翰·扎卡里·杨 （John Zachary Young）聊了很久，直到午夜过了，他又骑上自行车，消失在冬天的雨里。图灵要骑八九公里的路才能回到冬青屋。

用杰弗里的话来讲，图灵很少考虑身体的舒适，甚至根本不理解别人为什么要为他担心，所以他总是拒绝这方面的帮助。"图灵似乎生活在一个不同的、仿佛不属于人类的世界。"

在生命的最后 4 年里，图灵痴心于建立生物体的数学模型，也就是如今被称为"人工生命"（Artificial Life）的学科。图灵使用非线性差分方程来表达生物生长的化学过程，并编写程序来模拟这个过程。他把写好的程序在自

---

① 参考《Alan Turing: The Enigma》一书的作者 Andrew Hodges 个人网站上的内容。

己参与设计的费兰蒂一号计算机上调试并运行，正当图灵不断取得进展时，他的生命戛然而止。

在图灵的遗物中，有一大堆手写的笔记，还有一些程序的原稿。这些资料至今仍没有人能完全看懂。

在图灵留下的程序原稿中，时间最晚的一个程序是用来研究冷杉树塔（fir cone）的生长过程的，图灵将这个程序命名为易卜生（Ibsen）4号。易卜生（1828—1906）是挪威的剧作家和诗人，图灵可能是在挪威度假时喜欢上了易卜生的作品，所以图灵把自己研究生命科学的一系列程序以易卜生命名。

图33-2是易卜生4号程序的手稿，写在曼彻斯特大学计算机实验室专门印制的程序稿纸上，稿纸上有实验室的名称。在过程栏的后面，是"Ibsen"这几个手写字符，这是图灵的笔迹。

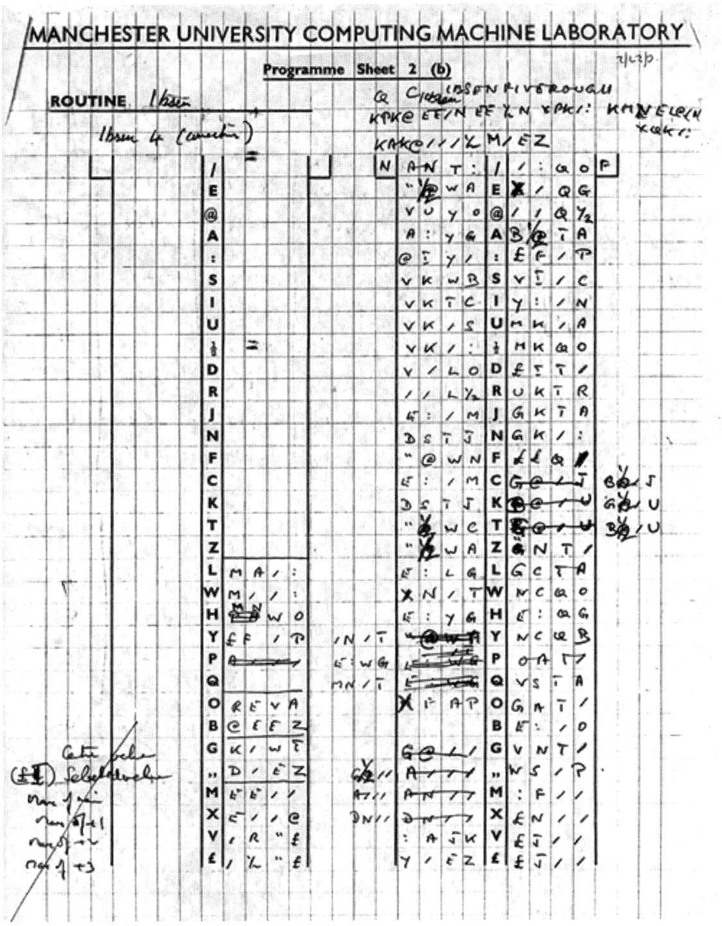

图 33-2　易卜生 4 号程序的手稿

2019 年 7 月，英国国家银行宣布：图灵的肖像将出现于 2021 年的新版
50 英镑纸币的正面（见图 33-3）。

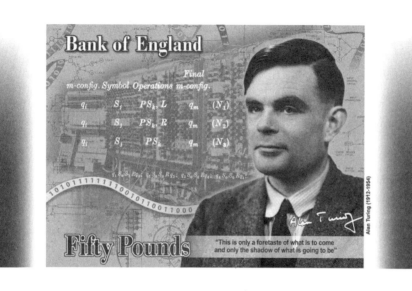

图 33-3　2021
年新版 50 英镑
现钞正面的图
灵肖像①

图灵头像的背景是图灵对人类的最大贡献之一——图灵机模型。一条弯
曲的纸带，上面印着 0 和 1。纸带的上方是"论可计算数"论文中给出的图
灵机示例程序。今天的所有软件，都可以认为是图灵程序的后代。图灵头像
的下方是源自图灵手稿的图灵签名，底部则是图灵的一句名言："这仅仅是
将到来时代的预兆和要发生变革的一个投影。"

图灵的这句名言最初发表在《泰晤士报》上。当曼彻斯特大学马克一号
成功后，英国的许多媒体都做了大力宣传。宣传中最常使用的标题就是"电
子大脑"（electronic brain），媒体把新出现的电子计算机比喻成人类的大脑。

这样的比喻对于公众很有吸引力，用今天的眼光看也是比较合适的。但
是在当时，这样的说法激怒了曼彻斯特大学的神经学家杰弗里·杰斐逊。1949
年 6 月 9 日，当颁发李斯特奖时，杰斐逊发表了一个演说，主题为"机械人
的思维"。在这个演说中，杰斐逊驳斥了电子大脑的说法。他说："除非有一
天机器可以写出一首十四行诗，或者谱出钢琴曲，靠的是思想和触景生情，
而不是靠一堆符号和偶然性，在这一天到来之前，难道我们能把机器和大脑
等同起来吗？"

杰斐逊的演讲出现在次日的《泰晤士报》上，报社的编辑又添油加醋地
做了一番渲染，说杰斐逊预测"把雅致的英国皇家学会房间改造成仓库来安

装这些新的家伙，那一天永远不会到来"。

一些知情的英国皇家学会会员认为杰斐逊的发言是针对麦克斯的，因为麦克斯刚刚从英国皇家学会申请了一笔经费来继续研制电子计算机。

为了回应杰斐逊的文章，麦克斯也写了一篇文章，描述了马克一号的结构与人类大脑的相似性。为了增强这篇文章的说服力，麦克斯还特意加了一段对图灵的采访。在那次采访中，图灵说了上文中的那句名言。图灵还说："我们必须先积累一些使用这种机器的经验，之后我们才知道其能力。要把新的可能性都弄清楚可能要花数年的时间。但我现在就认为，我们应该让计算机进入本来人类大脑工作的领域，让它们在平等的条件下竞争。"（We have to have some experience with the machine before we really know its capabilities. It may take years before we settle down to the new possibilities, but I do not see why it should not enter any of the fields normally covered by the human intellect and eventually compete on equal terms.）

图灵的话既表现了其远见卓识——预见到信息时代和人工智能技术的美好前景，也体现了其勇于实践的研究方法。

参考文献

[1] LEAVITT D. The Man Who Knew Too Much [M]. New York:Atlas Books, 2006:266.

[2] HENDRY J. Book Review:Memoirs of a Computer Pioneer Maurice Wilkes [J]. Isis, 1986, 77(3):572.